21 世纪高等学校机械设计制造及其自动化专业系列教材
华中科技大学校级"十四五"本科规划教材
华中科技大学"双一流"建设机械工程学科系列教材

微纳制造科学与技术

——从基本原理到工程应用

陈 蓉 单 斌 曹 坤 刘 潇 *编著*

华中科技大学出版社
中国·武汉

内 容 简 介

本书主要介绍了微纳制造科学与技术的基本理论、技术方法及工程应用,全书分为7章。第1章简要介绍微纳制造科学与技术的定义、重要发展阶段、主要研究方法及其新兴发展趋势等;第2章介绍微纳尺度的物理化学原理;第3章介绍丰富多彩的微纳材料和结构;第4章介绍多种多样的微纳尺度加工方法;第5章讲述各种微纳尺度的表征技术;第6章和第7章介绍微纳制造的相关应用,涵盖了微电子、物联网、航空航天、光电显示、交通运输、医疗健康等诸多领域。

本书可作为微纳制造领域的研究生和高年级本科生的教材或高校教师的参考书,也可作为从事微纳制造研究的科技工作者的阅读资料。

图书在版编目(CIP)数据

微纳制造科学与技术:从基本原理到工程应用/陈蓉等编著. —武汉:华中科技大学出版社,2024.1
ISBN 978-7-5680-9301-9

Ⅰ.①微… Ⅱ.①陈… Ⅲ.①纳米技术 Ⅳ.①TB383

中国国家版本馆 CIP 数据核字(2023)第 065011 号

微纳制造科学与技术——从基本原理到工程应用   陈　蓉　单　斌
Weina Zhizao Kexue yu Jishu——cong Jiben Yuanli dao Gongcheng Yingyong   曹　坤　刘　潇   编著

策划编辑:俞道凯   张少奇
责任编辑:戚凤平
封面设计:原色设计
责任监印:周治超
出版发行:华中科技大学出版社(中国·武汉)   电话:(027)81321913
　　　　　武汉市东湖新技术开发区华工科技园   邮编:430223
录　　排:武汉市洪山区佳年华文印部
印　　刷:武汉市籍缘印刷厂
开　　本:787mm×1092mm   1/16
印　　张:15.25
字　　数:397 千字
版　　次:2024 年 1 月第 1 版第 1 次印刷
定　　价:49.80 元

21世纪高等学校机械设计制造及其自动化专业系列教材

总 序 一

"中心藏之，何日忘之"，在新中国成立60周年之际，时隔"21世纪高等学校机械设计制造及其自动化专业系列教材"出版9年之后，再次为此系列教材写序时，《诗经》中的这两句诗又一次涌上心头。衷心感谢作者们的辛勤写作，感谢多年来读者对这套系列教材的支持与信任，感谢为这套系列教材出版与完善做出过努力的所有朋友们。

追思世纪交替之际，华中科技大学出版社在众多院士和专家的支持与指导下，根据1998年教育部颁布的新的普通高等学校专业目录，紧密结合"机械类专业人才培养方案体系改革的研究与实践"和"工程制图与机械基础系列课程教学内容和课程体系改革研究与实践"两个重大教学改革成果，约请全国20多所院校数十位长期从事教学和教学改革工作的教师，经多年辛勤劳动编写了"21世纪高等学校机械设计制造及其自动化专业系列教材"。这套系列教材共出版了20多本，涵盖了机械设计制造及其自动化专业的所有主要专业基础课程和部分专业方向选修课程，是一套改革力度比较大的教材，集中反映了华中科技大学和国内众多兄弟院校在改革机械工程类人才培养模式和课程内容体系方面所取得的成果。

这套系列教材出版发行9年来，已被全国数百所院校采用，受到了教师和学生的广泛欢迎。目前，已有13本列入普通高等教育"十一五"国家级规划教材，多本获国家级、省部级奖励。其中的一些教材（如《机械工程控制基础》《机电传动控制》《机械制造技术基础》等）已成为同类教材的佼佼者。更难得的是，"21世纪高等学校机械设计制造及其自动化专业系列教材"也已成为一个著名的丛书品牌。9年前为这套教材作序的时候，我希望这套教材能加强各兄弟院校在教学改革方面的交流与合作，对机械工程类专业人才培养质量的提高起到积极的促进作用，现在看来，这一目标很好地达到了，让人倍感欣慰。

李白讲得十分正确："人非尧舜，谁能尽善？"我始终认为，金无足赤，人无完人，文无完文，书无完书。尽管这套系列教材取得了可喜的成绩，但毫无疑问，这套书中，某本书中，这样或那样的错误、不妥、疏漏与不足，必然会存在。何况形势总在不断地发展，更需要进一步完善，与时俱进，奋发前进。较之9年前，机械工程学科有了很大的变化和发展，为了满足当前机械工程类专业人才培养的需要，华中科技大学出版社在教育部高等学校机械学科教学指导委员会的指导下，对这套系列教材进行了全面修订，并在原基础上进一步拓展，在全国范围内约请了一大批知名专家，力争组织最好的作者队伍，有计划地更新和丰富"21世纪高等学校机械设计制造及其自动化专业系列教材"。此次修订可谓非常必要，十分及时，修订工作也极为认真。

"得时后代超前代，识路前贤励后贤。"这套系列教材能取得今天的成绩，是众多机械工程教育工作者和出版工作者共同努力的结果。我深信，对于这次计划进行修订的教材，编写者一定能在继承已出版教材优点的基础上，结合高等教育的深入推进与本门课程的教学发展形势，广泛听取使用者的意见与建议，将教材凝练为精品；对于这次新拓展的教材，编写者也一定能吸收和发展同类教材的优点，结合自身的特色，写成高质量的教材，以适应"提高教育质量"这一要求。是的，我一贯认为我们的事业是集体的，我们深信前贤、后贤一定能一起将我们的事业推向新的高度！

尽管这套系列教材正开始全面的修订，但真理不会穷尽，认识绝无终结，进步没有止境。"嘤其鸣矣，求其友声"，我们衷心希望同行专家和读者继续不吝赐教，及时批评指正。

是为之序。

中国科学院院士

2009.9.9

21世纪高等学校
机械设计制造及其自动化专业系列教材

总 序 二

　　制造业是立国之本，兴国之器，强国之基。当今世界正处于以数字化、网络化、智能化为主要特征的第四次工业革命的起点，世界各大强国无不把发展制造业作为占据全球产业链和价值链高端位置的重要抓手，并先后提出了各自的制造业国家发展战略。我国要实现加快建设制造强国、发展先进制造业的战略目标，就迫切需要培养、造就一大批具有科学、工程和人文素养，具备机械设计制造基础知识，以及创新意识和国际视野，拥有研究开发能力、工程实践能力、团队协作能力，能在机械制造领域从事科学研究、技术研发和科技管理等工作的高级工程技术人才。我们只有培养出一大批能够引领产业发展、转型升级和创造新兴业态的创新人才，才能在国际竞争与合作中占据主动地位，提升核心竞争力。

　　自从人类社会进入信息时代以来，随着工程科学知识更新速度加快，高等工程教育面临着学校教授的课程内容远远落后于工程实际需求的窘境。目前工业互联网、大数据及人工智能等技术正与制造业加速融合，机械工程学科在与电子技术、控制技术及计算机技术深度融合的基础上还需要积极应对制造业正在向数字化、网络化、智能化方向发展的现实。为此，国内外高校纷纷推出了各项改革措施，实行以学生为中心的教学改革，突出多学科集成、跨学科学习、课程群教学、基于项目的主动学习的特点，以培养能够引领未来产业和社会发展的领导型工程人才。我国作为高等工程教育大国，积极应对新一轮科技革命与产业变革，在教育部推进下，基于"复旦共识""天大行动"和"北京指南"，各高校积极开展新工科建设，取得了一系列成果。

　　国家"十四五"规划纲要提出要建设高质量的教育体系。而高质量的教育体系，离不开高质量的课程和高质量的教材。2020年9月，教育部召开了在我国教育和教材发展史上具有重要意义的首届全国教材工作会议。近年来，包括华中科技大学在内的众多高校的机械工程专业结合自身的办学特色，引入先进的教育理念，在专业建设、人才培养模式、教学内容、教学方法、课程建设等方面积极开展教学改革，取得了较好的效果，建设了一大批优质课程。为了将这些优秀的教学改革经验和教学内容推广给全国高校，华中科技大学出版社联合华中科技大学在内的一批高校，在"21世纪高等学校机械设计制造及其自动化专业系列教材"的基础上，再次组织修订和编写了一批教材，以支持我国机械工程专业的人才培养。具体如下：

（1）根据机械工程学科基础课程的边界再设计，结合未来工程发展方向修订、整合一批经典教材，包括将画法几何及机械制图、机械原理、机械设计整合为机械设计理论与方法系列教材等。

（2）面向制造业的发展变革趋势，积极引入工业互联网及云计算与大数据、人工智能技术，并与机械工程专业相关课程融合，新编写智能制造、机器人学、数字孪生技术等教材，以开阔学生视野。

（3）以学生的计算分析能力和问题解决能力、跨学科知识运用能力、创新（创业）能力培养为导向，建设机械工程学科概论、机电创新决策与设计等相关课程教材，培养创新引领型工程技术人才。

同时，为了促进国际工程教育交流，我们也规划了部分英文版教材。这些教材不仅可以用于留学生教育，也可以满足国际化人才培养需求。

需要指出的是，随着以学生为中心的教学改革的深入，借助日益发展的信息技术，教学组织形式日益多样化；本套教材将通过互联网链接丰富多彩的教学资源，把各位专家的成果展现给各位读者，与各位同仁交流，促进机械工程专业教学改革的发展。

随着制造业的发展、技术的进步，社会对机械工程专业人才的培养还会提出更高的要求；信息技术与教育的结合，科研成果对教学的反哺，也会促进教学模式的变革。希望各位专家同仁提出宝贵意见，以使教材内容不断完善；也希望通过本套教材在高校的推广使用，促进我国机械工程教育教学质量的提升，为实现高等教育的内涵式发展贡献一份力量。

中国科学院院士

2021 年 8 月

前　言

　　人类文明的发展与制造业密不可分。纵观人类社会的每一次工业革命,它们都离不开制造技术的变革。第一次工业革命,以蒸汽机为代表的机器逐步取代人工劳动,极大地提高了社会生产力;第二次工业革命,以发电机、内燃机和电灯等为核心的电气技术迅猛发展,进一步解放和发展了生产力;第三次工业革命,以电子计算机为标志的信息技术改变了人类的生产和生活方式,对人类社会产生了十分深远的影响。随着第四次工业革命的到来,以新材料、量子信息、核聚变、生物技术、物联网、5G、人工智能为代表的智能化时代正大步向前。2011 年,德国汉诺威工业博览会上首次出现"工业 4.0"的概念,旨在支持工业领域中变革性技术的研发与创新,这一概念迅速吸引了各国各领域的广泛关注。国务院在 2015 年提出了《中国制造 2025》行动纲领,为将我国建设成社会主义现代化工业强国指明了方向。

　　党的二十大报告指出,从党的十八大召开的十年以来我国在一些关键核心技术领域,特别是制造业领域实现了突破,战略性新兴产业发展壮大,已经迈入了创新型国家行列。同时报告对制造业发展提出了新的目标,即应当始终坚持面向世界科技前沿、面向经济主战场、面向国家重大需求、面向人民生命健康,加快建设制造强国、科技强国,早日实现高水平科技自立自强,以中国式现代化全面推进中华民族伟大复兴。

　　随着制造业的不断发展,材料、结构、器件与系统的制造趋于微型化、智能化、多样化、极限化。微纳制造是制造业的重要分支,是人类理解和利用微观世界的重要工具。微纳制造自诞生之初,就被认为在解决地球资源枯竭、环境污染、能源成本急剧攀升等地球危机中大有用武之地。微纳制造将使得人类社会更加高效、更加智能、更加绿色。在微纳尺度,材料、结构、器件与系统的制造会出现许多不同于宏观尺度的新特征,需要从基本原理、材料与结构、表征技术、加工方法和工程应用等多方面进行研究,才能实现制造的高效可控。

　　微纳制造是一种多学科交叉融合的革命性技术,引领了制造科学发展的前沿方向,是 21 世纪科技发展的制高点。其中,自下而上的原子或近原子尺度制造被认为是纳米制造领域的"圣杯",是半导体行业、生物医疗、能源环保等领域的重点研究对象。把握新时代制造技术的发展方向,是实现工业转型升级的核心,是实现中国梦的重要基础,对科技、生产、经济和社会等多方面有着重要且深远的影响。

　　本书分为 7 章:第 1 章简要介绍了微纳制造科学与技术,包括微纳制造的定义、重要发展阶段、主要研究方法、内涵与外延、挑战及新兴发展趋势等;第 2 章介绍了微纳尺度的物理化学原理,包括光的波粒二象性、物质结构、量子效应等;第 3 章介绍了丰富多彩的微纳材料和结构,微纳材料按加工尺度特点及材料形态细分为零维纳米颗粒、一维纳米线/棒/管、二维纳米薄膜和三维复合纳米结构材料等;第 4 章着重介绍了多种多样的微纳尺度加工方法,尤其是各种自上而下的加工方法(例如光刻、电子束刻蚀、超精密机械加工等)、自下而上的加工方法(例如自组装、选择性沉积等)以及集成电路制造流程等;第 5 章介绍了各种微纳尺度的表征技术,特别是各种显微学和波谱学的方法,从材料组分、显微结构到电学、光学、磁学、力学性能等多方面展开分析;第 6 章和第 7 章概述了微纳制造的相关应用,涵盖微电子、物联网、航空航天、光电显示、交通运输、医疗健康等诸多领域。

　　本书在成稿过程中也一直注重与产业发展相结合,在与湖北江城实验室、长江存储、武汉光迅、京东方、贵研铂业等集成电路、光通信、显示、新能源领域企业合作过程中,逐步完善本书的内容,也展现了纳米技术发展前沿技术与未来行业发展相互促进的趋势。

　　本书力图通过深入浅出的阐述,为微纳制造领域的高年级本科生、研究生以及研究学者等提供参考与借鉴。

　　由于作者学识有限,书中难免会有疏漏或不足之处,恳请广大读者谅解并批评指正。

编　者

2023 年 11 月

二维码资源使用说明

    本书配套数字资源以二维码的形式在书中呈现,读者用智能手机在微信端扫码成功后提示微信登录,授权后进入注册页面,填写注册信息。按照提示输入手机号后点击获取手机验证码,在提示位置输入验证码,按要求设置密码,点击"立即注册",注册成功(若手机已经注册,则在"注册"页面底部选择"已有账号?马上登录",进入"用户登录"页面,然后输入手机号和密码,提示登录成功)。接着提示输入学习码,需刮开教材封底防伪涂层,输入 13 位学习码(正版图书拥有的一次性使用学习码),输入正确后提示绑定成功,即可查看二维码数字资源。手机第一次登录查看资源成功,以后便可直接在微信端扫码登录,重复查看本书所有的数字资源。

    友好提示:如果读者忘记登录密码,请在 PC 端输入以下链接 http://jixie.hustp.com/index.php? m=Login,先输入自己的手机号,再单击"忘记密码",通过短信验证码重新设置密码即可。

📄 教学大纲　　📄 教学课件　　📱 教学视频　　📄 习题解析

目　　录

第1章　绪论 ……………………………………………………………………… (1)

1.1　引言 …………………………………………………………………………… (1)

1.2　微纳制造的发展历程 ………………………………………………………… (3)

1.3　微纳制造的内涵与外延 ……………………………………………………… (5)

1.4　挑战与发展趋势 ……………………………………………………………… (10)

习题 ………………………………………………………………………………… (13)

本章参考文献 ……………………………………………………………………… (13)

第2章　微纳尺度的物理化学 …………………………………………………… (17)

2.1　引言 …………………………………………………………………………… (17)

2.2　电磁波和物质波 ……………………………………………………………… (17)

　　2.2.1　电磁波 ………………………………………………………………… (17)

　　2.2.2　波粒二象性 …………………………………………………………… (18)

　　2.2.3　物质波 ………………………………………………………………… (25)

2.3　物质结构 ……………………………………………………………………… (26)

　　2.3.1　原子结构 ……………………………………………………………… (26)

　　2.3.2　晶体结构 ……………………………………………………………… (28)

　　2.3.3　能带理论 ……………………………………………………………… (33)

2.4　加工尺寸效应 ………………………………………………………………… (34)

　　2.4.1　光学曝光 ……………………………………………………………… (35)

　　2.4.2　激光加工 ……………………………………………………………… (36)

　　2.4.3　粒子束加工 …………………………………………………………… (36)

习题 ………………………………………………………………………………… (37)

本章参考文献 ……………………………………………………………………… (37)

第3章　纳米材料与结构 ………………………………………………………… (40)

3.1　引言 …………………………………………………………………………… (40)

　　3.1.1　纳米材料的发展历程 ………………………………………………… (40)

　　3.1.2　纳米材料的特性 ……………………………………………………… (42)

　　3.1.3　纳米材料与结构的分类 ……………………………………………… (44)

3.2　零维纳米材料 ………………………………………………………………… (46)

　　3.2.1　富勒烯 ………………………………………………………………… (46)

　　3.2.2　纳米颗粒 ……………………………………………………………… (48)

　　3.2.3　量子点 ………………………………………………………………… (52)

3.3　一维纳米材料 ………………………………………………………………… (55)

　　3.3.1　碳纳米管 ……………………………………………………………… (55)

　　3.3.2　纳米线 ………………………………………………………………… (58)

3.4　二维纳米材料 ·· (61)

　　3.4.1　石墨烯 ··· (61)

　　3.4.2　氮化硼 ··· (64)

　　3.4.3　层状金属化合物 ·· (64)

3.5　三维纳米材料 ·· (65)

　　3.5.1　MOFs 材料与结构 ··· (65)

　　3.5.2　三维有序大孔结构 ·· (68)

　　3.5.3　介孔纳米结构材料 ·· (69)

习题 ··· (70)

本章参考文献 ·· (71)

第 4 章　微纳制造及加工技术 ·· (77)

4.1　引言 ··· (77)

4.2　微纳米图案化 ·· (78)

　　4.2.1　微纳加工技术 ·· (78)

　　4.2.2　光刻 ··· (80)

　　4.2.3　刻蚀 ··· (86)

　　4.2.4　高能束加工 ·· (88)

4.3　纳米压印 ··· (91)

　　4.3.1　热压印技术 ·· (91)

　　4.3.2　紫外光固化纳米压印技术 ··· (91)

　　4.3.3　软刻蚀压印 ·· (92)

　　4.3.4　大面积滚轴压印 ·· (93)

　　4.3.5　纳米压印的应用及技术挑战 ··· (93)

4.4　纳米结构自组装 ··· (93)

　　4.4.1　纳米结构自组装体系的基本概念 ·· (93)

　　4.4.2　薄膜自组装 ·· (94)

　　4.4.3　管状结构自组装 ·· (96)

　　4.4.4　纳米颗粒自组装 ·· (98)

　　4.4.5　浸笔式纳米光刻技术 ·· (99)

　　4.4.6　自组装技术的发展趋势 ·· (100)

4.5　薄膜沉积 ··· (100)

　　4.5.1　物理气相沉积 ·· (100)

　　4.5.2　化学气相沉积 ·· (102)

　　4.5.3　原子层沉积 ·· (104)

4.6　探针加工方法 ·· (109)

　　4.6.1　基于原子力显微镜探针的纳米加工 ·· (109)

　　4.6.2　基于扫描隧道显微镜探针的纳米加工 ··· (113)

4.7　集成电路制造流程 ··· (115)

　　4.7.1　晶圆加工 ·· (115)

　　4.7.2　芯片制造流程 ·· (118)

习题 ··· (120)

本章参考文献 ··· (120)

第 5 章　微纳表征 ·· (127)

5.1　引言 ·· (127)

5.2　显微技术 ·· (128)

　　5.2.1　光学显微镜 ·· (128)

　　5.2.2　扫描电子显微镜 ·· (130)

　　5.2.3　透射电子显微镜 ·· (135)

　　5.2.4　原子力显微镜 ··· (138)

　　5.2.5　扫描隧道显微镜 ·· (141)

5.3　谱学技术 ·· (142)

　　5.3.1　俄歇电子能谱 ··· (142)

　　5.3.2　电子微探针 ·· (144)

　　5.3.3　二次离子质谱 ··· (147)

　　5.3.4　X 射线光电子能谱 ·· (150)

5.4　X 射线衍射 ··· (151)

5.5　电学及光学测试表征 ·· (153)

　　5.5.1　电学性质表征 ··· (153)

　　5.5.2　光敏器件测试 ··· (156)

　　5.5.3　光学测试 ·· (157)

5.6　力学测试 ·· (162)

5.7　磁性测试 ·· (164)

习题 ··· (165)

本章参考文献 ··· (166)

第 6 章　微纳米器件 ·· (168)

6.1　引言 ·· (168)

6.2　微电子 ··· (169)

　　6.2.1　晶体管 ··· (169)

　　6.2.2　存储器件 ·· (178)

　　6.2.3　量子计算机 ··· (180)

6.3　光电子 ··· (181)

　　6.3.1　显示技术 ·· (181)

　　6.3.2　太阳能电池 ··· (186)

　　6.3.3　生物荧光标记 ··· (187)

　　6.3.4　光通信 ··· (187)

6.4　传感器 ··· (190)

习题 ··· (196)

本章参考文献 ··· (197)

第 7 章　生活中的纳米技术 ·· (201)

7.1　引言 ·· (201)

7.2　织物 …………………………………………………………………………（201）
　　7.2.1　抗菌防水纳米织物…………………………………………………（202）
　　7.2.2　防护纳米织物………………………………………………………（202）
　　7.2.3　能量收集纳米织物…………………………………………………（204）
　　7.2.4　高反射伪装纳米织物………………………………………………（204）
7.3　食品与药品 …………………………………………………………………（205）
　　7.3.1　水净化………………………………………………………………（205）
　　7.3.2　食品包装……………………………………………………………（206）
　　7.3.3　纳米药物……………………………………………………………（206）
7.4　建筑 …………………………………………………………………………（210）
　　7.4.1　智能玻璃……………………………………………………………（210）
　　7.4.2　空气净化……………………………………………………………（211）
　　7.4.3　建筑外墙……………………………………………………………（212）
7.5　交通工具 ……………………………………………………………………（214）
　　7.5.1　运动装备……………………………………………………………（214）
　　7.5.2　汽车…………………………………………………………………（215）
习题 …………………………………………………………………………………（220）
本章参考文献 ………………………………………………………………………（220）

第1章

绪论

1.1 引 言

微纳制造是指至少一个特征尺寸在微/纳尺度范围内的材料、结构、器件与系统的设计和制造[1]。微纳制造的范围相当广,任何关于微纳尺度的加工理论、方法、表征和应用都可以归类为微纳制造。对于构件或系统的微型化,一般方法是将传统的宏观尺度加工规模缩到最小。但是,当加工尺寸到微纳尺度时,常规方法中可以忽略的因素会在微纳制造中产生非常重要的影响,需要对从基本原理到工程应用的全技术链开展研究。微纳制造将使以牛顿力学、宏观统计分析和工程经验为主要特征的传统制造技术,走向现代多学科综合交叉集成的先进制造科学与技术,其主要特征如下:制造对象与过程涉及跨(纳/微/宏)尺度,制造过程中表面/界面效应占主导作用,制造过程中原子/分子行为及量子效应影响显著,制造装备中微扰动的影响显著[2]。上述特征是材料特性对其尺寸变化的敏感导致的,这对微纳尺度的可控批量化制造提出了严苛的要求。微纳制造引领了制造科学发展的前沿方向,其应用领域也从传统微电子行业不断拓展到航空航天、能源环保、高端显示、生物医疗等领域,涉及机械、材料、化学、物理、电子等多学科交叉融合。我国著名科学家钱学森曾说:纳米结构是下一阶段科技发展的重点,会是一次技术革命,从而将引起 21 世纪又一次产业革命。

微纳制造的发展不是一蹴而就的,而是经历了螺旋式发展的过程。人类很多知识都是从大自然学来的,大自然是最伟大的"工程师"。我们的人体就是"一部精密的仪器",包含了不计其数的原子,组成了各种糖类、蛋白质、脂肪等大分子,进而形成了数十万亿的人类细胞,最后才组成各种人类组织和器官。亿万年的生物演化,造就了自然界各种各样的微纳结构,如细胞、微生物、DNA 等。大自然的一些微结构更是巧夺天工、令人叹为观止。荷叶为何能出淤泥而不染?蜻蜓的复眼如何眼观六路?壁虎为何能够飞檐走壁?蚊虫如何快速躲避雨滴?鸽子为何总能找到家的方向?图 1-1 展示了微纳制造的特征尺寸与典型案例。大自然的智慧是无穷无尽的,而人类文明的发展才短短数万年。人类社会使用工具可以追溯到石器时代,但是使用各种微纳尺度的工具才短短数百年,还有广阔的空间值得探索。微纳尺度大有可为。

微纳加工方法大体有上百种。按尺度分类,微纳制造可以简单地分为微米尺度制造和纳米尺度制造,通常纳米尺度制造是融入或混合在微米尺度制造当中的。微制造涉及制造方法、技术、设备、组织策略和系统,用于制造至少有两个尺寸在毫米以下的产品和/或特征,微制造的一个新定义可能是"使用缩小规模的传统技术/工艺制造微产品/特征"[3]。通常,纳米尺度加工的特征尺寸在 1～100 nm[4]。1 nm 是一米的十亿分之一,约为头发丝直径的五万分之

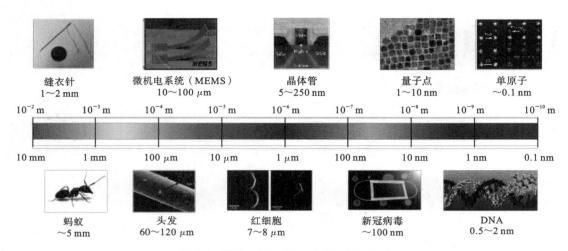

图 1-1　微纳制造的特征尺寸与典型案例

一,约为一个乒乓球直径的五亿分之一。

　　国之大器,始于毫末。微纳制造无处不在,微型产品和组件几乎遍布生活中的每一个角落。为了区别于其他制造技术,微纳制造技术通常被分类为 MEMS 制造和非 MEMS 制造。MEMS 制造主要涉及光刻、化学刻蚀、电镀、LIGA(基于 X 射线光刻技术的 MEMS 加工技术,主要包括 X 光深度同步辐射光刻、电铸制模和注模复制三个工艺步骤)、激光烧蚀等技术。而非 MEMS 制造通常涉及电火花加工、微机械切割、激光切割/图案化/钻孔、微压花、微注射成型、微挤压、微冲压等技术[5]。按工艺分类,微纳制造还可以分为自下而上的制造、自上而下的制造以及两者混合的加工制造[6],一般的制造过程也可以分为减法、加法、成形、连接和混合过程[7]。除了尺度和工艺分类方法,还有各种分类方法。按材料分类,可以分为硅基材料和非硅材料微纳制造;按加工维度分类,可以分为零维、一维、二维、三维等多个维度的微纳制造;按应用领域分类,可以分为微电子、光通信、国防、汽车、传感、能源、医疗等领域的微纳制造。

　　大部分微纳加工技术都是基于半导体工业的。集成电路的性能可以通过将晶体管以更精确更紧密的方式放置来得到提高,因此其加工尺度由微米制造快速发展到纳米尺度制造。将上亿个晶体管集成到指甲盖大小的芯片中,对微纳加工方法提出了很高的要求[8]。现在,晶体管的特征尺寸已缩减至约 5 nm,接近光刻技术的物理极限。5 nm 相当于头发丝直径的万分之一,只有缝衣针直径的十万分之一。集成电路制作流程主要包括芯片设计、芯片制造、芯片封装、芯片测试等。生产集成电路或其他半导体器件所遵循的标准路线包括:初步清洁基板,使用各种沉积技术制备薄膜,应用光刻技术施加掩膜材料,刻蚀以形成所需形状的微米级特征,使用化学或等离子刻蚀法去除掩膜材料,最终的微结构与初始的底物分离,并释放出来进行质量控制。其中芯片制造占据产业链中游,是最难的环节之一,包括硅原料采集、硅锭制备、硅圆切割、后端工艺,简称为"聚沙成芯"[9, 10]。芯片和航空发动机并称为制造业领域"皇冠上的明珠",其制造难度和复杂度高,需要全球化的通力协作。在中国,近几年的芯片进口额超越了石油,成为最大的进口物资。

　　图 1-2 展示了一种微纳加工分类方法和起主导作用的传统学科领域的分类。微纳加工涉及多个方面,包括:① 扫描探针技术:基于原子力显微镜(atomic force microscope,AFM)探针的加工技术、基于扫描隧道显微镜(scanning tunneling microscope,STM)探针的加工技术;

② 能量束加工：电子束(electron beam，EB)、激光、聚焦离子束(focused ion beam，FIB)、光刻、LIGA 等；③ 实体工具加工：微钻、车削、铣削、磨削等。上述加工方法很难在一个学科内完成，而是需要跨学科背景的整合[11]。

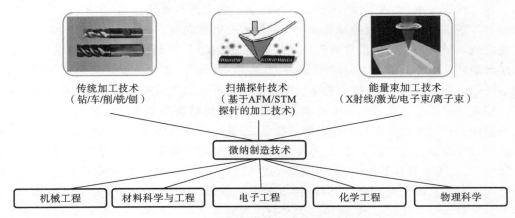

图 1-2　各种微纳制造方法的分类及其主要学科领域

微纳制造的未来取决于将微纳制造技术转化为大规模生产的能力，这可以通过结合微米尺度和纳米尺度的工艺，或者结合"自上而下"和"自下而上"的制造技术来实现。因此，微纳制造不仅包括了各种微纳加工工艺，还包括了这些微纳结构、器件、系统的数量和产量[12]。混合微纳制造工艺的发展将成为未来微纳制造工艺发展的中心阶段。当前许多制造工艺都基于光刻技术，该技术是硅微型 IC 生产驱动的，使用传统硅基材料的微纳制造工艺的发展已经高度发达。但是，新的驱动力是基于非硅材料(例如聚合物、陶瓷、玻璃和金属)的低成本、高精度、功能强大的新产品。微纳制造工艺发展的下一个阶段是实现由硅器时代向新时代的过渡，呈现出利用金属和陶瓷等工程材料制造微产品的强大能力。

为了使一门科学成为一种技术，必须对物品的制造和使用方式建立一定程度的控制，并且需要可制造性和实用性做支撑。技术意味着对人工制品的制造和使用具有一定程度的控制或工程能力，当涉及制造人工制品时，我们需要能够以成千上万的数量复制它们，使它们满足现有技术规格，具有给定的公差和尽可能少的缺陷[13]。大多数纳米级人工制品具有不可制造性，需要一代又一代的科技工作者进行产学研用的转化。无论如何，各行各业都离不开微纳制造，其市场前景和科学研究的内驱动力使得相关技术不断发展，具有十分光明的前景。

1.2　微纳制造的发展历程

人类文明的进步一直伴随着使用工具的发展，而使用工具跨越了宏观毫米及以上尺度、介观微米尺度和微观纳米及以下尺度。尽管"米"尺度这一概念现在已经深入人心，但是直到 19 世纪全球化的进程才开始逐步统一。在 1889 年，第一届国际计量大会批准以铂铱米原器作为米的实物基准。在 1960 年，第十一届国际计量大会废除了上述基准，改为"米等于 ^{86}Kr 原子的 $2P_{10}$ 和 $5d_5$ 能级间的跃迁所对应的辐射在真空中波长的 1650763.73 倍的长度"的自然基准。1983 年，第十七届国际计量大会将米与光速的物理量结合了起来，实现了以物理常数为基准的长度单位过渡，其复现米尺度的不确定度降低到了 10^{-11}。

回过头来看，人类社会使用工具尺度的发展，大致可以分为以下几个阶段。从石器时代到青铜器时代再到铁器时代，人类使用工具的尺寸一直在毫米以上尺度，最小的就是缝衣针。直到第一次工业革命，人类步入蒸汽时代，首次出现数百微米级别的小型构件，实现了机器代替手工。第二次工业革命，人类步入电气时代，出现了数十微米的新发明（如钨灯丝），从而进一步解放和发展了生产力，将人类社会推向了前所未有的新高度。在制造业中，各种微纳制造方法蓬勃发展，包括机械加工、增材制造、成形、连接和焊接等，而制造微小产品的基本方法是机械加工和微冲孔[14]。随着器件小型化的发展，科学家面临的最大挑战之一是使用诸如车削、成型、冲压和钻孔等技术制造微小物体。制造业的发展对加工精度的要求越来越高，传统的机械加工很难满足需求。微米和纳米技术发展的最大希望被寄予于非常规的加工方法，这类方法有可能向工作区提供最少且严格限制的能量，因此可以非常精确且最少地去除材料。

直到最近的第三次工业革命，以芯片为首的半导体工业将加工精度从微米级逐渐推进到纳米尺度，实现了机器代替脑力，将人类带入了信息时代[15]。图 1-3 展示了工业革命发展历程及使用工具的尺度变化趋势。1947 年，Shockley、Bardeen 和 Brattain 发明了晶体管，并获得诺贝尔物理学奖。此前一年，美国科学家制造的世界上第一台电子计算机 ENIAC 问世，该计算机是一个占据了整个房间的庞然大物。当时采用的逻辑电路器件还是电子管，使得该计算机每秒钟只能进行 5000 次计算。1958 年，德州仪器公司的 Kilby 发明了世界上第一块锗（Ge）集成电路，作为集成电路的发明人之一获得了 2000 年的诺贝尔物理学奖。在摩尔定律的驱动下，目前晶体管的特征尺寸已经降到了 10 nm 以下。晶体管的发明极大地推动了微电子技术的发展和信息技术革命，促进了美国、欧洲、日本和韩国等的经济快速腾飞。硅集成电路(IC)出现后不久，就发明了 MEMS 产品。但是，MEMS 的发展非常缓慢。压力传感器是最早的微电子机械系统产品之一，并一直大量生产至今[16]。1959 年，Feynman 发表了著名的演讲 *There's plenty of room at the bottom*，这次演讲预言并推动了微纳制造的巨大变革[17]。对于人类来说，将原子作为自下而上制造的基础是一个长期的梦想。在 1974 年，Taniguchi 首次提出"nanotechnology"一词并将其定义为在原子或分子水平上的加工技术，将人类带入了"纳米技术"时代[18]。

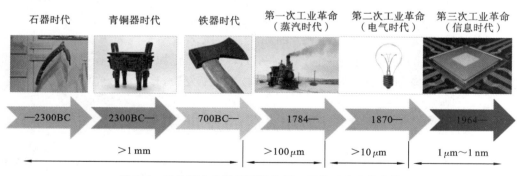

图 1-3　工业革命发展历程及使用工具的尺度变化趋势

与芯片制造同步发展的是各类微观尺度的表征技术。在 20 世纪 30 年代，人类生产出了世界上第一台电子显微镜。电子显微镜在光学显微镜的基础上进一步将人类带入了更小的尺度。扫描隧道显微镜的发明人之一 Rohrer 曾指出，"150 年前，微米成为新的精度标准，奠定了工业革命的基础，最早和最好使用微米科技的国家都在工业发展中占据了巨大优势；同样，未来的科技将属于那些明智地接受纳米作为新标准并首先学习和使用它的国家"。1982 年扫描隧道显微镜和 1986 年原子力显微镜的发明带来了纳米技术的重大突破,原子、分子世界从此可见。这些革命性的发明,通过以原子分辨率可视化的微观尺度,为科学家和工程师打开了纳米世界大门[19]。

此后,各种各样的微纳尺度材料蓬勃发展、层出不穷。1985 年,人类首次发现 C_{60} 分子,它是一种原子精度的纳米材料,发现者 Smalley 等人被授予诺贝尔化学奖[20]。1990 年,IBM 苏黎世研究中心 Binnig 等人成功进行了第一个单原子操作,用原子拼写了"IBM"。1991 年,人类发现碳纳米管,相同体积下其强度为铁的 10 倍,而质量仅为铁的 1/6,这使得碳纳米管成为纳米技术研究的前沿热点[21]。2004 年,Geim 和 Novoselov 发现了二维材料石墨烯,石墨烯是几乎透明(对可见光)的单原子尺度的超薄膜,相同重量下其强度比大多数钢强几百倍,具有已知的最高热导率和电导率,显示的电流密度是铜的 1000000 倍,发现者被授予 2010 年诺贝尔物理学奖[22,23]。碳材料已经在生活和工业中广泛使用,更奇特的是其可以形成零维富勒烯、一维纳米管、二维石墨烯、三维金刚石等结构和性质天差地别的多元物质,掀起了材料领域的巨大变革。

纳米制造包括操纵原子和分子以产生单个工件来生产亚微米级组件和系统的方法。然而,以大规模生产的方式生产单个纳米级工件是一个巨大的挑战,各国投入了大量人力物力进行微纳制造理论、方法和应用的研究。美国在 2001 年启动了"国家纳米技术计划"(NNI),投入 4.97 亿美元,旨在开展能造福社会的纳米尺度技术研究。欧盟先后在欧盟框架计划 FP6、FP7 和 Horizon2020 计划中投入了大量资金进行微纳制造技术研究[24]。在欧盟框架计划的支持下,欧洲微纳制造技术平台(MINAM)于 2007 年启动[25]。1993 年,中国科学院成功操纵硅原子,写出"中国"二字,在纳米技术前沿占得一席之地。在"十五"期间,MEMS 被正式列入中国 863 计划中的重大专项[26]。中国于 2000 年成立了国家纳米科技指导协调委员会,2003 年中国科学院和教育部共同成立了国家纳米科学中心,并且国家中长期发展规划也将纳米科技纳入研究计划中[27]。上述科研投入有利于我国占据制造业的前沿高地,实现从制造大国到制造强国和智造强国的根本性转变。到目前为止,已经有 60 多个国家发布了国家级的纳米科学技术发展规划。这些规划的实施将进一步加速纳米技术的发展,为全球经济和社会发展带来更多的机遇和挑战。纳米技术的发展将对众多领域产生深远影响,包括能源、环境、医疗、电子信息技术、材料科学和航空航天等。这些领域技术的进步将为人类创造出前所未有的新材料、新产品和新应用,从而提高人类生活的质量和推动社会进步。

如今,硅基集成电路已经接近物理极限,各类新材料和新机理不断出现。Roco 认为,纳米技术革命可以分为四代。第一代纳米技术涉及被动结构的合成和制备的研究和开发,例如纳米涂层、颗粒分散、表面图案化等。第二代涉及功能化的纳米结构,例如分子机器、光驱动机械马达、激光发射装置和自适应结构。第三代涉及开发纳米系统,例如分子组装的化学机械处理、纳米级人工器官、改性病毒和细菌。第四代将涉及集成异质分子纳米系统和协同功能的研究。这正接近生物系统的工作方式,例如进化细胞和细胞老化疗法、人机界面[28]。在未来,微纳制造将会更加广泛地促进人类文明的繁荣发展。随着技术的不断进步,我们可以期待更多具有创新性和革命性的纳米技术应用,从而为人类的生活带来更高的质量和更广泛的可能性。

1.3 微纳制造的内涵与外延

微纳制造为人类提供了认识和改造微观世界的先进研究手段。如今,纳米技术面临的主要障碍是缺乏有效的方法来构建预期应用所需的纳米级结构。例如，人工纳米机器人很难制造，主要是在构建必要的纳米结构方面存在困难，这也因此成为科技界最具诱惑力的研究内容。任何规模的机器人技术都涉及传感、控制、致动、动力、通信、接口、编程和协调，在微纳尺度这些技术的复杂度都呈现指数级的增加[29]。目前，7 nm 制程节点的芯片，每平方厘米的面积内就有接近 70 亿个晶体管，但是仍然满足不了人们日益增加的数据存储和处理的需求。根据国际数据公司（IDC）出版的数据预测，2025 年全球数据总量将达到 175 ZB。1 ZB 等于 1 万亿 GB。如果能够将全球的数据存储在 DVD 中，那么它的长度能到达月球 23 次或绕地球转 222 次。如果可以下载整个 2025 年全球的数据，按平均速度 25 Mbit/s 计算，那么将需要一个人 18 亿年才能做到这一点，或者全世界所有人不休息，也约需要 81 天完成。针对上述背景，传统的制造方法面临原理和成本的巨大鸿沟而难以为继，需要制造技术的进步与变革。

微纳加工技术可以简单分为自下而上、自上而下以及两者混合的加工工艺。自上而下的制造方法是通过雕刻或研磨（例如石刻、光刻、刻蚀和研磨）等减材方法达到纳米级尺寸。自上而下的过程始于较大的零件（例如半导体晶片），再去除材料以制造较小的零件（例如纳米线）。微纳尺度的材料去除通常会使自上而下的过程无法大规模进行，特别是对于昂贵的原材料或在回收和再利用不可行的情况下。图 1-4 展示了典型的自上而下和自下而上的制造过程。乐山大佛是中国最大的一尊摩崖石刻造像（图 1-4(a)）。自下而上的方法通过化学反应或物理过程从液体、固体或气体前驱体中形核和/或生长，从而在原子尺度上组装物质。自下而上是一种由小变大的过程，类似于用砖头逐步地建造房屋或搭积木[30]。微纳制造的最终目标是直接以原子/分子为建筑单元制造出具有特定功能的产品。从这个角度上来说，自下而上的方法是面向未来的极具潜力的加工技术。

（a）　　　　　　　　　　　　　　　　（b）

图 1-4　典型的自上而下和自下而上的制造过程

（a）自上而下的石刻；（b）自下而上的搭积木

对于在 3D 纳米结构上进行纳米图案化以及具有高精度和高分辨率的微纳米器件或系统，非常需要新颖的微纳米制造技术[31]。自上而下的减材制造技术仍然是当前微电子、光学器件和其他应用的微纳米制造的主流技术[32]。然而，自下而上的方法应该是可持续制造的最终工具，因为它们允许在分子水平上定制反应和过程的设计，从而将不必要的浪费最少化[33]。当在高纵横比的硅中创建特定位置的微米级和纳米级特征时，刻蚀等工艺非常缓慢。因此，除了硅以外，还需要更快的技术来加工工程材料，如铁、铝和铜合金等。对于难刻蚀材料，开发自下而上的选择性沉积工艺，对于纳米/亚纳米精度可控制造具有重要意义。对于陶瓷等难以数控加工的材料，耦合自下而上-自上而下的工艺显得尤为必要。图 1-5 展示了自上而下和自下而上制造方法的发展过程。一般来说,自上而下是一种由大到小的减材制造技术,是传统机械加工的继承和延伸;自下而上是一种由小到大的增材制造技术,发展历程不足百年。在微米尺度,主要是通过工艺复合来提高加工效率和尺寸精度。在纳米尺度,研究主要集中在开发新的制造方法,以克服当前关于材料/形状/应用的限制。在未来,这些制造技术有望进一步发展,为微纳米器件和系统的制造带来更多创新和突破。

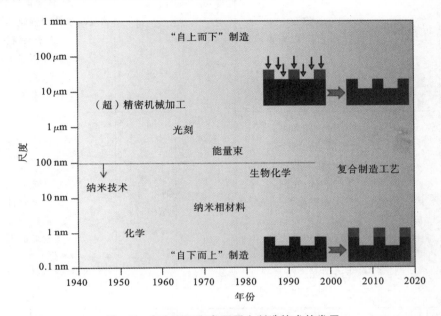

图 1-5 自上而下和自下而上制造技术的发展

表 1-1 列出了常用的纳米尺度加工方法,主要包括了各种自上而下和自下而上的方法[33]。自上而下加工方法包括了机械加工、软光刻、紫外光刻、离子刻蚀、X 射线光刻、电子束刻蚀、离子束刻蚀等。据报道,在 118 项微纳加工工艺中,机械加工占比 35%,沉积占比 16%,钻孔占比 15%[34]。机械加工是微纳制造中最常用的工艺之一,其主要缺点是加工精度有限。在牛津词典中,"lithos"一词来自希腊语,意为石头。在艺术领域,平版印刷术是在一种黄色的石灰石上绘画或书写的艺术,以便可以在墨水中留下印象。在微米和纳米加工中,我们指的是图案转移。光刻方法对于微细加工和纳米加工很重要。由于光刻工艺的物理极限,开发具有更高分辨率的较小尺寸特征的新型光刻工艺面临着巨大的挑战。另外,器件的小型化需要创新的微纳制造技术。MEMS 技术存在局限性,例如工作材料的选择受限,无法产生复杂的几何形状,需要巨大的资本投资以及必要的洁净室环境[35]。基于非光刻(NLB)的微纳制造技术的商业化不如 MEMS 技术,这可能是因为它们作为可靠的批量生产方法还处于不成熟状态[36]。但是,它们确实提供了适用于减法工艺和加法工艺的新方法,以克服 MEMS 技术在几何形状和材料方面的限制。

自下而上的技术包括 3D 打印、脉冲激光沉积、原子层沉积、原子/分子操纵、分子自组装等。这些技术在某些方面已经取得了显著的成果,但是在精度和效率方面仍然有巨大的进步空间。3D 打印可以平衡个性化制造与高通量处理之间的矛盾,而这种矛盾仍然难以应用于纳米材料和纳米结构的处理。目前大多数金属增材制造工艺的分辨率为 $0.1 \sim 10 \, \mu m$;没有现成的方法可用于打印这些尺寸以下的 3D 特征[37]。直接自组装在原子或分子水平上具有较高加

表 1-1　常用的纳米尺度加工方法

自上而下技术			自下而上技术		
光刻	传统光刻	光刻 电子束光刻(仅掩膜板)	气相技术	沉积技术	气相外延 金属有机化学气相沉积 分子束外延 等离子体增强化学气相沉积 原子层沉积 脉冲激光沉积 溅射 蒸发
	下一代光刻	浸入式光刻 更低波长的光刻 极紫外(软 X 射线)光刻 X 射线光刻 颗粒光刻 电子束光刻 聚焦离子束光刻 纳米压印 步进闪光压印光刻 软光刻		纳米颗粒/ 结构材料 合成技术	蒸发 激光烧蚀 火焰合成 电弧放电
刻蚀		湿法刻蚀 干法刻蚀 反应离子刻蚀 等离子刻蚀 溅射	液相技术		沉淀 溶胶-凝胶 溶剂热合成 声化学合成 微波照射 反胶束 电沉积
静电纺丝		—	自组装技术		静电自组装 自组装单分子层 朗缪尔-布洛杰特合成
铣削		机械铣削 低温铣削 机械化学键合			

工精度,但是仅适用于少量有机材料。尽管原子操作可以达到原子级别,但方法有限且操作复杂。沉积技术可以实现逐层地累积材料,而选择性沉积使该方法更上一层楼,在复杂 3D 结构的高精度自对准方面展现了诱人的前景,但是仍然处于实验室阶段[38]。分子自组装少数可应用于生物医疗等领域,部分可以用于 3D 结构对准的前处理过程,但是上述分子基本都是有机物,工艺扩展性方面有限。因此,自下而上技术的挑战在于兼顾效率和精度,这将是未来微纳制造领域的关键研究方向。要实现这一目标,需要开发新颖的材料、方法和技术,以及跨学科的合作,以突破现有技术的限制,实现更高效、高精度的微纳制造。

微纳制造是高端制造业的重要组成部分,是制造业的尖端技术。随着制造业对高、精、尖制造方法的需求不断增长,传统机械加工已经越来越难以满足高速发展的军工和消费需求,如电子芯片、光芯片、高端显示面板等。微纳制造在近 30 年发展尤为迅猛,已经从一般的理论研究扩展到了很多细分领域,包括纳米材料、纳米机器人、纳米生物学、纳米发电机、表面摩擦学等。加工精度与工艺原理及其优化密切相关。图 1-6 展示了常见的微纳加工工艺的尺度和精度,通常加工尺度和精度呈现正相关趋势。例如,原子或分子操纵技术的加工尺度最小,其加工精度相应也是最高的。图中,模具法的加工尺度停留在微米级别,对应的加工精度也最低[39]。

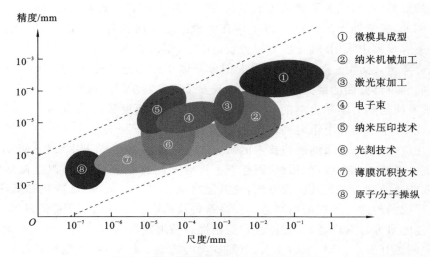

图 1-6　常见微纳加工工艺的尺度和精度

　　纳米制造是纳米科学发现与现实世界纳米技术产品之间的重要桥梁,是国家和世界实现跨产品系列重大技术创新承诺的载体,这些产品将影响几乎所有工业部门[40]。微尺度的制造过程是连接纳米世界和宏观世界的桥梁,是在大规模制造过程中集成不同尺度的关键赋能技术。微观制造研究在帮助改造传统产业和产品方面发挥了重要作用。微纳制造一方面体现了对传统加工方法的继承,另一方面是对新原理和新方法的探索发现。得益于计量学的进步,人类认识和改造自然的能力已经接近原子级别。从加工尺度上,原子和近原子制造是发展制造技术的重要趋势。在这个尺度,出现了量子效应、表/界面效应、体积效应、多物理场耦合等,其影响变得极为重要。在原子尺度,材料的刻蚀、增加、迁移、扩散等将变得尤为复杂,传统加工理论已经不再适用。这也标志着制造技术将从以经典力学、宏观统计分析和工程经验为主要特征的现代制造技术,走向基于多学科综合交叉集成的新一代制造技术[41,42]。原子尺度制造大有可为,破镜重圆将不再是天方夜谭。把握下一代微纳制造发展方向,有利于实现高端制造业变革式发展。

　　微纳制造的研究对象主要包括了各种纳米材料、微型化的器件或装置以及各类探测分析技术。微纳制造的基础是各类微纳尺度材料或结构,包括碳材料、零维材料、一维材料、二维材料等,它们是当今新材料领域中最具活力的研究对象。通常,微尺度和纳尺度在器件或系统层面上是密不可分的,需要跨尺度的制造技术。例如微结构上的纳米结构,已经在越来越多的领域中得到应用,这将是一个重要发展趋势。在上述过程中,尤其要把握结构或系统的特性演变规律,理解宏、微、纳互连共存时的尺度效应,掌握器件性能精确调控原理与方法,从而解决高精度快速批量化制造的技术难题。开发各类特殊性能的新材料和应用,是当前的研究热点。

例如，量子点显示将逐步取代传统的二极管显示器，使人类生活在更加高清的视屏世界；纳米线晶体管有可能取代传统的晶体管，实现摩尔定律的延续；石墨烯传感器比传统的化学探测器更加灵敏，是一项新的给人类赋能的技术；基于富勒烯的有机太阳能电池，可以缓解当前的能源危机。

尽管当前的微纳加工技术日益丰富，但是在成果转化方面仍然有较大的距离。微纳制造主要依靠先进的技术和高端的装备。例如，一台 7 nm 的光刻机造价就达上亿美元，并且荷兰 ASML 公司一年的产量只有不到 30 台。与微纳加工不同，微纳制造是商业上可扩展且在经济上可持续的批量生产，代表了纳米技术革命的切实成果。制造装备是制约微纳制造发展的重要因素。例如，极紫外光刻（EUV）技术早在半个世纪以前就有人提出来，但是直到现在才开始在某些关键步骤中采用，就是因为制造装备困难、工艺成本过高等。微纳制造是微纳加工和成本的综合考量，芯片技术的快速发展大部分归因于技术进步带来的巨大收益的正反馈。人类以在时间和仪器方面的巨大投资为代价，开发了工具，使操作者能够控制过程的每一个细节，这可以被看作与热力学和自然的巨大斗争[43]。与用于研究目的的微纳加工相反，微纳制造必须满足成本、生产量和上市时间的其他限制要求[44]。开发先进的微纳制造工艺，使其满足实际工业化应用，是当前微纳制造技术的研究热点。微纳制造的应用领域无处不在，包括集成电路、微机电系统、能源、催化、传感、医疗等。针对不同的需求，我们可以在微纳制造的“工具箱”中选取合适的制造工艺及组合方法，使其能高效、可控、低成本、低能耗和低污染地实现目标结构或系统的构建。把握微纳制造这一高新科技的增长点对相关产业的发展尤为重要。

微纳尺度的研究具有广泛性、多样性和实用性。微纳制造的应用面得到了很大的扩展，包括传感检测、能源开发及存储、生物技术、空间探测等方面。例如，在生物医疗领域，可以通过激光微细系统对近视患者进行视网膜手术，更可以通过微系统定向清除血栓或癌细胞，为全人类的福祉做出重要贡献。在航空航天领域，可以通过微型飞行器、纳米卫星等加快人类文明向外发展的步伐。在高端显示领域，量子点发光二极管具有色域宽、亮度高、能耗低等优点，在不久的将来会取代传统显示面板。毫无疑问，微纳制造在各行各业都有用武之地，对人类生活的方方面面都有重要的影响。加大相关领域的研究是微纳制造走向更加广泛应用的重要途径。

1.4　挑战与发展趋势

微纳制造的挑战是多方面的，涉及基础理论、加工精度及效率、表征方法及工程应用等，需要建立标准和流程的多层次的整体方法。微纳工艺的候选标准包括材料兼容性、工艺可扩展性、特征尺寸范围、处理时间、产量等，最佳的纳/微工艺选择是基于各个标准的工艺之间的成对比较，根据用户定义的标准对过程进行无偏优先选择。在微纳制造领域，其主要发展趋势包括如下方面：理论指导和表征技术的创新、新兴纳米材料的引入及应用、各种跨尺度多维度的耦合制造方案，以及高效率高精度制造装备的研发等。

微纳制造涉及很多交叉学科，在量子效应、表面能、传热传质、多物理场耦合等方面需要更加有效的理论指导[45]。基础理论方面，需揭示原子级的特征尺度引发的尺度效应、表/界面效应和量子效应等。原子尺度加工面临热力学与动力学等内禀驱动力问题，需突破原子级加工工具与方法极限，如衍射极限、量子效应等。加工工艺具有力学不稳定性，如原子分子黏附力与应力引起的局域不可控性，面临着原子扩散引起的不稳定性，受到纳米限域空间制造输运限制。在表面计量领域，涉及表面创建、测量需求、仪器、表征方法和标准制定，需要发展原子级空间分辨与飞秒时间分辨原位表征技术,耦合电学、光学、力学、谱学等先进表征手段,以研究跨尺度集成和器件失效机理。为了提高最终产品的质量,需要解决当前缺乏针对制造的设计知识的问题。在线检测与高生产率微纳制造相匹配仍然是研究中的一个挑战性课题,因为这需要同时满足高水平的分辨率、准确性和速度要求。

表征技术正在蓬勃发展,单原子表征和操纵技术有很大的改进空间。未来,微纳制造将朝着超高精度的方向发展,其中,物理接触中所涉及的外力(例如静电力、黏着力或黏附力以及范德华力),已成为关键问题。在原子级和亚纳米级,需要诸如 AFM、STM 和 STEM 之类的方法来实现直接操作和表征。AFM 具有适应性强的优势,不需要表面处理和真空环境,且它对几乎所有类型的材料都具有很强的扩展性;但是,非实时性是 AFM 的最大障碍。对于 STM,它仅适用于导电材料,并且对材料的表面和机械振动敏感。到目前为止,它可以非常灵活地用于极低温检测、超快速扫描、液相测试等。至于 STEM,它只能测试没有 3D 形貌的超薄纳米材料,但分辨率可以低至 0.05 nm。尽管上述技术是原子物理和化学的强大工具,但它们仍处于起步阶段,仅具有快速、稳定的原子操作能力。针对未来原子尺度制造方向,需要发展 2D/3D/4D 制造方法与包含时间演变规律的配套技术,提升多维制造可控性。

各种新材料的开发获得了许多关注,如具有特殊性能的低维度碳材料和各类复合材料。传统大块材料,如金属、陶瓷、聚合物和它们的合金,即使使用最先进的技术,也很难达到最优的材料性能,如组件的耐久性和可靠性。而新材料在极端的机械、电气、磁性、光学和热性能方面显示出满足许多新兴工业需求的无限可能性,这些性能是单片材料所不具备的[46]。与传统材料相比,新材料的主要优点是具有高的强度、韧度、刚度和抗蠕变能力,减少了腐蚀、磨损和疲劳,这在当今从微观到纳米的各种尺度应用中是不可或缺的[47]。

创新将是取得巨大突破的关键。通用的应用将促进从原子操作到原子或分子自组装再到纳米粒子协同,直到多维结构的跨尺度纳米加工,从而增加了工艺的复杂性和耦合难度。尚无单一技术能够将高分辨率、高纯度和复杂的几何形状结合起来,未来的用户将不得不决定哪种工艺最能满足其需求。为了实现复杂的纳米结构制造,多种工艺的耦合是必不可少的。常规工艺已广泛应用于图案化、光刻、刻蚀和剥离工艺。通过优化沉积工艺来选择性地沉积新材料具有重要意义。由于要在精度和效率之间进行权衡,原子级沉积和自上而下处理的结合对于具有指数复杂性的多维结构可能具有吸引力。因此,需要进行减法制造,例如原子层刻蚀和拓扑刻蚀,以及在选择性沉积期间去除非生长区域上的杂质。技术的广度使得选择最合适的制造路线变得困难,需要找到最佳的解决方案。

在跨尺度制造中,需要考虑界面效应、对准和热管理等诸多问题。3D 集成和封装是有前途的架构,可克服尺寸限制并提高设备性能,甚至还可以集成多种材料和功能,实现跨尺度的微纳器件或系统的制造[48]。此外,还需要许多创新的方案来应对缺陷容限和热密度的挑战。这些方法提供了异构集成和单片 3D 集成,将有助于扩展摩尔定律。实践中绝大多数工程部件故障都是由表面引发的,其机制包括疲劳裂纹、应力腐蚀裂纹、微动磨损、过度的磨料或黏合剂磨损、腐蚀、侵蚀、表面涂层失效等。边缘平坦度和平滑的界面控制将是 3D 集成中原子尺度沉积的重要考虑因素。微纳尺度的多级结构是一些独特性能产生的关键,其性能演变规律需要进一步加以研究。

在高精度地制造薄膜和纳米结构时,精度和加工效率是相互抑制的因素[49]。要使生产线向高分辨、高吞吐量方向移动,需要开发用于实现高通量生产的制造设备。而包装设备的复杂性要求后端设备支持异构集成和组装。为了满足高价值异构系统集成的需求,有必要尽快集成前端设备和后端设备。此外,需要平衡个性化制造与批量制造一致性,发展空间分离的制造思路,开发并行化和自动化方法,实现连续型的微纳制造工艺过程,提升制造效率。如何评估技术的"成熟度"将是应用的一大障碍[50]。未来将受到新型组装和制造工具的强烈影响,这些组装和制造工具将更加智能、灵活、精确。微纳制造要获得工业化应用,必须建立相关的标准。微纳技术的标准化工作是一项艰巨的任务,主要包括对纳米级物质和工艺的控制,利用相关材料的新特性对设备和系统进行改进与应用。标准的建立将推动更多的纳米产品走向市场。

　　微纳制造研究不仅仅限于各种制造方法,还包括微纳尺度的物理化学原理、微纳材料和结构、微纳尺度表征方法、工程应用等多个方面,如图 1-7 所示。在基本原理上,量子效应、表面能/势、传热传质、多场耦合等现象,都会导致微纳制造与宏观尺度有很大的不同,急需理论层面的指导。另外,各种新材料和新结构,为微纳制造的各类应用提供了可能。微纳尺度的加工方法,是将理论付诸实践的直接途径,是器件/结构微型化、纳米化的基础,是应用的基础和保障。对微电子学而言,微纳制造新方法可以进一步使关键尺寸降至 7 nm 以下。此外,微纳制造的应用不仅限于微电子制造,它将成为支持光学、磁学、声学和生物技术等的平台,以实现超越硅基电子技术的变革。微纳尺度的表征技术,在理论修正、工艺调整、应用检测等全过程都起着举足轻重的作用,是微纳制造的前提。工程应用是一切理论和方法的落脚点,是最终目标。微纳制造的应用取决于基础制造理论、制造工艺以及装备的同步发展。开发集成了多种功能的新产品,在不显著增加产品重量或整体尺寸的情况下,可以扩展产品的应用范围。功能集成依赖于引入新的特殊材料,以便从其优化特性中受益,获得多功能器件[51]。这将为微纳制造领域带来巨大的机遇与挑战。为了满足市场需求,微纳制造需要不断创新与突破,以实现

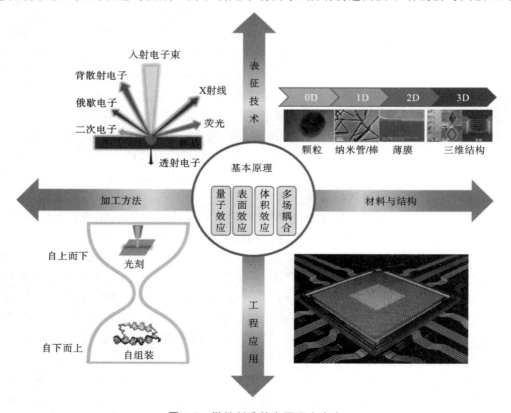

图 1-7　微纳制造的主要研究内容

更高的生产效率、更好的产品质量、更广泛的应用领域,以及更高的产业价值。

习 题

1. 微纳制造无处不在,微型产品和组件几乎遍布生活中的每一个角落。为了区别于其他制造技术,微纳制造技术通常被分成哪两类,请简要概述。

2. 请简要概述你对微纳加工技术的理解。

3. 请简要概述常用纳米尺度加工方法中自上而下技术具体有哪些。

4. 请简要概述常用纳米尺度加工方法中自下而上技术具体有哪些。

5. 如何理解在高精度地制造薄膜和纳米结构时精度和加工效率是相互抑制的因素?

6. 为什么说如何评估技术的成熟度将是应用的一大障碍?

7. 在跨尺度制造中需要如何考虑界面效应、对准和热管理等诸多问题?

8. 如何理解技术链的创新将是取得巨大突破的关键?

9. 如何理解为了实现复杂的纳米结构制造多种工艺的耦合是必不可少的?

10. 请简要概述微纳制造的应用有哪些扩展。

本章参考文献

[1] BROUSSEAU E B, DIMOV S S, PHAM D T. Some recent advances in multi-material micro- and nano-manufacturing[J]. International Journal of Advanced Manufacturing Technology, 2010, 47(1-4): 161-180.

[2] 王国彪. 纳米制造前沿综述[M]. 北京:科学出版社,2009.

[3] QIN Y. Micro-manufacturing engineering and technology[M]. Netherlands: Elsevier Incorporation, 2010.

[4] 白春礼. 纳米科技及其发展前景[J]. 科学通报,2001,46(2): 89-92.

[5] QIN Y, BROCKETT A, MA Y, et al. Micro-manufacturing: research, technology outcomes and development issues[J]. International Journal of Advanced Manufacturing Technology, 2010, 47(9-12): 821-837.

[6] BARTH J V, COSTANTINI G, KERN K. Engineering atomic and molecular nanostructures at surfaces[J]. Nature, 2005, 437(7059): 671-679.

[7] RAZALI A R, QIN Y. A review on micro-manufacturing, micro-forming and their key issues [J]. Procedia Engineering, 2013, 53: 665-672.

[8] JACKSON M J. Micro and nanomanufacturing [M]. Springer Science Business Media, LLC, 2007.

[9] DE MICHELI G, BENINI L. Networks on chips: technology and tools [M]. Morgan Kaufmann Publishers, 2006.

[10] FRANSSILA S. Moore's law and scaling trends [M]//Introduction to Microfabrication. 2nd ed. Wiley, 2010.

[11] LIANG S Y. Mechanical machining and metrology at micro/nano scale[C]//Proceedings of Spie the International Society for Optical Engineering, 2006.

[12] CUI Z. Nanofabrication：principles，capabilities and limits [M]. Springer Science Business Media，LLC，2008.

[13] KELLY M J，DEAN M C. A specific nanomanufacturing challenge[J]. Nanotechnology，2016，27(11)：112501.

[14] KOVALENKO V S. Laser micro- and nanoprocessing[J]. International Journal of Nanomanufacturing，2006，1(2)：173-180.

[15] FANG F，ZHANG N，GUO D，et al. Towards atomic and close-to-atomic scale manufacturing[J]. International Journal of Extreme Manufacturing，2019，1.

[16] GATZEN H H，SAILE V，LEUTHOLD J. Micro and nano fabrication [M]. Berlin Heidelberg：Springer-Verlag，2015.

[17] FEYNMAN R P. There's plenty of room at the bottom[C]. American Physical Society Meeting，Pasadena，CA，USA，1959.

[18] TANIGUCHI N. On the basic concept of nanotechnology [C]// Proceedings of the International Conference on Production Engineering，Tokyo，1974.

[19] DU E，CUI H. Review of nanomanipulators for nanomanufacturing[J]. International Journal of Nanomanufacturing，2006，1(1)：83-104.

[20] KROTO H W，HEATH J R，OBRIEN S C，et al. C_{60}：buckminsterfullerene[J]. Nature，1985，318(6042)：162-163.

[21] SUMIO I. Helical microtubules of graphitic carbon[J]. Nature，1991，354(6348)：56-58.

[22] DAY C. Andre Geim and Konstantin Novoselov win 2010 physics Nobel for graphene [J]. Physics Today，2010.

[23] GEIM A K. Graphene：status and prospects [J]. Science，2009，324 (5934)：1530-1534.

[24] YI Q. Micro-manufacturing research：drivers and latest developments (Keynote Paper) [C]// 23rd International Conference on Computer-Aided Production Engineering，2015.

[25] WÖGERER C，WOLFGANg S. Technology platform minam-A useful instrument to strengthen europeans leading position in micro- and nanomanufacturing [C]// Proceedings of the 3rd International Conference on Manufacturing Engineering (ICMEN)，1-3 October 2008：921-928.

[26] 王立鼎，褚金奎，刘冲，等. 中国微纳制造研究进展[J]. 机械工程学报，2008，044 (011)：2-12.

[27] 白春礼，等. 中国纳米白皮书：国之大器，始于毫末[M]. 国家纳米科学中心、中国科学院文献情报中心和施普林格·自然集团，2017.

[28] ROCO M C. Nanotechnology's future[J]. Scientific American，2006，295(2)：39-39.

[29] REQUICHA A A G. Nanorobots，NEMS，and nanoassembly[J]. Proceedings of the IEEE，2003，91(11)：1922-1933.

[30] BEHRENS S H，BREEDVELD V，MUJICA M，et al. Process principles for large-scale nanomanufacturing[J]. Annual Review of Chemical & Biomolecular Engineering，2017，8：201-226.

[31] WEI LU, LIEBER C M. Nanoelectronics from the bottom up[J]. Nature Materials, 2007, 6(11): 841-850.

[32] CHEN R, LI Y C, CAI J M, et al. Atomic level deposition to extend Moore's law and beyond[J]. International Journal of Extreme Manufacturing, 2020, 2(2).

[33] ŞENGÜL H, THOMAS L T, GHOSH S. Toward sustainable nanoproducts: an overview of nanomanufacturing methods[J]. Journal of Industrial Ecology, 2008, 12(3): 329-359.

[34] CHU W S, KIM C S, LEE H T, et al. Hybrid manufacturing in micro/nano scale: a review[J]. International Journal of Precision Engineering & Manufacturing Green Technology, 2014, 1(1): 75-92.

[35] RAJURKAR K P, LEVY G, MALSHE A. Micro and nano machining by electro-physical and chemical processes[J]. Annuals of the CRIP, 2006, 55(2): 643-666.

[36] AHMED W, JACKSON M J, HASSAN I U. Chapter 1-Nanotechnology to nanomanufacturing. Emerging Nanotechnologies for Manufacturing[M]. Academic Press. Inc., 2010.

[37] HIRT L, REISER A, SPOLENAK R, et al. Additive manufacturing of metal structures at the micrometer scale[J]. Advanced Materials, 2017, 29(17): 1604211.

[38] MACKUS ADRIAAN J M, MERK MARC J M, KESSELS W M M. From the bottom-up: toward area-selective atomic layer deposition with high selectivity[J]. Chemistry of Materials, 2019, 31(1): 2-12.

[39] FANG F Z, ZHANG X D, GAO W, et al. Nanomanufacturing—perspective and applications[J]. CIRP Annals-Manufacturing Technology, 2017, 66(2): 683-705.

[40] POSTEK M T, LYONS K. Instrumentation, metrology, and standards: key elements for the future of nanomanufacturing[C]//Proceeding of SPIE, 2007: 664802.

[41] 房丰洲."制造 3.0":"中国制造"升级的战略选择[N]. 人民论坛, 2015, 000(024): 59-61.

[42] 房丰洲. 把握新一代制造技术发展方向[N]. 人民日报, 2015.

[43] MARRIAN C R K, TENNANT D M. Nanofabrication[J]. Journal of Vacuum Science & Technology A: Vacuum Surfaces & Films, 2003, 21(5): S207-S215.

[44] LIDDLE J A, GALLATIN G M. Nanomanufacturing: a perspective[J]. ACS Nano, 2016, 10(3): 2995-3014.

[45] KOÇ M, ÖZEL T. Fundamentals of micro-manufacturing[M]//Micro-manufacturing: design and manufacturing of micro-products. Wiley Incorporation, 2011.

[46] LI M Y, SU S K, WONG H S P, et al. How 2D semiconductors could extend Moore's law[J]. Nature, 2019, 567(7747): 169-170.

[47] HASAN M, ZHAO J W, JIANG Z Y. Micromanufacturing of composite materials: a review[J]. International Journal of Extreme Manufacturing, 2019, 1(1): 012004.

[48] XU Q, LV Y Z, DONG C B, et al. Three-dimensional micro/nanoscale architectures: fabrication and applications[J]. Nanoscale, 2015, 7(25): 10883-10895.

[49] MATTHIAS I, DAVID B. Top-down nanomanufacturing[J]. Physics Today, 2014, 67(12): 45-50.

[50] ANDREAS S，SELIM E，WILFRIED S. A maturity model for assessing Industry 4. 0 readiness and maturity of manufacturing enterprises[J]. Procedia CIRP，2016，52：161-166.

[51] QIN Y. Overview of micro-manufacturing [M]// Micro-manufacturing engineering and technology. Elsevier Incorporation，2010.

第 2 章

微纳尺度的物理化学

2.1 引　言

　　本章首先从电磁波、原子物理基础及晶体结构入手,从电子、原子核的发现来分析原子组成,把量子概念引入原子领域,提出量子态的概念,并介绍由原子或原子团的周期性阵列组成的晶体以及常见的晶体结构。由于晶体结构的原子模型的建立,物理学家们才可能进一步深入地开展有关固体物理的相关研究,从而将量子理论和固体物理学紧密联系起来,因此本章随后从纳米尺度讲解金属、金属化合物等纳米材料的微观量子尺寸效应,通过阐述能带理论以及纳米材料中电子能级由准连续变为离散能级等理论来帮助读者理解量子尺寸效应的本质。最后,介绍量子尺寸效应对材料性质和器件特性的影响,以及相关的先进微纳加工的尺寸效应。借助微纳加工,人们可以根据需要设计和制备纳米材料、纳米结构以及性能优异的器件,充分发挥微纳米材料独特的物理化学性质。

2.2　电磁波和物质波

2.2.1　电磁波

　　光波通常是指电磁波谱中的可见光。可见光通常是指频率在 $3.9 \times 10^{14} \sim 7.5 \times 10^{14}$ Hz 范围内的电磁波,其在真空中的波长为 $400 \sim 760$ nm。光在真空中的传播速度为 $c = 3 \times 10^8$ m/s,这是自然界中物质运动的最快速度。光波的颜色与其频率有关[1],在可见光中,紫光的频率最高,波长最短,而红光正好相反。红外光、紫外光和 X 射线属于不可见光。红外光的频率比红光的低,波长比红光的长,紫外光和 X 射线的频率比紫光的高,波长比紫光的短。光波是横波,其中电场强度 E 和磁感应强度 B(或磁场强度 H)彼此相互垂直,并且都与传播方向垂直。

　　光波具有波粒二象性(即物质既具有波特征又具有粒子特征):从微观角度看,光波由光子组成,具有粒子特征;从宏观角度看,它表现出波动性。根据量子场论,光子是电磁场量子化之后的直接结果。光波的粒子性揭示了电磁场作为一种物质,是与分子、原子等实物粒子一样,有其内在的基本结构的,而在经典的电动力学理论中,是没有光子这个概念的。

　　电磁波是由同相振荡且互相垂直的电场与磁场在空间中产生和传播的振荡粒子波[2]。电磁波是一种以波的形式传播的电磁场,具有波粒二象性。由于电磁波的电场方向、磁场方向和传播方向相互垂直,因此电磁波是剪切波。电磁波实际上由电波和磁波组成,然而由于电场和磁场总是同时出现、同时消失并相互转换,因此通常统称为电磁波。图 2-1 显示了不同波长的电磁波谱。

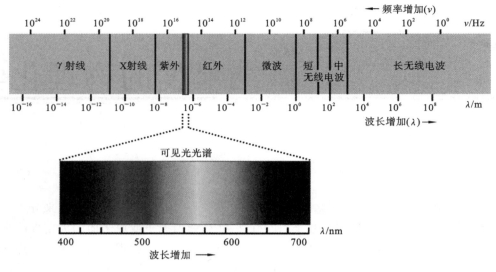

图 2-1　电磁波谱

电磁波有三大属性,即振幅(强度、光强)、频率(波长)和波形(频谱分布),对于可见光,这三者分别对应光颜色的明度、色相和色度;对于单一频率的电磁波,还有初相位的概念,其波形为正弦曲线(余弦曲线),称之为正弦波(余弦波)。电磁波的波形越接近正弦波,其频谱越纯粹,单色性越好,典型的例子就是激光。

从量子力学角度看,电磁波的能量以光子的形式呈现,光子从本质上来说就是波包,即以局域性能量呈现的波。电磁波的能量是量子化的,当它的能级跃迁超过辐射临界点时,它以光子的形式向外辐射[3]。在这个阶段,波体是光子,光子属于玻色子。如图 2-2 所示,氢原子能级图与发射光谱之间的不连续性表明能量是量子化的。

2.2.2　波粒二象性

对光的本质的研究已有较长的历史。早在 1672 年,牛顿就提出光的微粒说[4],认为光是由微粒组成的,但不到六年,即 1678 年,荷兰的惠更斯向巴黎学院提交了《光论》,认为光是纵波。《光论》从光的波动理论出发,推导出了光的直线传播定律、反射和折射定律,并对双折射现象进行了解释。从那时起,光的粒子理论和波动理论在争论中不断发展。

直到 19 世纪初,在 Fresenel、Fraunhofer 与 Young 等人完善了光干涉和光衍射实验后,光的波动理论才得到了普遍认可[5]。到 19 世纪末,麦克斯韦和赫兹确认了光是电磁波。那时,光的波动说似乎得到了决定性的胜利。在 20 世纪初,人类对光的本性的认识又有了一个螺旋式的上升。爱因斯坦在 1905 年用光的量子说解释了光电效应,提出了光子能量的概念;1917 年,他指出光子不仅有能量,还有动量:$p=h/\lambda$,或 $p=hk/2\pi$,其中波矢 $k=2\pi/\lambda$,因此,通过普朗克常数 h,把波动性质相关的 ν 和 λ 同粒子性质相关的 ε 和 p 联系起来了。光的粒子性和波动性是矛盾统一的,公式 $\varepsilon=h\nu$ 即光的波粒二象性的数学表达式。光的这种特性在 1923 年的康普顿散射实验中得到了十分清晰的体现:在实验中,用晶体谱仪测定 X 射

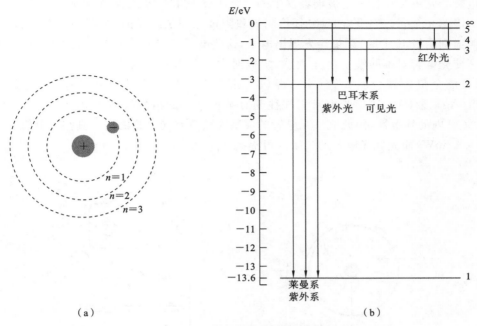

图 2-2　氢原子能级与发射光谱对照

(a) 氢原子能级图；(b) 发射光谱

线波长，它的根据是波动的衍射现象，而散射对波长的影响方式又只能把 X 射线当作粒子来解释。可见，光在传播时显示出波动性，在转移能量时显示出粒子性。光既能显示出波的特性，又能显示出粒子的特性；但在任何特定的情况下，光要么是波动性的，要么是粒子性的，这两者永远不会同时出现。

一切电磁波都具有波粒二象性，其粒子形态称为光子[6]。电磁波与光子不是非此即彼的关系，而是根据实际研究的不同，其性质所体现出的两个侧面，它们是并存的，是互补的。对于机械波和引力波，也有它们相应的粒子形态——声子和引力子。声子是准粒子，需要介质才能存在，它是固体中晶格振动的量子化表现。引力子则是假设存在的粒子，理论上负责引力相互作用的传递，和光子一样，引力子是一种玻色子，但直到我们知识库更新的时间（2021 年 9 月）为止，引力子还没有被实验直接观测到。电磁波的波动性和粒子性的强弱取决于频率和波长，无线电波以波动性为主，粒子性极其微弱；微波的波动性较强，也存在一定的粒子性；红外光、可见光和紫外光的波动性和粒子性均比较明显，处于波动性和粒子性的过渡范围；X 射线虽然也可以发生衍射现象，但波动性较弱，粒子性比较明显（康普顿效应），电离能力强；伽马射线主要显示出粒子性，具有极强的电离能力，而其波动性极弱。此外，根据量子力学理论，实物粒子也具有波动性，这种波称为物质波或德布罗意波。物质波的概念是由法国物理学家路易·德布罗意在 1924 年提出的，他的这个想法是建立在爱因斯坦和普朗克关于光的波粒二象性理论的基础上的。

1. 光电效应

当光照射到金属表面时，金属中的电子被激发并从金属内部射出的现象称为光电效应[7]。这种现象是光子与金属表面的电子发生相互作用的结果。光电效应是量子力学中一个重要的概念，也是实现光电器件，如光电管、光电二极管等的基础。图 2-3（a）所示的是一个最简单的真空光电管。它由装在抽真空玻璃容器中的一个阴极 K 和一个阳极 A 组成。阴极 K 的表面覆盖着一层感光金属。当没有光照射时,阴极和阳极之间是绝缘的,电路中没有电流。但是,当光束照射到阴极 K 上时,阴极会发射出电子,这些电子就构成了电路中的电流,被称为光电流。为了使光电管对不同波长的光敏感,阴极通常会覆盖不同的感光材料。例如,对于可见光,阴极可能会覆盖碱金属如锂(Li)、钾(K)、钠(Na)等;对于紫外光,阴极可能会覆盖汞(Hg)、银(Ag)、金(Au)等。光电管内往往充有某种低压的惰性气体。由于光电子使气体电离,增大了管内的导电性,因此充气光电管的灵敏度较真空光电管的高。真空光电管的灵敏度约为 10 μA/mW,而充气光电管的灵敏度可提高 6~7 倍。

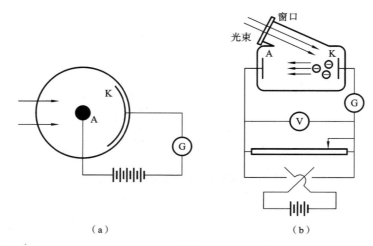

图 2-3　光电管及光电效应实验装置

(a) 光电管;(b) 光电效应的实验装置

在上述光电效应中电子逸出金属,这种光电效应可以叫作外光电效应。除此之外还有一类"内光电效应",目前的应用更为广泛。半导体材料的内光电效应较为明显,当光照射到特定半导体材料上时,光会被材料吸收[8]。这将导致内部的导电载流子(电子-空穴对)被激发,材料的导电性显著增加("光电导");或者光生载流子运动引起的电荷积累,使材料两个表面上产生电位差("光生伏特")。这两种现象统称为内光电效应。硅光二极管、硅光电池、硫化镉光敏电阻等都是根据这种内部光电效应制成的。光电效应已在生产、科研、国防中有广泛的应用。在有声电影、电视和无线电传真技术中,人们使用光电管或光电池把光信号转化为电信号。在光度测量、放射性测量中也常常用光电管或光电池把光变为电流并放大后进行测量。在生产自动化方面光计数器、光电跟踪、光电保护等多种装置的应用更为广泛[9]。图 2-3(b)所示的是研究光电效应的实验装置,K 是光电阴极,A 是阳极,二者封在真空玻璃管内,光束通过窗口照射在阴极上。实验结果表明,光电效应有如下基本规律:

1) 饱和电流

光电流 I 随加在光电管两端电压 V 变化的曲线,叫作光电伏安特性曲线。在一定光强照射下,随着 V 增大,光电流 I 趋近一个饱和值(参见图 2-4(a))。实验表明,饱和电流与光强成正比[10]。电流达到饱和意味着单位时间内到达阳极的电子数等于单位时间内由阴极发出的电子数。这表明单位时间内由阴极发出的光电子数与光强成正比。

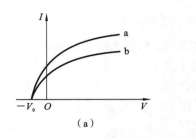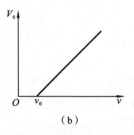

图 2-4　光电伏安特性曲线与截止频率曲线

(a) 光电伏安特性曲线；(b) 截止频率曲线

2）遏止电势

若将电源反向，两极间将形成使电子减速的电场。实验表明，当反向电压不太大时，仍存在一定的光电流[11]。这说明从阴极发出的光电子有一定的初速，它们可以克服减速电场的阻碍到达阳极。当反向电压大到一定数值 V_0 时，光电流减小到零。V_0 叫作遏止电势。实验还表明，遏止电势与光强无关，例如，图 2-4(a) 中曲线 a、b 对应的光强虽不同，但光电流在同一反向电压 V_0 下被完全遏止。

遏止电势的存在，表明光电子的初速有一上限 v_0，与此相应，动能也有一上限，它等于

$$\frac{1}{2}mv_0^2 = eV_0 \tag{2-1}$$

式中：m 是电子的质量；e 是电子电荷的绝对值，$e>0$。

3）截止频率（红限）

当我们改变入射光束的频率 ν 时，遏止电势 V_0 随之改变。实验表明，V_0 与 ν 呈线性关系（参见图 2-4(b)）。ν 减小时，V_0 也减小；当 ν 低于某频率 ν_0 时，V_0 减小到 0。此时，无论光强有多大，光电效应都不会发生。频率 ν_0 为截止频率，也可以称为频率红限。截止频率 ν_0 是光电阴极上感光物质的属性，与光强无关。有时用波长来表示红限，波长的红限 $\lambda_0 = c/\nu_0$，表 2-1 显示了部分金属光电效应的红限。

表 2-1　金属光电效应的红限

金属	钾	钠	锂	汞	铁	银	金
λ_0/nm	550	540	500	273	262	261	265

4）弛豫时间

当入射光束照射在光电阴极上时，无论光强怎样微弱，光电子几乎在辐照开始时产生，弛豫时间不超过 10^{-9} s。爱因斯坦根据光子假说以及光电效应，认为上述光电效应相关的实验结果不能用光的波动理论来解释。为了说明两者之间的矛盾，我们先分析一下光电子的能量。每种金属有一定的逸出功 A，从金属表面逃逸的电子需要不少于 A 的能量。如果电子从光束中总共吸收的能量为 W，那么电子从金属表面逸出后的动能为 $\frac{mv_0^2}{2} < W - A$，或者说，动能 $\frac{mv_0^2}{2}$ 最多不超过 $W - A$。$\frac{mv_0^2}{2}$ 可由测量的遏止电势 V_0 算出，故 W 可根据下式来估算：

$$W = \frac{1}{2}mv_0^2 + A = eV_0 + A \tag{2-2}$$

光电效应实验中与吸收能量 W 相关的现象无法用光的波动理论来解释。

(1)按照光的电磁理论,当金属受到光束照射时,其中的电子做受迫振动,直到电子的振幅足够大时脱离金属而逸出。电子单位时间内吸收的能量应与光强 I 成正比。设光开始照射 t s 后电子的能量积累到 W 并逸出金属,则 W 应该与 It 成正比。我们暂且假设光电效应的弛豫时间 t 都一样,则 W 应与光强成正比。但是实验证明 V_0 与光强无关,W 也与光强无关,这是一个矛盾。

(2)按照光的波动理论,不论入射光的频率 ν 为多少,只要光强 I 足够大,总可以使电子吸收的能量 W 超过 A,从而产生光电效应。但实验表明,光频 $\nu <$ 红限 ν_0 时,无论光强多大,也没有光电效应,这又是一个矛盾。

(3)如果放弃弛豫时间 t 不变的假设,而认为光强大时电子能量积累的时间短,光强小时,能量积累的时间长。那么来估计一下所需的时间,有人以光强为 0.1 pW/cm^2 的极弱紫色光(波长 400 nm)做实验,根据实测的 V_0 求出 W,并按照波动理论来估算,得 $t = 50$ min。但实验中几乎在光束照射的同时(最多不超过 10^{-9} s)即观察到了光电效应。

可以看出,光的波动理论与光电效应的实验结果之间存在着很多的矛盾!为了说明上述所有关于光电效应的实验结果,爱因斯坦于 1905 年提出了如下假设:当光束与物质发生相互作用时,其能量流并不像波动理论所描述的那样连续分布,而是集中在一些称为光子或光量子的粒子上,但该粒子仍然保持频率(和波长)的概念,光子的能量 ε 与光子的频率 ν 成正比,即

$$\varepsilon = h\nu \tag{2-3}$$

式中:h 是普朗克常数。爱因斯坦假说是普朗克假说的发展。最初,能量量子化的概念被普朗克局限于谐振子,以及其发射和吸收过程,而爱因斯坦则认为辐射能本身是以离散的"粒子"形式存在的。根据爱因斯坦的光子理论,当光束照射到金属上时,光子会逐个击中金属。金属中的电子要么吸收一个光子,要么不吸收。在吸收时,W 始终等于 $h\nu$,因此

$$h\nu = \frac{1}{2}mv_0^2 + A = eV_0 + A \tag{2-4}$$

式(2-4)称为爱因斯坦公式。该公式全面解释了上述所有实验结果:入射光的强度大小是指光子流的密度大小。光的强度大对应的光子流的密度大,金属单位时间内吸收光子的电子数多,则对应的饱和电流大;但不管光子流的密度如何,每个电子只吸收一个光子,所有电子获得的能量 $W = h\nu$ 与光强无关,但与频率 ν 成正比。于是便解释了为什么遏止电势与频率呈线性关系。此外,当 ν 趋于红限 ν_0 时,V_0 趋于 0,这时 $h\nu_0 = A$。而当 $\nu < \nu_0$ 时,每个光子的能量 $h\nu < A$,电子吸收光子后获得的能量小于逸出功,所以光电效应不能发生。值得提起的是,爱因斯坦 1921 年获得诺贝尔物理学奖,并非由于他在相对论方面的伟大贡献,而主要是因为其在光电效应方面的工作。在爱因斯坦公式提出后 10 余年,1916 年它被密立根的精确实验所证实。密立根研究了 Na、Mg、Al、Cu 等金属,得到了 V_0 和 ν 之间严格的线性关系,由直线的斜率测得普朗克常量 h 的精密数值,并与热辐射或其他实验中测得的 h 值很好地吻合。密立根因他在测量电子电荷和光电效应方面的研究而获得 1923 年诺贝尔物理学奖。

2. 康普顿效应

光子既有能量,同时也有动量。光子的能量 ε 与动量 p 之间的关系为

$$p = \frac{\varepsilon}{c} \tag{2-5}$$

此式可从相对论或电磁理论导出,因 $\varepsilon = h\nu$,故

$$p = \frac{h\nu}{c} = \frac{h}{\lambda} \tag{2-6}$$

虽然经典的电磁理论也预言有光压存在,但光压可更直接地用光子具有动量来解释。除光电效应外,光量子理论的另一重要实验证据是康普顿效应[12],对此效应的理论解释涉及光子在电子上散射时能量和动量的守恒定律。观察康普顿效应的实验装置如图 2-5 所示,经过光阑 D_1、D_2 射出的一束单色 X 射线被某种物质所散射。散射线的波长用布拉格晶体的反射来测量,散射线的强度用检测器(如电离室)来测量。

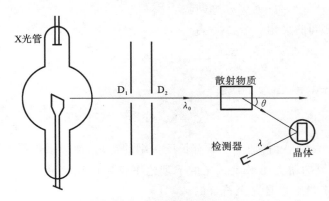

图 2-5 康普顿效应实验装置

将入射线的波长设为 λ_0,沿各个方向的散射线中,除原波长外都出现了波长 $\lambda > \lambda_0$ 的谱线,且存在如下实验现象:

(1) 散射角 θ 增大,波长差 $\Delta\lambda = \lambda - \lambda_0$ 会随之增大,与此相反,原波长 λ_0 谱线的强度会随 θ 的增大而减小,新产生的波长为 λ 的谱线强度随 θ 的增大而增大。

(2) 如果用不同元素作散射物质,相同的 θ 下 $\Delta\lambda$ 不会因为散射物质不同而变化;当散射物质原子序数增大时原波长 λ_0 谱线的强度会随之增加,新产生的波长为 λ 的谱线强度则相反,原子序数越大谱线强度越小。

以上现象叫作康普顿效应,康普顿因发现此效应而获得 1925 年诺贝尔物理学奖。这种 X 射线的散射效应与光学中的瑞利散射不同。按照经典理论,瑞利散射是一种共振吸收和再发射的过程,散射波的频率(波长)总与入射波相同。但在这里,散射线中出现了不同的频率(波长)。康普顿散射无法用经典理论来解释,但很容易用光量子理论加以解释。

假设散射原子中的电子是自由和静止的。如图 2-6 所示,康普顿散射可视为 X 射线中的光子与自由电子之间发生的弹性碰撞过程。在这个过程中,能量和动量守恒方程如下所示:

$$h\nu_0 + m_0 c^2 = h\nu + mc^2 \tag{2-7}$$

$$\boldsymbol{p}_0 = \boldsymbol{p} + m\boldsymbol{v} \tag{2-8}$$

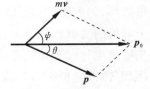

图 2-6 康普顿散射中的动量关系

式中:ν_0 和 ν 分别表示碰撞前后光子的频率;$\boldsymbol{p}_0$ 和 $\boldsymbol{p}$ 分别表示碰撞前后光子的动量,各自的大小记作:

$$p_0 = |\boldsymbol{p}_0| = h\nu_0/c \tag{2-9}$$

$$p = |\boldsymbol{p}| = h\nu/c \tag{2-10}$$

$$m = m_0 / \sqrt{1 - (v/c)^2} \tag{2-11}$$

m_0 为电子的静质量，v 为碰撞后电子的反冲速度，$v = |\boldsymbol{v}|$。

由上述能量方程得

$$m c^2 = h(\nu_0 - \nu) + m_0 c^2 \tag{2-12}$$

两端取平方，得

$$(mc^2)^2 = (h\nu_0)^2 + (h\nu)^2 - 2h^2 \nu_0 \nu + (m_0 c^2)^2 + 2m_0 c^2 h(\nu_0 - \nu) \tag{2-13}$$

由动量方程得

$$(mc^2)^2 c^2 = (h\nu_0)^2 + (h\nu)^2 - 2h^2 \nu_0 \nu \cos\theta \tag{2-14}$$

式中：θ 为 $\boldsymbol{p}_0$ 和 $\boldsymbol{p}$ 之间的夹角。令 $\Delta\nu = \nu_0 - \nu$，得

$$\frac{\nu_0 - \nu}{\nu_0 \nu} \approx \frac{\Delta\nu}{\nu^2} = \frac{h}{m_0 c^2}(1 - \cos\theta) = \frac{2h}{m_0 c^2}\sin^2\frac{\theta}{2} \tag{2-15}$$

由于 $\lambda = c/\nu$，$\Delta\lambda = \lambda - \lambda_0 = c\Delta\nu/\nu^2$，于是

$$\Delta\lambda = 2\lambda_C \sin^2\frac{\theta}{2} \tag{2-16}$$

这里 $\lambda_C = h/m_0 c = 0.0241\ \text{Å}$，它是一个具有长度量纲的常量，称为康普顿波长。$\Delta\lambda$ 与物质和原波长 λ_0 皆无关，它随 θ 的增大而增大。光量子理论不仅定性地解释了康普顿散射的所有实验结果，计算表明，在定量上也是完全符合的。

若将动量守恒方程写成分量形式：

$$\frac{h\nu_0}{c} = \frac{h\nu}{c}\cos\theta + mv\cos\psi \tag{2-17}$$

$$\frac{h\nu}{c}\sin\theta = mv\sin\psi \tag{2-18}$$

这里 ψ 是电子反冲的方向与入射线方向之间的夹角。由以上两式可以解得

$$\tan\psi = \frac{\nu\sin\theta}{\nu_0 - \nu\cos\theta} = \frac{2\sin\frac{\theta}{2}\cos\frac{\theta}{2}}{\frac{\nu_0}{\nu} - \cos\theta} = \left[\left(1 + \frac{\lambda_C \nu_0}{c}\right)\tan\frac{\theta}{2}\right]^{-1} \tag{2-19}$$

式 (2-19) 在云室实验中得到了证实。在以上的计算中假定了电子是自由的，实际上并不尽然，特别是重原子中内层电子被束缚得较紧。光子同这种电子碰撞时，实际上是在和一个质量很大的原子交换动量和能量，从而光子的散射主要是改变方向，几乎不改变能量。这便是散射光里总存在原波长 λ_0 这条谱线的缘故。波长 λ_0 和 λ 的两条谱线强度随原子序数消长的情况也不难解释：如前所述，谱线 λ_0 是原子里内层电子的贡献，原子序数愈大，内层电子愈多，它们对光子散射的贡献也就愈大，谱线 λ_0 就愈强。

光电效应和康普顿效应清楚地揭示了光的粒子性质。光电效应说明了光子能量与频率的关系，康普顿效应更深入地阐明了光子动量与波长的关系。光的粒子性主要体现在光和物质的相互作用中，特别是在对光的检测过程中。当我们使用各种仪器（如光电管、计数器、云室）去检测可见光、X 射线、γ 射线时，在强度很弱的情况下，只要仪器的时空分辨率足够高，我们接收到的总是一连串的离散电脉冲信号或径迹。这是因为光总是同检测器工作物质的单个电子、原子或分子起作用，检测器对光的响应总是发生在短促的时间间隔和微小的空间区域内。这便是我们常说的光的粒子性。

2.2.3　物质波

正当不少物理学家为光的波粒二象性感到困惑的时候,一个从历史研究转向物理学的法国青年路易·德布罗意,受他从事 X 射线研究的科学家哥哥的影响,对量子理论产生了浓厚的兴趣,并将它作为博士研究课题。另外,爱因斯坦更是青年德布罗意崇拜的偶像,他称赞爱因斯坦说:"我知道这位杰出的年轻学者在 25 岁时将一些革命性的概念引入物理学,这改变了物理学的面貌,因此,他成了现代科学的牛顿。"他还认为:"爱因斯坦的光的波粒二象性乃是遍及整个物理世界的一种绝对普遍现象。"他把光的波粒二象性推广到了所有的物质粒子,从而朝创造量子力学迈开了革命性的一步。德布罗意在 1929 年领诺贝尔奖时曾回忆过当时的想法:"一方面,并不能认为光的量子论是令人满意的,因为它依照方程 $\varepsilon = h\nu$ 定义了光粒子的能量,而这个方程中却包含着频率 ν。在一个单纯的微粒理论中,没有什么东西可以使我们定义一个频率,单单这一点就迫使我们在光的情形中必须同时引入微粒的观念和周期性的观念。另一方面,在原子中电子稳定运动的确立,引入了整数;到目前为止,在物理学中涉及整数的现象只有干涉和振动的简正模式。这一事实使我们产生了这样的想法:不能把电子简单地视为微粒,必须同时赋予它们以周期性。"

德布罗意于 1924 年 11 月在巴黎大学理学院提交了题为《量子理论的研究》的博士论文。他提出了这样的假设:所有物质粒子都具有波粒二象性,并认为"任何物体都伴随着波,不可能把物体的运动与波的传播分开";粒子的动量 p 和波长为 λ 的伴随波的关系式为 $\lambda = \dfrac{h}{p}$[13]。这就是著名的德布罗意关系式。德布罗意认为它适用于所有物质粒子,不管它们的静态质量是否为零。德布罗意关系式 $\lambda = \dfrac{h}{p}$ 和相对论中的质量-能量关系 $E = mc^2$ 是现代物理学中两个最重要的关系。前者通过很小的量即普朗克常量把粒子性和波动性联系起来;后者通过很大的量即光速把能量与质量联系起来。物理量在表面上完全不同,但能在物理量之间找到内在的联系,这是物理学的一大胜利。在 1900 年普朗克引入这一常量用于量子化的度量,可以作为不连续性(或分立性)程度的度量单位。而后在爱因斯坦和德布罗意进一步努力探索后,诞生了物质粒子的波粒二象性,而普朗克常量在其中发挥了巨大的作用,它在物质波动性和粒子性之间架起了桥梁。量子化和波粒二象性是量子力学中的两个基本概念,普朗克常数 h 在这两个概念中起着关键作用。这一事实本身表明,这两个重要概念有着深刻的内在联系。只要有普朗克常数 h 出现的表达式,就意味着这个表达式具有量子力学特性。

在经典物理学中,光(电磁场)与物质(由静态质量为 m_0 的粒子构成)被看作两种截然不同的存在。然而,从 1900 年普朗克提出的量子假说到 1923 年康普顿的散射实验,科学家们逐渐揭示了光的粒子性,这说明了场和物质之间的界限并非那么明确和绝对。在这期间,物质的量子性研究也在不断推进。其中最重要的可能就是 1913 年玻尔提出的原子模型,以及在此基础上建立起来的所谓的"经典量子理论"。然而,经典量子理论的主要缺点在于它保留了粒子"轨道"的概念,而且在接下来的 11 年时间里,关于这个问题并没有出现重大的突破和实质性的进展。直到 1924 年,德布罗意在他的博士论文中大胆提出了一个革命性的观点:所有的物质粒子,如电子等,都具有波动性。这个观点将光的波粒二象性理论扩展到了所有的物质,为量子力学的建立和发展打开了一扇门。具体来说,德布罗意假设每一个物质粒子都伴随着一系列的波动,这一理论后来在物理学中产生了深远的影响。譬如,与一个具有确定能量 ε 和动

量 p 的粒子相联系的是一列平面波 $e^{-i(\omega t - k \cdot r)}$，借用光子的关系式，其中

$$\omega = 2\pi\nu = \frac{2\pi\varepsilon}{h} = \frac{\varepsilon}{\hbar} \tag{2-20}$$

$$k = |\boldsymbol{k}| = \frac{2\pi}{\lambda} = \frac{2\pi p}{h} = \frac{p}{\hbar}, \quad 即\ k = \frac{p}{\hbar} \tag{2-21}$$

式中能量、动量的关系采用相对论形式：

$$\varepsilon = c\sqrt{p^2 + m_0^2 c^2} \tag{2-22}$$

于是，提出了德布罗意波 $\sim e^{-i(\varepsilon t - pr)/h}$。德布罗意提出其粒子波动假设时，并没有任何实验依据。他的预测是，当一束电子穿过一个非常小的孔时，会发生类似于光的衍射现象。这个预测在 1927 年由 Davisson 和 Germer，以及 Thomson 等人通过实验得到验证。他们分别使用劳厄法和布拉格法，对电子在晶体上的衍射图样进行了研究。然而，需要注意的是，电子衍射实验仅仅是验证了德布罗意的波长关系，而频率关系在任何实验中都没有显示，实验中能观察到的是两个能级之间的频率差。因此，只有德布罗意波长具有物理意义，而德布罗意频率本身不是一个可观测的测量值。

根据晶体中光线衍射遵循的布拉格条件：

$$2d\sin\theta = \lambda \tag{2-23}$$

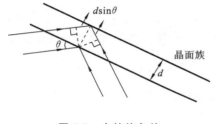

图 2-7　布拉格条件

式中：d 是某一晶面簇里的晶面间隔；θ 是主极强的衍射角（参见图 2-7）；λ 是 X 射线的波长。

用连续谱的 X 射线照射在单晶上，在每个晶面簇的衍射主极强方向上会出现一个亮斑，称为劳厄斑；用单色 X 射线照射在多晶粉末上，我们得到的是环状的德拜相。

2.3　物　质　结　构

原子物理学是研究物质结构的科学，它试图回答这样的问题：物质是由什么构成的？这些构成物质的元素如何运动？它们之间如何相互作用？我们首先需要理解的是原子模型，也就是要回答原子是由什么构成的，以及它的结构是什么样的。然后，我们会引入晶体的概念。晶体是由原子或原子团的周期性排列组成的，这一事实得到了衍射实验的证明。正是有了晶体结构的原子模型，物理学家们才能进一步深入研究固体物理。最后，我们将介绍玻尔的氢原子模型以及能带理论。这些理论首次将量子概念引入到原子研究中，提出了量子态的概念。至此，我们在考虑电子和原子核的相互作用时，将它们都视为点电荷。

2.3.1　原子结构

1. 电子的发现

1833 年，法拉第提出了电解定律，根据该定律，任意原子的 1 mol 单价离子所具有的电量总是相同的，这个数值我们定义为法拉第常数 F，由法拉第在实验中首次确定。如果联想到 1811 年阿伏伽德罗提出的假说，以及其隐含的常数（后人称之为阿伏伽德罗常量）N_A，即 1 mol 任何原子的数目都为 N，因此存在一种基本电荷，或者叫"电的原子"（$e = F/N_A$）。但是，这种推论和联想，直到 1874 年才由斯通尼提出。他明确地指出原子携带的电荷是正电荷的整数倍，

并用阿贝尔常数计算了这个基本电荷的近似值。1881 年,斯通尼提议将这些电荷的最小单位命名为"电子"。1897 年汤姆森在实验上证实了电子的存在,汤姆森之所以被誉为"开启基本粒子物理学大门的伟人",不仅是因为他确定了电子的电荷质量比(e/m 值),还因为他敢于打破传统观念,早在 1890 年,他就大胆地承认了电子的存在。1890 年,休斯托研究了氢放电管中阴极射线的偏转,计算出阴极射线粒子的荷质比是氢离子的 1000 多倍。然而,他怀疑自己的测量结果,并认为"阴极射线的质量比氢原子质量的千分之一还要小"的结论是荒谬的;相反,他假定:阴极射线粒子的质量与原子一样,而电荷比氢离子的大[14]。1897 年,德国考夫曼做了类似的实验,他测到的 e/m 数值与汤姆森所测的相比要更精确,并且与现代值只差 1%。值得一提的是,他还观察到这样的现象:e/m 值随电子速度的变化而变化[15]。然而,当时他没有勇气公布这些结果:他不承认阴极射线是粒子的假设。直到 1901 年他才公布结果。这些科学家被恩格斯描述为"当真理触及鼻尖时,他们仍然无法抓住真理"。这在科学发展史上是司空见惯的。然而,汤姆森勇敢地得出了正确的结论:"存在着比原子小得多的粒子"。

2. 电子的电荷和质量

在成功测定 e/m 值后不到两年,汤姆森分别测量了电子的电荷和质量。他指出,在某些条件下,电荷以凝聚核的形式存在于饱和蒸气中。通过测量液滴数量和电荷总量,可以计算出电子电荷的平均值。当时他得到的数据为 3×10^{-10} 绝对静电单位(esu,基本量是长度、质量和时间,基本单位是厘米、克、秒)。电子电荷的精确测定是在 1910 年由密立根做出的,即著名的"油滴实验"。他的方法是汤姆森方法的改进与发展。经过几年的反复测定,他得出的数值为 4.78×10^{-10} esu(1.59×10^{-19} C)。很多年来一直认为该数值是最精确的,直到 1929 年才发现它有约 1% 的误差,该误差来自对空气黏滞性测量的偏差,电子电荷的现代值为 $e = 1.602176634 \times 10^{-19}$ C。特别重要的是,密立根发现电荷是量子化的,即任何电荷只能是 e 的整数倍[16]。这意味着 e 是任何物体能携带的最小电荷量。为什么电荷是量子化的?这是物理学中一个尚未解决的问题。从实验测到的 e/m 及 e 的数值,我们可以确定电子的质量为:$m_e = 9.10938215 \times 10^{-31}$ kg。

3. 卢瑟福模型

汤姆森在发现电子后,提出了一种原子模型,他认为原子中的正电荷均匀分布在整个原子内部,而电子则嵌入其中,这就是我们通常所说的"布丁模型"。他还设想电子在同心圆环上分布,以解释元素周期性的现象。尽管这个模型在一定程度上解释了元素的周期性,但后来的实验证据证明这个模型是错误的。然而,"同心圆环"和"环上只能放置有限数量的电子"的概念是非常有价值的。1903 年,菲利普·勒纳德在研究物质对阴极射线的吸收能力时发现,原子内部大部分都是空的[17]。在此基础上,长冈半太郎在 1904 年提出了土星模型,他认为原子中的正电荷集中在中心,电子则均匀地分布在围绕正电荷的环上。然而,直到 1909 年,卢瑟福的助手盖革和学生马斯顿在执行一系列的 α 粒子散射实验时,发现 α 粒子有时会被反弹回来,这个现象与当时的原子模型完全不符。卢瑟福对这个现象进行了理论分析,并在 1911 年提出了他的核模型,也就是我们现在所知的"卢瑟福模型"。在卢瑟福模型中,他提出原子的正电荷和大部分质量都集中在原子的核心,而电子则围绕这个核旋转,这个模型更符合实验观察的结果。他进一步提出了卢瑟福散射公式来描述 α 粒子的散射现象,这个公式在后来的实验中得到了验证,证明了卢瑟福模型的正确性。图 2-8 所示的卢瑟福原子模型对我们理解原子的基本构造起到了重要的作用。在此模型中,原子核位于原子中心,而电子则围绕其轨道运动。

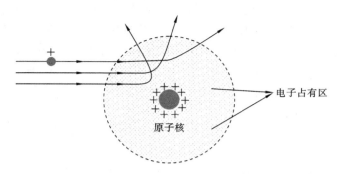

图 2-8　卢瑟福原子模型

2.3.2　晶体结构

1. 原子的周期性阵列

X 射线晶体衍射的发现极大地推动了固体物理学的研究,使得我们可以更系统地研究晶体的性质以及晶体中的电子性质。例如,许多半导体的关键性质取决于其基体材料的晶体结构,这是因为电子的波长较短,对于样品中原子的周期性排列非常敏感[18]。与此相反,非晶体材料如玻璃对于光的传播则至关重要。由于光的波长通常大于原子的排列周期,因此光波不会受到原子排列的影响。

晶体分为单晶体和多晶体。多晶体是由很多晶粒组成的,表面看来是无规则的。多晶体是由于许多晶核同时开始生长而形成的,例如金属,所以多晶体的特点取决于生长条件、冷却条件、杂质、获得方式、加工处理等因素[19]。单晶体是整个的一块晶体,例如天然矿石。单晶体在技术上的应用越来越广泛,如半导体、铁氧体等。一些天然矿物晶体,如岩盐、石英等,具有规则的几何外形,这是普遍认知的。利用这个特点来鉴别矿物资源,已发展成为重要的方法。晶体物质最基本的共同特点是规则排列的原子以及其几何规则性,这些特点正是晶体宏观性质、微观过程研究的基础[20]。以下简要地阐述晶体中原子规则排列的一些基本规律和概念。

2. 常见晶体类型

三维空间的十四种晶格类型如表 2-2 所示,图 2-9 展示了十四种布拉维格子。

表 2-2　三维空间的十四种晶格类型

晶系	包括的晶格类型数	晶胞轴角关系
三斜	1	$a \neq b \neq c$
		$\alpha \neq \beta \neq \gamma$
单斜	2	$a \neq b \neq c$
		$\alpha = \gamma = 90° \neq \beta$
正交	4	$a \neq b \neq c$
		$\alpha = \beta = \gamma = 90°$
三角	1	$a = b = c$
		$\alpha = \beta = \gamma < 120°, \neq 90°$

续表

晶系	包括的晶格类型数	晶胞轴角关系
四角	2	$a=b\neq c$
		$\alpha=\beta=\gamma=90°$
六角	1	$a=b\neq c$
		$\alpha=\beta=90°,\gamma=120°$
立方	3	$a=b=c$
		$\alpha=\beta=\gamma=90°$

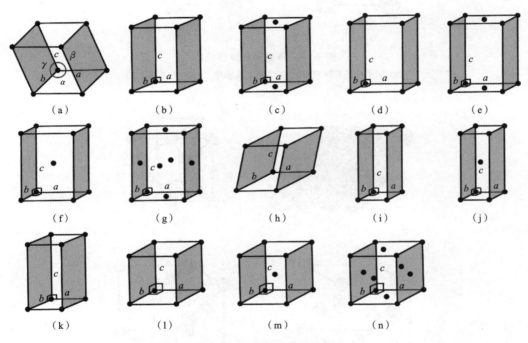

图 2-9　十四种布拉维格子

（a）简单三斜；（b）简单单斜；（c）底心单斜；（d）简单正交；（e）底心正交；（f）体心正交；（g）面心正交；
（h）三角；（i）简单正方；（j）体心正方；（k）六角；（l）简单立方；（m）体心立方；（n）面心立方

1）一些晶格的实例

晶体中原子的规则排列方式一般称为晶体格子，或简称为晶格。把晶格设想成原子球的规则堆积，有助于我们比较直观地理解晶格的组成。

图 2-10（a）所示为在一个平面内规则排列原子球的一种最简单的形式。如果把这样的原子层叠起来，各层的球完全对应，就形成所谓的简单立方晶格。简单立方晶格的原子球心组成了一个立方格子，图 2-10（b）展示了这种晶格结构的一个典型单元，整个格子可以看作这样一个单元沿着三个方向的重复排列。按照同样的理解，图 2-10（c）所示为所谓的体心立方晶格，有相当多的金属元素，如 Li、Na、K、Rb、Cs、Fe 等，具有体心立方晶格。

图 2-11（a）中原子球在平面排列最紧密，这样的原子排列常称为密排面。把密排面在第三维度一层一层叠起来就可以形成原子球最紧密堆积的晶格。在堆积时把一层的球心对准另一

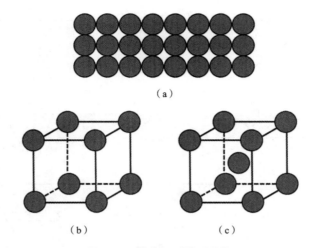

（a）

（b）   （c）

图 2-10   简单规则排列晶格

（a）原子球的规则堆积；（b）简单立方晶格；（c）体心立方晶格

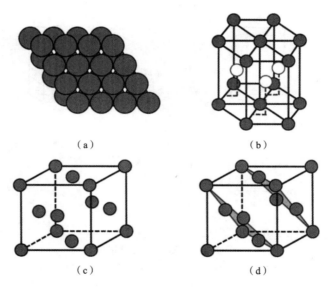

（a）   （b）

（c）   （d）

图 2-11   密排面晶格

（a）原子球密排面；（b）六角密排；（c）面心立方晶格；（d）面心立方晶格的原子密排面

层的球隙可得到最紧密堆积，仔细分析就会发现，这样实际上可以形成两种不同的最紧密的晶格排列。首先我们注意到，密排原子层的间隙可以分成两套，如称原来的密排层为 A，另一密排层可以对准其中任一套间隙，我们分别称为密排层 B 和密排层 C。两种密排的晶格可以表示为 ABABAB…和 ABCABCABC…。前一种晶格称为六角密排晶格，常用图 2-11（b）所示的六角单元表示这种结构；后一种称为立方密排或面心立方晶格，图 2-11（c）所示为这种晶格的典型单元，它和简单立方晶格相似，但在每个立方面中心有一个原子；图 2-11（d）所示为面心立方晶格的原子密排面。具有以上两种密排结构的大多是金属元素，例如 Cu、Ag、Au 具有面心立方结构，Be、Mg、Zn 则具有六角密排结构。

由碳原子形成的金刚石晶格是另一个重要的基本晶格结构。由面心立方的单元的中心到

8 个顶角引 8 条对角线,在其中 4 条对角线的中点上各加一原子就得到金刚石的结构。这个结构最显著的特点是:每个原子有 4 个最近邻原子,它们正好在以中间原子为几何中心的正四面体的顶角位置,如图 2-12(a)所示。除金刚石外,重要的半导体硅和锗也具有这种晶格结构[21]。

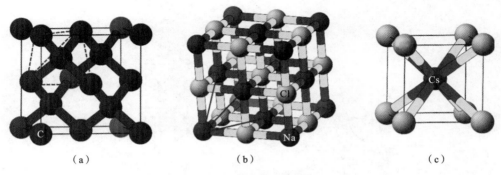

（a）　　　　　　　　　　　（b）　　　　　　　　　　　（c）

图 2-12　几种化合物晶体结构
（a）金刚石晶格；（b）NaCl 的晶体结构；（c）CsCl 晶格

以上所介绍的都是同一种原子组成的元素晶体,下面介绍几种化合物晶体的结构。最熟知的是岩盐 NaCl 结构,它好像是一个简单立方晶格,但每一行上相间地排列着正的和负的离子 Na^+ 和 Cl^-,如图 2-12(b)所示,碱金属 Li、Na、K、Rb 和卤族元素 F、Cl、Br、I 的化合物都具有 NaCl 结构。另一基本的化合物晶体结构是 CsCl 晶格,如图 2-12(c)所示,它和体心立方相仿,只是体心位置为一种离子,顶角为另一种离子。如果把整个晶格画出来,体心位置和顶角位置实际上完全等效,各占一半,正好容纳数目相等的正负离子。

闪锌矿 ZnS 的晶格是另一种常见的化合物晶体结构,只要在图 2-12(a)所示的金刚石立方单元的对角线位置上放一种原子,在面心立方位置上放另一种原子,就得到闪锌矿结构[22]。以上都是一些常见的典型晶格结构,熟悉这些结构不仅有助于了解下面的讨论,而且在实际研究中也是很有用的。

2）原胞、基矢量、布拉维格子

所有晶格的共同特点是具有周期性[23],它们都可以看作由一个平行六面体的单元沿三个边的方向重复排列而成,图 2-10 至图 2-12 中用一个典型单元来表示各种结构便体现了晶格这一基本特点。一个晶格最小的周期单元称为晶格的原胞,从原胞的某一顶点延伸出的三个棱可以作为基本矢量,用 a_1、a_2、a_3 表示。图 2-13 用实线表示出了简单立方、体心立方、面心立方、六角密排晶格的原胞和基矢量。

如图 2-13(a)所示,简单立方晶格的立方单元也就是最小的周期单元,即原胞,它的基矢是长度相等的三个立方边。体心立方和面心立方的立方单元都不是最小的周期单元。如图 2-13 (b)所示,在体心立方晶格中,可以由一个立方顶点到最近的三个体心得到基矢 a_1、a_2、a_3,以它们为棱形成的平行六面体构成原胞。可以验证:如果立方体边长为 a,则原胞体积是 $1/2a^3$,只有立方单元体积的一半。在面心立方晶格中,可以由一个立方体顶点到三个近邻的面心引基矢 a_1、a_2、a_3,相应的原胞如图 2-13(c)所示,可以验证原胞的体积为 $1/4a^3$,只有立方单元体积的 1/4。六角密排晶格的原胞可以选取为图 2-13(d)所示的菱形柱体,基矢 a_1、a_2 在密排面内,互成 120°角,a_3 沿垂直方向。CsCl 晶格的原胞就可以取为图 2-13(c)中的立

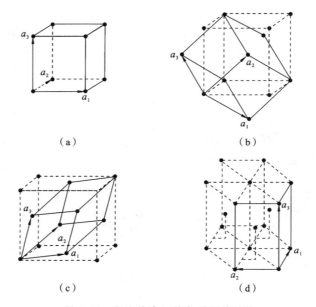

图 2-13　用实线表示的各种晶格结构

(a) 简单立方；(b) 体心立方；(c) 面心立方；(d) 六角密排晶格的原胞和基矢量

方单元，NaCl 晶格的原胞在图 2-13(b)中由虚线描出，形状和面心立方的原胞相似。

　　原胞和基矢具体概括了一个晶格结构的周期性。显然，如果把整个晶格都划分为原胞，那么不同原胞中的情况将是完全相似的。任意两个原胞位置的差别，用基矢表示将具有下列形式：原胞和基矢描述了一个晶格结构的周期性。我们可以把整个晶格都划分为原胞，此时不同原胞中的情况将是完全相似的。任意两个原胞位置的差别，用基矢表示为

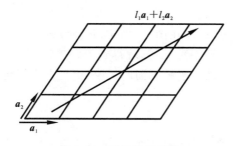

图 2-14　晶格的周期性

$$l_1\boldsymbol{a}_1 + l_2\boldsymbol{a}_2 + l_3\boldsymbol{a}_3 \qquad (2\text{-}24)$$

式中：l_1、l_2、l_3 为整数。晶格中 x 点和 $x+l_1\boldsymbol{a}_1+l_2\boldsymbol{a}_2+l_3\boldsymbol{a}_3$ 点的状态是完全相同的，如图 2-14 所示。

　　若 $V(x)$ 表示 x 点某一物理量（如静电势能、电子云密度等），则有

$$V(x) = V(x + l_1\boldsymbol{a}_1 + l_2\boldsymbol{a}_2 + l_3\boldsymbol{a}_3) \qquad (2\text{-}25)$$

式(2-25)表示 $V(x)$ 是以 $\boldsymbol{a}_1$、$\boldsymbol{a}_2$、$\boldsymbol{a}_3$ 为周期的三维周期函数。

　　还可用另外一种形式来概括晶格的周期性：把一个晶格平移 $l_1\boldsymbol{a}_1 + l_2\boldsymbol{a}_2 + l_3\boldsymbol{a}_3$（$l_1$、$l_2$、$l_3$ 为任意整数），结果将与原来的晶格完全重合。晶格的这个基本特点被称为晶格的平移对称性，$l_1\boldsymbol{a}_1 + l_2\boldsymbol{a}_2 + l_3\boldsymbol{a}_3$ 常称为晶体的布拉维格子。按照以上所讲，布拉维格子表征了一个晶格的周期性，或者说它的平移对称性。根据前面对原胞的描述，CsCl 晶格和简单立方晶格具有相同的原胞、基矢和布拉维格子，所以从周期性来讲，CsCl 晶格和简单立方晶格是完全相似的。NaCl 晶格则和面心立方晶格具有相同的布拉维格子，也就是说它们具有完全相似的周期性。

　　实际晶体的晶格又可以区分为简单晶格和复式晶格。在简单晶格中，每一个原胞由一个原子组成；在复式晶格中，每一个原胞由两个或更多的原子构成。具有体心立方结构的碱金属

和具有面心立方结构的金、银、铜晶体都是简单晶格。虽然从图上看每个原胞在 8 个顶角都有原子，但是每个原子为 8 个原胞共有，所以每个原胞平均只有一个原子。CsCl 和 NaCl 的结构则是复式晶格：CsCl 晶格可以看作在 Cl$^-$ 离子的简单立方原胞中心加一个 Cs$^+$ 离子，所以一个原胞包含一个 Cs$^+$ 离子和一个 Cl$^-$ 离子；NaCl 晶格可以看作在 Na$^+$ 离子的面心立方原胞中心加一个 Cl$^-$ 离子，所以一个原胞包含一个 Na$^+$ 离子和一个 Cl$^-$ 离子。

在简单晶格中所有原子是完全等价的，也就是说，它们的性质相同并在晶格中处于完全相同的地位。用比较生动的比喻来说，如果我们站在一个原子上或另一个原子上将察觉不出任何差别。复式晶格实际上表示晶格包含两种或更多种等价的原子（或离子），例如 NaCl 晶格包含 Na$^+$ 和 Cl$^-$ 两种等价离子，不同 Na$^+$ 离子之间是完全等价的，不同 Cl$^-$ 离子之间也是完全等价的。原胞内有几种原子，就表明晶格由几种等价原子构成。复式晶格的结构可以有另外一种阐述：每一种等价原子形成简单晶格，且按照该晶格的布拉维格子排列，复式晶格就是由两种或多种等价原子的晶格相互嵌套而成的。例如：CsCl 的布拉维格子是简单立方，它可以看作由一个 Cs$^+$ 的简单立方格子和一个 Cl$^-$ 的简单立方格子嵌套而成；NaCl 的布拉维格子是面心立方，它可以看作由一个 Na$^+$ 的面心立方格子和一个 Cl$^-$ 的面心立方格子嵌套而成。

应当指出，即使是元素晶格，所有原子都是一样的，也可能是复式晶格。这是因为原子虽然相同，但它们占据的格点在几何上可以是不等价的。例如，具有六角密排结构的 Be、Mg、Zn 或具有金刚石结构的 C、Si、Ge 都是这种情形。在六角密排的原胞中，A、B 两层原子的几何处境是不相同的，例如，从一个 A 层原子来看，上下两层的原子三角形是朝一个方位，但从一个 B 层原子来看，上下两层的原子三角形朝向的方位则是不同的。金刚石结构中同样可以区分为 A 和 B 两类几何上不等价的格点，把图 2-12(a)中立方内的格点和处在立方面上的格点分别称为 A 和 B，则可以看出 A 格点的近邻四面体和 B 格点的近邻四面体在空间具有不同的方位。金刚石结构中 A 格点和 B 格点各形成一个面心立方晶格。这表明金刚石结构具有面心立方的布拉维格子，原胞中包含两个格点，一个 A 格点和一个 B 格点。

2.3.3　能带理论

19 世纪宏观电现象已经研究得很透彻，当时提出了经典电子理论，其中包括金属自由电子理论，还有磁学、介电性质等。自由电子理论将电子看作气体，有动能 $(3/2)k_B T$，以及与原子碰撞的自由程等。由此推导出欧姆定律、维德曼-弗兰兹定律：$\sigma/k_B T =$ 常数。同时该理论也碰到许多困难，有些是具体数值与实验不符，但其根本的困难是"比热"问题，电子对比热的贡献为零；还有电导率随温度下降而升高，要求电子自由程变长，而按照经典理论，自由程不随温度而改变，因此不能解释。并且该理论只具有形式的性质，它对于各种金属的特点不予考虑，电子理论只有在量子力学出现后才得以发展。根据量子统计，电子服从费米统计，电子比热问题得到解决。电子波动性解决了自由程问题：电子在晶格中以波的形式运动，一般不受散射，自由程很大。但由于原子的振动和不规则排列，自由程减小，电导率减小；温度下降，振动减弱，自由程加长，电导率升高。

目前研究固体中电子运动的一个主要理论基础是能带论[24]，它是在量子力学运动规律确立以后，用量子力学研究金属的电导理论的过程中发展起来的。能带论第一次说明了固体为什么有导体和非导体的区别。之后，结合各方面的问题，进行了大量的研究，与此同时半导体开始在技术上应用，能带论为分析半导体问题提供了理论基础，大量的研究又使能带论得到更进一步的发展。

能带论认为固体中的电子不是束缚于个别的原子,电子可以在整个固体内运动,也就是说,各电子的运动基本可看作是相互独立的,所有电子都是在具有晶格周期性的势场中运动。能带论是一个近似的理论,但它在某些重要的领域(如半导体)中是比较好的近似,是概括电子运动规律的基础;在另外很广泛的一些领域(如金属)中,它可以作为半定量的系统理论。量子力学已经证明,基于晶体中电子的共同所有权,由于原始能级的相互作用,每个原子中具有相同能量的电子能级被分成一系列接近原始能级的新能级,这些新能级连接起来形成一个能带。下面简单地定性解释能带形成的原因。

例如两个原子相距很远且各自孤立时,它们的核外电子处于基态,具有相同能量的能级,当两个原子相互靠近时,外层电子开始交叠,如图 2-15(a)所示,由于电子的共有化,两个电子具有两个能级,这种情况一般叫作能级分裂(spitting of degenerate energy level)。类似地,当 N 个原子相互靠近形成晶体时,如图 2-15(b)所示,它们的外层电子被共有化,使原来处于相同能级上的电子不再具有相同的能量,而处于 N 个互相靠得很近的新能级上,或者说,原来一个能级分裂成 N 个很接近的新能级,由于晶体中原子数目 N 非常大,所形成的 N 个新能级中相邻两能级间的能量差的数量级为 10^{-22} eV,可以看成是连续的,因此 N 个新能级有一定的能量范围,通常称它为能带(energy band)。能带的宽度与组成晶体的原子数 N 无关,主要取决于晶体中相邻原子间的距离,距离减小时能带变宽。

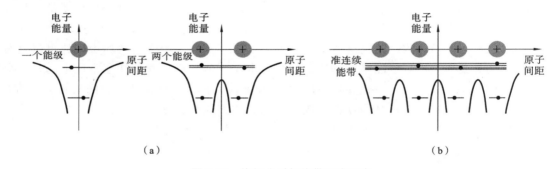

图 2-15　能级分裂与能带形成示意

(a) 两个原子的能级分裂;(b) N 个原子相互靠近形成晶体能带

对于一定的晶体,由不同壳层的电子能级分裂所形成的能级宽度各不相同,内层电子共有化程度不显著,能带很窄;而外层电子共有化程度显著,能带较宽。通常采用与原子能级相同的符号来表示能带,如 1s 带、2s 带、2p 带等[25]。

2.4　加工尺寸效应

微纳制造涉及很多交叉学科,在量子效应、表面能等方面需要更加有效的理论指导。在基础理论方面,需揭示原子级的特征尺度引发的尺度效应、表/界面效应和量子效应等。原子尺度加工面临热力学与动力学等内在驱动力问题,需突破原子级加工工具与方法极限,如衍射极限、量子效应等。原子级加工的过程存在许多力学不稳定性,如原子分子黏附力与应力引起的局域不可控性、原子扩散引起的不稳定性,以及受到纳米限域空间制造输运限制。表面计量领域的发展,涉及表面创建、测量需求、仪器、表征方法和标准制定,需发展原子级空间分辨与飞秒时间分辨原位表征技术,耦合电学、光学、力学、谱学等先进表征手段,研究跨尺度集成和器件失效机理。为了提高最终产品的质量,还需要解决当前缺乏针对制造的设计知识问题。在线检测与高生产率微纳制造相匹配仍然是研究的一个挑战性课题,因为这需要同时满足高水平的分辨率、准确性和速度[26]。

2.4.1　光学曝光

光学曝光是一个相对复杂的物理和化学过程,指用特定波长的光照射掩膜板,实现将掩膜图形转移到光刻胶上,这一过程也称为光刻。光学曝光的显著特点是处理面积大、产品一致性好、操作方便、成本低廉[27]。它是半导体器件以及高端集成电路制造的核心步骤。

在光刻技术中,分辨率是最为重要的一个参数,它体现了整个光刻技术的水平。分辨率的具体计算公式如下:

$$R = \frac{k\lambda}{NA} \tag{2-26}$$

式中:k 为表示特殊应用的因子,范围是 $0.6 \sim 0.8$;λ 为光源波长;NA 为曝光系统的数值孔径。显而易见,曝光光源的波长与分辨率有直接关系,在纳米级光刻技术中,为了提高分辨率,所选的曝光光源的波长都是非常短的。然而,有些特殊的先进光学光刻技术,可以在曝光光源波长不变的情况下,提高分辨率。

1. 相移曝光掩膜技术

在掩膜的某些透光区域加入不吸收光但能引起 $180°$ 相移的材料,利用相移使邻近区域的光场相位相反,通过叠加作用使两个相邻像素中间的位置电场为零,从而使距离很近的相邻像素的光场得以区分开。

2. 浸没透镜曝光技术

浸没透镜曝光技术源于一种比较古老的技术,就是将样品浸在油中或者其他折射率大于1的液态介质中来提高显微镜的分辨率,是实现 50 nm 或者更小特征尺寸光刻技术的最方便、最重要的途径之一。

3. 光学邻近效应校正技术

由于光学系统所形成的图像元素的弥散会导致分辨率下降,因此可直接在掩膜图形设计时对图形预置若干误差变动,从而使这一位置误差正好补偿光刻进程及后续工艺过程中造成的光学邻近效应误差,此技术就称为光学邻近效应误差校正技术。

4. 偏振光成像技术

由于光学衍射和曝光性质与电磁场的矢量性质有关,在光刻的特征尺寸接近或者小于波长时,将会出现与光束偏振有关的一些性质,从而导致曝光程度不均匀和衬度下降,因此在接近衍射限制分辨率、使用特大数值孔径的曝光光学系统时,应使用电矢量平行于界面的偏振光进行聚焦成像。

在纳米科学研究中,光学曝光技术具有重要作用,是纳米材料、器件和电路实验研究过程中的关键技术。光学曝光在测量电极的制备、材料特性的研究、特异结构的加工(如左手材料)等方面都有广泛应用。

由于光衍射极限的限制,传统的光学曝光工艺无法直接实现纳米级图形的加工。为了适应器件尺寸从微米级到纳米级的发展,用于光学曝光的光波波长也从近紫外(NUV)范围内的 436 nm 和 365 nm 减小到深紫外(DUV)范围内的 248 nm 和 193 nm。光学曝光的最小图形分辨率已经提高到了现在的几纳米,相继发展了 248 nm 深紫外 KrF 准分子激光与 193 nm ArF 准分子激光技术、193 nm 浸没式曝光技术、157 nm 的 F_2 光源以及 13.5 nm 波长的极紫外曝光技术(EUV)。然而,先进的光学曝光设备使用的技术往往非常复杂,包括曝光波长向短波方向发展、采用大数值孔径和浸没式曝光、进行光学邻近效应校正,以及采用移相掩膜等,这些都需要付出昂贵的代价。

因此,怎样通过工艺与技术手段,充分利用光的波动性特点,如光学曝光中存在的衍射与驻波效应等,提高光学曝光的加工精度,用于微纳米结构与器件的制备,已成为科研与产业界共同关注的问题,并取得了长足进步[28]。

2.4.2　激光加工

激光加工是指利用激光束与物质的相互作用实现对材料进行切割、焊接、表面处理以及化学改性[29]。激光热加工和光化学加工是激光加工常见的两种类型。在激光热加工中,激光束照射到材料表面,通过材料对光子的线性吸收,使材料逐步熔化而蒸发去除;在光化学加工中,激光束照在物体表面,高密度能量光子使材料的化学键发生变化,引发光化学反应。

早在 20 世纪 60—70 年代,人们就开始使用激光进行材料的粗加工。因为早期的激光属于长脉冲激光,当其照射材料时,材料分子与光子发生相互作用引起热效应,而激光脉冲宽度又大于热扩散时间,所以在相互作用过程中存在包括光能吸收沉积、晶格与晶格耦合、电子晶格耦合等传热和热扩散。由于热效应的影响,部分吸收的光能会扩散到附近区域,对加工区域造成不同程度的破坏。所以,这种方式不利于微纳米结构的加工。到 80 年代,出现了紫外波段输出的准分子激光器。一方面,因为激光波长短,脉冲宽度相对窄,容易聚集;另一方面,激光脉冲宽度小于材料中电子声子耦合时间,当激光照射材料时,发生光化学反应,而非热熔化过程,这样就减少了热扩散的影响,因此加工精度得到提高。但是,这仍不能突破光学衍射极限的限制。

激光光化学加工技术是通过激光光子诱导的光聚合过程来完成的,当激光聚焦在光刻胶上时,光子聚合作用会在物镜焦点处发生,精确控制样品台位移,使焦点沿设定的路径分布,可以在三维空间实现聚合反应,最终得到设定的理想三维结构。

2.4.3　粒子束加工

粒子束加工技术是一种微纳加工技术,它利用电场和磁场将离子束或电子束聚焦到亚微米甚至纳米级别,通过偏转系统和加速系统控制粒子束的扫描运动,实现对微纳图形的监测和分析以及微纳结构的无掩膜处理[30]。

聚焦离子束(FIB)使用离子源发射的离子束作为入射束。由于离子与固体之间的相互作用可以激发二次电子和二次离子,因此使用 FIB 可以和扫描电子显微镜(SEM)一样获得样品表面的形貌图像;由于离子的质量比电子的质量大得多,FIB 通常是通过静电透镜而不是磁透镜聚焦,这与 SEM 不同。在高能离子与固体表面原子的碰撞过程中,固体原子会被溅射和剥离,因此,FIB 主要是用作直接加工微米和纳米结构的工具。掩膜板修复、透射电子显微镜(TEM)样品的制备、三维结构的直写、电路修正、失效分析等是 FIB 技术的主要应用;其还可以应用在微纳电子器件、光电子器件、能源器件及生物器件的制备中。FIB 技术的主要优点是能以纳米精度实现复杂图形的定点,可设计直写加工,不足之处是加工速度低,加工面积小,会引入离子注入、污染与非晶化。

聚焦离子束原本用于半导体工业中的失效分析,至今它也是失效分析的最主要的手段,但它的工作领域已经不再局限于失效分析,它已成了更广泛的微纳加工技术领域的一个非常重要的设备。为适应纳米科学与技术的发展需求,FIB 技术不断地向高分辨率、高刻蚀与沉积精度、原位操纵与测量、减少污染等方向发展,已具备制作各种复杂纳米结构,甚至三维纳米结构的能力。尽管在加工效率方面还不尽如人意,但随着 FIB 技术的不断进步,这一工具和技术大大方便了新型纳米材料的研制,已经确立了其在纳米科技领域研究中的重要地位。

习　题

1. 什么是光的波粒二象性?

2. 什么是光电效应?

3. 什么是康普顿效应?

4. 电子的发现对于原子结构理论的发展有何重要意义?

5. 卢瑟福模型如何描述原子的结构?

6. 什么是晶体结构?

7. 什么是能带理论?

8. 什么是光学曝光?

9. 激光加工技术有什么特点?

10. 聚焦离子束技术的应用有哪些?

11. 纳米材料的物理化学性质有何特点?

12. 光学曝光、激光加工和聚焦离子束技术在微纳器件制造中的作用是什么?

13. 试使用德布罗意关系式计算速度 $v = 0.8c$ 的电子的波长。假设电子的质量为 $9.10938356 \times 10^{-31}$ kg(电子的标准质量),光速 $c = 2.998 \times 10^8$ m/s,普朗克常数 $h \approx 6.62607015 \times 10^{-34}$ J·s。

本章参考文献

[1] SHARMA B K. Instrumental methods of chemical analysis[M]. Krishna Prakashan Media,1981.

[2] WEINSTEIN L A. Electromagnetic waves[J]. Radio i svyaz'(Moscow),1988.

[3] BOHM D. Quantumtheory[M]. Chicago:Courier Corporation,2012.

[4] SCHAEBERLE J M. Newton'scorpuscular theory of light[J]. Science,1921,53(1382): 574.

[5] BORN M,WOLF E. Principles of optics:electromagnetic theory of propagation,interference and diffraction of light[M]. Elsevier,2013.

[6] MEIS C. Photon wave-particle duality and virtual electromagnetic waves[J]. Foundations of Physics,1997,27(6):865-873.

[7] KLASSEN S. The photoelectric effect:reconstructing the story for the physics class-

room[J]. Science & Education, 2011, 20: 719-731.

[8] WANG B C, WANG P. The new development and application of optical sensor[J]. Advanced Materials Research, 2012, 430: 1215-1218.

[9] 赵凯华,罗蔚茵. 量子物理[M]. 北京:高等教育出版社,2001.

[10] CHEGAAR M, HAMZAOUI A, NAMODA A, et al. Effect of illumination intensity on solar cells parameters[J]. Energy Procedia, 2013, 36: 722-729.

[11] CHEN B, YANG M, ZHENG X, et al. Impact of capacitive effect and ion migration on the hysteretic behavior of perovskite solar cells[J]. The journal of physical chemistry letters, 2015, 6(23): 4693-4700.

[12] EVANS R D. Compton effect[M]. Berlin:Springer Berlin Heidelberg, 1958.

[13] 褚圣麟. 原子物理学[M]. 北京:高等教育出版社,1976.

[14] 杨福家. 原子物理学[M]. 2 版. 北京:高等教育出版社,1985.

[15] BAGDONAITE J, JANSEN P, HENKEL C, et al. A stringent limit on a drifting proton-to-electron mass ratio from alcohol in the early universe[J]. Science, 2013, 339 (6115): 46-48.

[16] RODRÍGUEZ M A, NIAZ M. The oil drop experiment: an illustration of scientific research methodology and its implications for physics textbooks[J]. Instructional Science, 2004, 32: 357-386.

[17] MALLEY M C. Radioactivity: a history of a mysterious science[M]. OUP USA, 2011.

[18] 基泰尔. 固体物理导论[M]. 8 版. 北京:化学工业出版社,2012.

[19] DHARMADASA I M, BINGHAM P A, ECHENDU O K, et al. Fabrication of CdS/CdTe-based thin film solar cells using an electrochemical technique[J]. Coatings, 2014, 4(3): 380-415.

[20] 黄昆. 固体物理学[M]. 北京:北京大学出版社,2009.

[21] DAVIDSON F M, LEE D C, FANFAIR D D, et al. Lamellar twinning in semiconductor nanowires[J]. The Journal of Physical Chemistry C, 2007, 111(7): 2929-2935.

[22] COHEN M L, BERGSTRESSER T K. Band structures and pseudopotential form factors for fourteen semiconductors of the diamond and zinc-blende structures[J]. Physical Review, 1966, 141(2): 789.

[23] NESPOLO M. Lattice versus structure, dimensionality versus periodicity: a crystallographic Babel? [J]. Journal of Applied Crystallography, 2019, 52(2): 451-456.

[24] SINGLETON J. Band theory and electronic properties of solids[M]. Oxford:Oxford University Press, 2001.

[25] XIA Y, ROGERS J A, PAUL K E, et al. Unconventional methods for fabricating and patterning nanostructures[J]. Chemical Reviews, 1999, 99(7): 1823-1848.

[26] 程守洙,江之永. 普通物理学[M]. 5 版. 北京:高等教育出版衬,1998.

[27] 威廉斯,卡特. 透射电子显微学:材料科学教材(英文)[M]. 北京:清华大学出版社,2007.

[28] LI P, CHEN S, DAI H, et al. Recent advances in focused ion beam nanofabrication for nanostructures and devices: fundamentals and applications[J]. Nanoscale, 2021, 13

(3)：1529-1565.

[29] ION J. Laser processing of engineering materials：principles，procedure and industrial application[M]. Elsevier，2005.

[30] KIM C S，AHN S H，JANG D Y. Developments in micro/nanoscale fabrication by focused ion beams[J]. Vacuum，2012，86(8)：1014-1035.

第3章

纳米材料与结构

3.1 引　言

3.1.1　纳米材料的发展历程

纳米材料是具有纳米级粒度$(10^{-9}\ m)$的超细粒子材料,粒子尺寸介于原子簇和常规微粒尺寸之间,一般为 $1\sim100\ nm$。纳米材料由两部分组成,一部分是直径为 $10\sim100\ nm$ 的粒子,具有长程序的晶状结构;另一部分是粒子间的界面,是无序结构。这两部分的体积分数大致相等[1,2]。纳米材料广义上是指在三维空间中至少有一个维度处于纳米量级的材料,通常包括零维材料(纳米粒子)、一维材料(纳米直径纤维)、二维材料(纳米厚度的薄膜和多层薄膜),以及由各种低维材料组成的固态材料。从狭义上讲,纳米材料是指纳米粒子和由一个以上纳米粒子组成的固态材料(体材料和粒子膜)。图 3-1 所示为几种典型的纳米结构材料,例如零维的纳米粒子、量子点,一维的碳纳米管、纳米线、纳米带,二维的石墨烯、氮化硼、过渡金属硫化物,以及多维复合纳米材料。

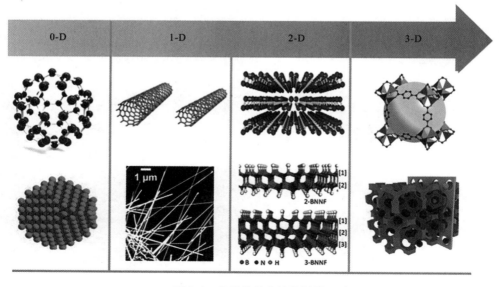

图 3-1　典型的纳米结构材料

纳米材料可以由晶体、准晶体和非晶态晶体组成。原子簇、纳米粒子、纳米线、纳米膜是纳米材料的基本组成单元。纳米结构是指原子尺寸和分子尺寸小于 0.1 μm 的微观结构,其本身也是纳米材料。所以纳米材料亦可定义为具有纳米结构的材料[3]。

纳米材料由规则排列的原子和无序的界面共同构成,其中纳米粒子的表层占相当大的比例。纳米材料的晶界原子占比高达 15%～50%。正是由于如此特殊的纳米结构组成,纳米材料被赋予了独特的尺寸效应、表面效应、量子限域效应和量子隧道效应,从而使其在力、磁、电、光、热、化学等方面具有独一无二的特性,这些特性进一步使其在航空、核研究、化学化工、金属、陶瓷、轻工业、电子、催化、医药和其他领域都具有极其重要的应用价值。因此,世界各国逐渐着眼于纳米材料的研究。纳米材料的研究已作为美国"星球大战计划""信息高速公路"和欧洲共同体的"尤里卡方案"的主要发展方向之一;日本也将推动纳米材料、纳米科学和技术的发展,预计在 10 年内投资 250 亿日元;英国还将开发纳米材料作为突破口,以期振兴英国工业;中国自然科学基金、"863"计划、"973"计划、"攀登计划"和国家级实验室已将纳米材料研究列为优先供资项目。毋庸置疑,"21 世纪最有前途的材料"非纳米材料莫属,该领域的研究必将极大地促进生产力和生产水平的提高,并对解决资源、能源和环境保护等一系列关键问题起到重要作用[4]。

早在 20 世纪 50 年代末,美国著名物理学家、诺贝尔奖获得者 Feynman 就大胆设想通过逐级缩小生产装置,实现按人为意愿设计原子和分子的排列顺序以制造产品。60 年代,人们逐渐开始对 Feynman 的设想付诸实践,开启了对纳米材料的真正的研究。到了 80 年代,德国科学家 Binnig 和 Rohrer 发明了扫描隧道显微镜,为我们展示了可见的原子和分子,扫描隧道显微镜成为研究纳米材料的不可或缺的工具。1984 年,德国科学家 Gleiter 制成了金属纳米材料,将纳米材料推向了整个科学界的风口浪尖。1990 年第一届 NST 会议召开,纳米科技正式诞生;伴随 1994 年第二届 NST 会议,纳米材料成为材料科学和凝聚态物理等领域的研究焦点。2000 年,为保持科学技术和经济的领先地位,美国宣布了新的国家计划——国家纳米技术推进计划。此后,全球各国对纳米材料投入了极大关注,先后将其列入高科技开发项目,各国研究者从结构到性能、从制备到应用对纳米材料进行了步步深入的研究。

纳米颗粒材料于 20 世纪 70 年代中期出现,纳米块材料于 80 年代在实验室实现合成,自此纳米块材料跻身为材料科学和合金化物理的研究热点之一。按照研究内容和侧重点的不同,可将纳米材料发展史分为三个阶段。

1990 年以前为第一阶段,这一阶段是探索阶段,研究者们用不同手段制备出了各种材料的纳米颗粒粉体,材料合成出来的同时,也在逐步探索其异于常规材料的特殊性能和评估表征的方法。

1990—1994 年为第二阶段,这一阶段仍是探索阶段,人们关注的热点从其异于其他材料的物理、化学性质和力学性能转移到如何利用这些独特性质,开始试图设计纳米复合材料以实现纳米材料的实际应用。

1994 年至今是第三阶段,这一阶段逐渐形成纳米组装体系。研究者们逐渐把研究重点转移到人工组装合成的纳米结构材料体系。纳米材料领域的重要研究课题从高韧性纳米陶瓷、超强纳米金属逐渐拓展到纳米尺度基元的表面修饰改性、不同性质的纳米基元组合。人们将纳米颗粒以及由它们组成的纳米材料作为基本组成单位,在空间组装排列成纳米组装材料体系[5]。

3.1.2　纳米材料的特性

纳米材料由两部分组成,一部分是纳米晶粒,另一部分是晶粒界面。然而关于纳米晶粒内部微观结构的研究报道并不多,这主要是因为该组成部分与粗晶材料基本相同。晶界原子占据很大比例是纳米材料最突出的结构特征,晶界原子占总原子数的 15%～50%。纳米材料中晶界原子结构的复杂程度非常高,因此在 20 世纪 80 年代末至 90 年代初,对晶界原子的研究一直是纳米材料研究的焦点。纳米材料独特的结构和状态使其具有独特的效应,这些效应使纳米材料展现出前所未有的物理化学性能[6-8]。

3.1.2.1　特异效应

1. 量子尺寸效应

量子尺寸效应指在粒子尺寸逐渐减小的过程中,当尺寸小到某一定值时,原来准连续的金属费米能级附近的电子能级变为离散能级,半导体纳米晶最低未占据电子的分子轨道和最高占据电子的分子轨道能级不连续、能隙变宽的现象。由能级间距与颗粒直径的关系式 $\delta = 4E_f/3N$ 可以得出,纳米材料的原子数 N 不是无限的,所以能级间距 δ 存在定值,即能级分裂。一旦能级间距大于磁能、热能、超导态的凝聚能或光子能量,就会引起能级改变、能隙变宽,粒子的发射能量增加,同时光学吸收向更短波长移动,宏观上引起样品颜色的变化,这些必将导致纳米晶体材料显著不同于传统块体材料的光、热、磁、声、电等性能。

纳米晶体吸收光谱的边界蓝移就是量子尺寸效应最直接的表现。这是由于在半导体纳米晶中,光照激发的电子和空穴与传统材料不同,它们因受到库仑力的作用而不再是自由的,形成了电子-空穴对。激子吸收峰由于空间的强烈束缚而向更短的波长移动,带边及更高激发态均发生相应移动。激发态能移会随着粒子尺寸的减小而增大,进而吸收峰蓝移。正是由于纳米材料中处于分立的量子化能级的电子的波动性,纳米材料才具有了诸如高度光学非线性、特异性催化和光催化、强氧化性和还原性等特殊性质[9]。

2. 小尺寸效应

小尺寸效应是指材料宏观物理、化学性质会因为超微颗粒尺寸减小到一定程度而发生变化。具体地说,晶体的周期性边界条件将在纳米粒子尺寸小于或等于光波波长(1×10^2 nm 量级)、德布罗意波长、激子玻尔半径($1～10$ nm)等时被破坏,导致其由纳米晶体转变为非晶纳米粒子,表层原子密度降低,与普通粒子相比,其磁性、内压、光吸收、热阻、化学活性、催化性及熔点等都有很大变化。纳米材料之所以具有奇特的宏观结构特征,正是因为从纳米层面上来讲,物质的尺寸适当,包含的原子、分子适量,以及运动速度适当。与传统材料不同,由一定数量的分子构成的集合体决定了纳米材料的性质。材料的物性很大程度上由介于物质的宏观结构与微观原子、分子结构之间的层次(即小尺寸效应)决定[10]。

3. 表面与界面效应

表面与界面效应是指随粒径的变小,纳米微粒表面原子与总原子数之比急剧增大而引起的性质上的变化。因为颗粒尺寸小,位于表面的原子体积占比很大,所以纳米材料具有相当大的表面能。一旦纳米粒子尺寸减小,它的比表面积就会急剧加大,以至于表面原子数及其比例迅速增大。由于表面原子数增多,比表面积增大,表面原子"裸露"出来,因此原子配位严重不足,存在大量不饱和键,进而致使纳米颗粒表面存在许多缺陷。这些表面缺陷具有极高的活性,特别容易吸附原子或发生化学反应,引起纳米粒子表面输运和构型、表面电子自旋、电子能谱的变化。表面与界面效应是纳米材料最重要的效应之一,它在很大程度上影响了纳米材料的性质和应用。例如 45 nm 粒径的 TiN 纳米晶粒在空气中一旦加热就会被强烈氧化燃烧[11]。无机纳米材料暴露在大气中会吸附气体,形成吸附层,利用这一性质可以制成气敏元件,用于检测不同气体。在宏观体系中,均相基元反应的反应级数直接取决于化学计量数,速率常数并不因浓度和时间的改变而改变。但是,由于容器壁、力场、溶剂、相界等空间阻碍的存在,分子筛笼中的反应物运动受到影响,反应动力学给出的结果与均相反应有所差别。研究者们于 1991 年开创性地对分子筛笼内的化学反应进行了细致的动力学研究,发现纳米反应器具有独特的动力学特征[12],明显异于液相和气相。

4. 量子隧道效应

量子隧道效应是基本的量子现象之一,从量子力学中粒子具有波粒二象性的观点出发,解释了只要势垒的能量不是无穷高,障壁不是无穷厚,粒子就有概率跨越这道势垒。因为根据波动理论,波函数将弥漫于整个空间,粒子以一定的概率出现在空间的每个点,当然也包括势垒障壁以外的点,利用薛定谔方程就可以直接解出粒子穿过势垒的概率。所以,即使粒子能量小于势垒阈值的能量,一部分粒子可能被势垒反弹回去,但仍将有一部分粒子能穿过去,就好似在势垒底部有一条隧道一样。微观粒子这种具有贯穿势垒的能力称为隧道效应。隧道效应不仅适用于微观粒子,同样也适用于一部分宏观量,比如磁化强度、磁通量,宏观量子隧道效应对磁盘储存信息的时间极限做出了限制,对基础研究及应用具有重要的理论和实践意义[13]。

3.1.2.2　物理化学性能

纳米材料的物理和化学性质与宏观物体和微观原子、分子都有很大差别。纳米材料因为具有纳米级尺寸的结构,与体材料有很大不同,其宏观性质由于纳米尺度范围内原子及分子的相互作用而受到强烈的影响。

1. 光学性能

在光学性能研究领域中,我们主要研究纳米材料的线性光学性质和非线性光学性质。对于线性光学性质,纳米级尺寸的金属晶粒大都呈黑色,且颜色随着粒径减小而逐渐加深,吸光能力也随着颜色加深而变得越来越强。纳米材料一方面具有量子尺寸效应而产生的分立能级,另一方面,因为晶粒及其表面上有电荷分布,所以晶粒中的传导电子能级凝聚成很窄的能带,进而形成很窄的吸收带。对于非线性光学效应,由于光激发产生的自由电子-空穴和受陷阱影响的载流子的非线性传动,纳米材料在非线性光学效应上有特殊性质,因为结构的变化会导致位移、载体的过渡和重组与宏观晶体材料不同。Ohtsuka 等人利用脉冲激光法研究了纳米材料的非线性光学效应,结果表明,CdTe 纳米材料具有较高的三阶非线性吸收系数;基于四波混频的 InAs 纳米材料的光学效应是非线性的,由于纳米晶粒的量子化,三阶非线性极化的程度与入射光强度成正比[14,15]。此外,研究纳米材料光学性能的热点包括纳米晶体材料的光伏特性和磁场作用下的荧光效应[16-18]。

2. 电磁性能

对于金属纳米颗粒,尺寸诱导的金属-绝缘体转变会改变其电学性能。当金属晶粒尺寸减小时,原子间的距离减小,金属晶粒的密度在纳米尺寸时会增加。因此,金属中自由电子的平均自由程将减小,电导率也将降低。此外,由于电导率 σ 随粒径按 $\sigma \propto d^3$(d 为粒径)变化,粒径减小,电导率急剧下降,从而使金属导体完全转换为绝缘体。纳米材料的磁性特性也与块体材料有很大的不同,因为传统磁性材料的磁性结构是由多种磁畴组成的,畴壁将不同的磁畴分开,畴壁的运动可以实现磁化。在纳米材料中,当粒径小于一定临界值时,每个晶粒都具有磁畴结构,矫顽力明显增加。纳米材料的这些磁性特性对其转化为磁流体、永久性磁体材料和磁记录材料具有重要意义。

3. 催化性能

研究者们早在 20 世纪 50 年代就对金属纳米材料的催化性能进行了一系列研究,研究表明,由于纳米材料比表面积大,表面上的活性中心数急剧增多,辅助以适当的条件,即可催化断裂 C—H、C—C、C—O 以及 H—H 键。纳米材料作为催化剂中的佼佼者,具有其他材料无可匹敌的优势,其本身无其他成分、能自由选择组分、无细孔、使用条件温和,避免了传统催化剂因自身组分和孔道而产生的某些副产物。关键在于,纳米材料催化剂可以直接放入液相反应体系中,无须使用惰性载体,而且随着反应流动,产生的热量会陆续向四周扩散,不必担心因局部过热导致催化剂结构破坏而失去活性。除此之外,其粒径小的特点可以使更多的粒子到达表面,提高了其作为光催化剂时的催化效率[19]。

4. 其他性能

相比于块体材料,纳米材料的确在许多方面表现出独特的性能。这些独特的性能不仅包括之前提到的物理化学特性,还包括力学[20]、储氢、烧结[21]和热学等方面。在力学性能方面,研究表明,由于纳米材料中存在大量的晶界原子间隙和气孔,其杨氏模量相比于块体材料可以减小 30% 以上。这意味着纳米材料在受到外力作用时,其变形的程度可能比块体材料更大。在储氢和烧结方面,纳米材料的性能也有显著优势。例如,纳米材料由于其大的比表面积和表面活性,可以提供更多的氢气吸附位点,因此在储氢方面具有较好的性能。同时,纳米材料在烧结过程中,由于其颗粒间的接触面积大,能够更好地实现烧结,提高材料的致密度。在热学性能方面,纳米材料的熔点通常会比大尺寸固态物质显著降低,特别是当颗粒小于 10 nm 量级时,这种现象更为显著。另外,随着晶粒纳米级尺寸的减小,纳米材料的强度和硬度增大,这种关系近似地遵从经典的 Hall-Petch 关系式:$\sigma \propto d^{-1/2}$,其中 d 为平均粒径,σ 为 0.2% 屈服强度或硬度。这表明纳米材料在受到外力时,其抵抗变形和破坏的能力增强。

3.1.3 纳米材料与结构的分类

根据维度不同,纳米材料分为零维纳米、一维纳米、二维纳米材料。原子团簇、纳米微粒等为零维纳米材料,纳米线为一维纳米材料,纳米薄膜为二维纳米材料。零维纳米材料通常又称为量子点,由于其尺寸在三个维度上与电子的德布罗意波的波长或电子的平均自由程相当或更小,因此,电子或载流子在三个方向上因受到约束而不能自由运动,即电子在三个维度上的能量都已量子化。一维纳米材料又称为纳米线,电子只能在一个维度上自由运动,其他两个维度受到限制。二维纳米材料又名纳米面,电子能够在两个维度上自由运动,只有一个维度受到限制。除此以外,还有一类广义的二维纳米材料,即二维的纳米结构仅局限于三维固体材料的表面。低维材料包括零维、一维、二维纳米材料,当二维和三维纳米材料的组成单元或组元的成分有差别时,即构成纳米复合材料[22]。

1. 零维纳米材料

零维纳米材料是指三个维度上的尺寸都处于纳米级尺度(1~100 nm)或由它们作为基本单元构成的材料,这个尺度大概近似于 10~100 个原子紧密排列。零维纳米结构有多种类型,包括富勒烯、纳米粒子、超细粒子、超细粉末、烟雾粒子、量子点(人造原子)、原子团簇和纳米团簇等。零维纳米材料具有量子尺寸效应、小尺寸效应、表面效应、宏观量子效应等基本物理化学性质,这些基本物理化学性质对零维纳米材料的研究与应用极为重要,比如尺寸比较小的纳米颗粒具有很高的活性,并且容易氧化。对于一些具有光电性质的材料,如团簇,其光学性质将大大改善,更容易跃迁和淬灭。

2. 一维纳米材料

一维纳米材料是指像纳米管、纳米带、纳米线等只有两个维度处在纳米尺度的材料,其因在介观物理领域的独特应用及纳米功能元件的强大功能而成为研究的热点。一维纳米材料体系是有效电子传递和光激发的最小测量结构,具有一系列独特的电、磁、光学和力学特性。一维纳米材料是研究化学和物理性质对尺寸和尺寸减小(或量子约束)依赖性的重要平台,在制造电子、光电、纳米材料的电化学和机电设备方面,也将作为互连和功能单元发挥重要作用。虽然一维纳米结构已被成功地开发为功能性纳米元件,通常是在单一元件层级上,例如场效应电晶体、光电探测器以及化学/生物传感器等。但在许多先进的纳米石印技术如电子束或聚焦离子束、X 射线,或极端紫外线光刻的使用过程中,如何进一步有效开发整合化学性质不同的材料的一维纳米结构,仍然存在挑战。

3. 二维纳米材料

二维纳米材料指电子在一个维度受到限制,仅可在另外两个维度的纳米尺度上做平面运动的材料,如纳米薄膜、超晶格、量子阱。继 2004 年 Novoselov、Geim 和他们的同事通过机械裂解技术获得石墨烯之后,二维(2D)纳米材料引起人们极大的兴趣。石墨烯独特的物理、光学和电子性质激发了研究者们探索其他具有类似层状结构的超薄 2D 纳米材料的性质的兴趣,如六角氮化硼(h-BN)与过渡金属二硫化物(TMDs)(如 MoS_2、TiS_2、TaS_2、WS_2、$MoSe_2$、WSe_2 等)、石墨碳氮化物(g-C_3N_4)、层状金属氧化物、层状双氢氧化物(LDHs)等。超薄二维纳米材料由于其独特的结构性能,逐渐发展成为凝聚态物理、材料科学和化学领域不可或缺的材料之一。已开发出许多合成方法如机械裂解、液体剥离、离子插层剥离、阴离子交换剥离、化学气相沉积(CVD)、湿化学合成等用于制备这些超薄二维纳米材料。更重要的是,这些二维纳米材料有着广泛的应用,如应用于电子/光电子、催化、能量储存和转换、生物医学、传感器等。其中纳米薄膜由于包括纳米级尺寸的组元和基体,所以既有传统复合材料的特性,又有现代纳米材料的特性,具有光学特性、电学特性、磁阻效应等,是一类具有广泛应用前景的新材料。

4. 三维纳米材料

材料的微小尺度设计是高性能复合材料研究的前沿领域。1984 年,Roy 和 Kormaneni 首次提出了纳米复合材料的概念,即分散相具有一维或多维尺度在纳米级的材料。事实上,纳米复合材料的分散相和基体相之间存在一个较大的界面,当分散相粒径为 15~20 nm 时,界面面积高达 160~640 $m^2 \cdot g^{-1}$。试想,如果通过一定的技术手段能够把分散相和基体的优势性质充分结合起来,那么纳米复合材料的性能将得到前所未有的提升。纳米材料在复合材料中不仅能够起到补强的作用,还能靠自身赋予基体材料某些方面的新性能,例如,将粒子尺寸小的纳米材料加入透明塑料中能够使塑料更加致密,且不会影响其透明度;将纳米材料加入半透明塑料中,能够增强其透明度、强度、韧性、防水性;纳米材料还可用来制造功能纤维、抗紫外辐照透明涂料、黏结剂、防老化油漆、密封胶等。

3.2　零维纳米材料

3.2.1　富勒烯

1985 年,富勒烯(C_{60})的发现无疑是科学历史上的一个重大突破,这项发现极大地拓宽了人类对碳的理解,也为 1996 年的诺贝尔化学奖铺平了道路[23]。C_{60} 的发现展示了碳家族的广阔多样性,使我们意识到以往的研究仅仅触及到了表面。富勒烯内部可以包裹原子的超分子结构,以及富勒烯的三维超导性质,都开启了碳家族新的研究领域。仅在短短的十几年时间里,C_{60} 就在科学理论的研究中起到了巨大的作用,并且在物理化学、材料科学、生物学等学科领域产生了深远影响。我们相信,不需要太长时间富勒烯就将在这些应用领域占据重要的地位。对于 C_{60} 的研究,我国起步较早,并已经取得了许多卓越的研究成果[24]。

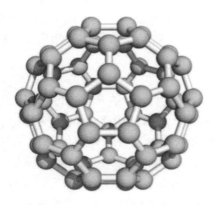

图 3-2　C_{60} 结构示意图

C_{60} 属于碳簇分子,是以范德华力相结合而形成的分子晶体。如图 3-2 所示,C_{60} 分子是由 20 个正六边形(六元环)和 12 个正五边形(五元环)组成的球状 32 面体,为面心立方结构,晶体常数为 1.42 nm,直径为0.71 nm,相邻 C_{60} 分子的中心距离为 0.984 nm,其 60 个顶角各有一个碳原子。C_{60} 分子中碳原子价都是饱和的,每个碳原子与三个相邻的碳原子形成两个单键和一个双键。五边形的边是键长为 0.1455 nm 的单键,而六边形共享的边是键长为 0.1391 nm 的双键。整个球状分子就是一个三维的大 π 键,其反应活性相当高。C_{60} 分子对称性很高,每个顶点存在 5 次对称轴。C_{60} 晶体的理论密度为 1.678 g/cm³,实测值为(1.65±0.05) g/cm³。除了 C_{60} 外,还有 C_{50}、C_{70}、C_{84} 直至 C_{960} 等,其中 C_{70} 有 25 个六边形,为椭球状。

3.2.1.1　富勒烯的制备

材料的制备是一切研究的先决条件,富勒烯的制备工艺在发现之初即获得大量研究和发展,目前的制备方法主要包括电阻加热法和电弧法、催化热分解法、电子束辐照法、激光蒸发石墨法。

1. 电阻加热法和电弧法

1990 年,电阻加热法首次实现了 C_{60} 的大量合成,随后不久,电弧法也被发展用于制备 C_{60}。电弧法的原理为:充满惰性气体的电弧室里的两根高纯石墨电极通过电弧放电,产生大量烟状物沉积在内壁上,烟状物即为 C_{60}/C_{70}。C_{60}/C_{70} 的产率受到电弧放电、气压等环境条件的影响。

那么,富勒烯这样的高度有序的化合物是如何在石墨汽化的熵条件下以高产率形成的呢?在人们能大量分离富勒烯之前,Smalley 和他的同事提出了一种富勒烯的形成机制,即“共线机制”[25]。在这种情况下,小碳颗粒会聚在一起形成线性物质,与其他线性物质发生反应而形成环,进一步添加小的线性链会增加环的大小,直到它们达到 25~35 个原子大小。共线机制假定,在该尺寸大小范围内,类似于开放石墨片的多环网络在热力学上变得十分有利。

Smalley和他的同事推测,这些石墨片比环或线性链更具反应性,因为它们具有更多的悬空键,并且为了使悬空键的数量最小化,多环网络引入了一些五边形,从而导致弯曲。有时,这些杯状石墨中的一个会在正确的位置聚集足够的五边形,以迫使其封闭在空心笼中,从而形成富勒烯。但是,这种机理并不能解释宏观上(产率≥20%)如何形成可溶的富勒烯(如 C_{60})。

随着大量生产富勒烯的方法的发现,Smalley 和他的同事修改了他们原来的合成路线,提出了一种有吸引力的机制,他们称之为"五角机制"。这种碳成核的观点假设任何小石墨碎片的最低能量形式都具有以下特性(见图 3-3):① 仅由六边形和五边形组成;② 包含尽可能多的五边形;③ 没有一个五边形相邻。

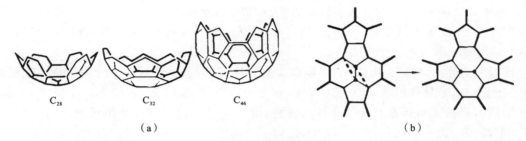

C_{28}　　　　C_{32}　　　　　C_{46}

（a）　　　　　　　　　　　　　　　　　（b）

图 3-3　五角机制示意图

（a）五角机制中合成富勒烯的一些假设中间体；（b）Stone-Wales 重排使富勒烯异构化为孤立的五边形结构

根据五角机制,对碳原子数为 20～30 的碳簇而言,这些碳簇太小而无法与孤立的五边形形成密闭的富勒烯,这种开放式石墨杯的能量低于任何其他结构。在大量富勒烯生产的缓慢冷却环境中,退火使碳簇在结构中找到最小的能量。因此,热化学稳定性决定了这些石墨杯的形成优先于其他可能的结构,而动力学反应性决定了它们继续向富勒烯生长。这种生长主要是向发展中的石墨网络的反应性边缘添加 C_2 和其他小碳颗粒。封闭的富勒烯一旦形成,就没有开口的边缘,因此通常不会进一步生长。正如上文所述,许多导致 C_{60} 成核的路径最终都是簇生长的死胡同。

Heath 提出了另一种机制,该机制与漂移管离子迁移率数据更为吻合。这种机制类似于五角机制(增加小碳碎片),但较大的产物,具有 30～58 个原子的中间体全碳分子是封闭的富勒烯笼。因为这些小的富勒烯不能遵守孤立的五边形规则,所以它们比较大的富勒烯更具反应性。因此,C_{60} 和 C_{70} 如果形成孤立的五边形异构体,则充当簇生长的终点。

2. 催化热分解法

催化热分解法是制备碳纳米管常用的一种方法,同时该方法适用于制备富勒烯。催化热分解过程一般是在特定温度下,将含碳气体与另一种气体混合,受到催化剂的作用,裂解成碳源,进而在催化剂上生长得到富勒烯。产物的品质、产率受到反应温度、催化剂、气压等因素的影响。

3. 电子束辐照法

国外用电子束照射炭灰得到洋葱状富勒烯。国内通过能控制照射电子束密度的高分辨透射电子显微镜(HRTEM)对富勒烯的制备过程进行了原位(in-situ)组织观察及过程记录等,获得了显著的进展,揭示了 Pt、Al、Au 等纳米粒子受到 HRTEM 电子束照射,把未结晶的碳膜催化向富勒烯转变的全过程。

4. 激光蒸发石墨法

激光蒸发石墨法最早是在 20 世纪 80 年代被使用,但由于当时并未获得足量的 C_{60},无法对其进行系统的研究。到 90 年代,激光蒸发石墨法成功制备出产率高达 70% 的均匀尺寸的碳纳米管,而后这种方法被逐渐应用到富勒烯的制备中。

3.2.1.2　富勒烯的性质及应用

C_{60} 的非线性光学性质源于其高度对称的结构,当然,其电磁性质也与其结构息息相关。借助飞秒技术,北京大学研究了 C_{60} 的光克尔效应,测量了 C_{60} 和 C_{70} 的非线性光学系数,揭示了 C_{60} 中的 π 电子所引起的非线性效应。中科院发现了全新的暗导小、放电迅速的光导体体系,这种体系仅通过对 C_{60} 进行表面修饰和 PVK 掺杂就能得到。南京大学及中国科学技术大学等研究了 C_{60} 酞菁铟氯化物异质结二极管的光电流响应,发现 C_{60} 酞菁铟氯化物之间的电子转移效应导致了较大的光电流响应。

值得一提的是,将碱金属掺入 C_{60} 能够实现超导,同时其电荷转移复合物表现出铁磁性。$K_3 C_{60}$ 和 $Rb_3 C_{60}$ 超导体的超导相达到 75%,转变温度分别为 18 K 和 28 K。在研究 C_{60} 超导性质的同时科研人员逐渐开始了磁性的研究,由 C_{60}、溴和四硫富瓦烯组成的电荷转移络合物 $C_{60} TTF_x Br_y (x = 1, 2; y = 2, 4, 6)$ 达到了国际水平,其具有较高的铁磁转变温度。迄今为止,富勒烯已在各种领域有所应用(见图 3-4)[26],例如自旋电子学、药物在生物体内的运送、太阳能电池、电子器件、催化剂的制备以及生物成像。

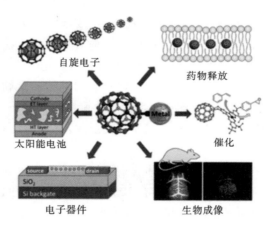

图 3-4　富勒烯的应用

3.2.2　纳米颗粒

纳米颗粒又称为超细颗粒或超微颗粒,是一种零维纳米材料,通常指粒径小于 100 nm 的颗粒或粉尘,它是一种由不同于已知原子、分子和宏观物体中间物态的固体粒子组成的材料。纳米颗粒的形态并不限于球形,还有板状、棒状、角状、海绵状等。由于其独特的结构,纳米粉体具有四种特殊效应:量子尺寸效应、小尺寸效应、表面效应和宏观量子隧道效应,从而展现出很多独一无二的性质,在滤光、光吸收、医药、催化、磁介质、新材料等领域有很大的发展潜力。

常见的纳米颗粒有金属纳米颗粒,多用于催化领域。实际上,金属纳米颗粒作为催化剂提供了一个反应平台,使试剂中的分子彼此相邻,直到它们被激活并转化为产物分子,并且允许反应物分子在其表面上分离。金属纳米颗粒催化剂提供的巨大表面可以输送更多的反应物分子,干预可能发生的反应。更重要的是,金属纳米颗粒催化剂的性能往往取决于其表面的纳米结构组成,如负载型过渡金属催化剂,其活性中心是由多个金属原子组成的表面纳米金属颗粒。这也意味着纳米技术的发展和纳米结构材料的操纵将为催化带来新的发展机遇。

3.2.2.1 金属纳米颗粒的性质

金属纳米材料同其他纳米材料一样,随粒径尺寸的减小,其比表面积、表面原子数、表面能迅速增大,具有小尺寸效应、量子尺寸效应、表面效应,且具有不同于传统块体材料的热、磁、光、敏感特性,由此开拓了许多新的应用前景。金属纳米颗粒在催化、光子、光电子、信息存储、拉曼表面增强和磁流体等领域发挥着重要作用。普通金属纳米材料可分为贵金属纳米材料(如金、银、钌、铑、钯、铂等)和非贵金属纳米材料(如铜、镍、铁、钴等)。目前,合成的金属纳米材料包括球形结构、棒状结构、立方体结构、三角形盘状结构、八面体结构、十面体结构、星形、米状、笼状等复杂形态的粒子,以及具有金属介质和介质金属壳层结构的纳米颗粒和具有多金属合金结构的粒子。金属纳米结构拓展出了更广阔的应用空间。

具有不同尺寸的纳米材料(单原子、纳米团簇、纳米颗粒等)在各种异相催化反应中表现出不同的催化行为。金属纳米颗粒的性质主要取决于其尺寸、形貌、组成、结晶度和结构。原则上,通过调整这些参数可以精确地调整金属纳米颗粒的性质。对于金属纳米颗粒,尺寸和形貌可以通过偶极或多偶极等离子体共振调节其光学性质。

金纳米粒子因其抗氧化性、易合成性和光学性质而被应用于几乎所有的金属纳米粒子的生物应用中,其中最常见的是聚集后的红色到紫色的颜色变化。用一步水溶液化学还原法制备的球状、蝌蚪状、项链状单质金纳米粒子的晶体结构都是面心立方。其中,蝌蚪状金纳米颗粒的任何横截面都不是圆形,而是椭圆形,具有一定的三维立体结构和特殊的电子结构,尽管所有蝌蚪状金纳米颗粒都是多晶形,但蝌蚪尾巴是单晶结构[27]。银纳米颗粒在电解溶液中容易氧化腐蚀和聚集,限制了其应用范围。包覆颗粒形成适当的保护层,能够有效地消除银纳米颗粒的氧化腐蚀和聚集,使银纳米颗粒能够在 NaCl 浓度高和 pH 值范围大的情形下稳定存在。

大多数金属必须加热到 1000 ℃ 以上才能转变为流动液体,高熔点严重限制了许多金属的处理,极大地影响了其应用范围。然而在室温下,通过将适当的配体连接到金属纳米粒子上,金属就可以像液体一样流动。这种新型材料使金属能够通过以前不可能的方式进行处理、组装和使用。由于纳米颗粒流动的动力学有利于提高热导率,并且金属的声子模式增加了液体的热容,因此这类材料可能是传热流体的一个重要组成部分[28]。

在金属纳米颗粒中,导带电子可以自由移动,使电子偏振更强,从而使表面等离子共振(SPR)向更低频率偏移,而且峰值的宽度更窄。第一个 SPR 理论是基于 Mie 提出的理论,超出 20 nm 范围的颗粒正入射时吸收不再是体相等离子体共振。在这样做时,应考虑与尺寸相关的吸收和散射模式。当尺寸增大时,高阶模式占优势,导致等离子体吸收红移,半波宽度增大。因为对于较大的粒子尺寸,光不再使颗粒均匀极化,延迟效应会导致高阶模式。吸收光谱直接取决于颗粒的大小,是固有尺寸效应。

单个贵金属纳米颗粒的光学性质主要受到形状、尺寸、周围介质折射率的影响。单个贵金属纳米颗粒距离很近时,它们之间会产生相互作用。以两种最简单的纳米颗粒为例,在这两种微粒近距离暴露在外加光场中时,一个纳米微粒的偶极子辐射场会破坏另一个纳米微粒的偶极子辐射场,导致自由电子受到不同的力,从而改变电子云的共振频率和电子云分布。当两个纳米微粒非常靠近时,它们之间在间隙区的电磁场会受到局域化效应的影响,从而使电磁场的强度显著增强。

金属纳米颗粒的光集中效应是局域表面等离子共振产生的增强电磁场的结果。当两个或更多的粒子靠近时,这些外部磁场会被放大,这种放大作用是表面增强拉曼光谱的核心,外部场也会影响与局域表面等离子共振相关的强光散射效应。金属纳米颗粒与光的相互作用也会产生内部场,但因为这种内部场会导致加热,所以吸收通常被认为不利于金属纳米颗粒的表面增强光谱和光浓度应用。然而,也有一些应用依赖于吸收,如金属纳米颗粒作为局部热源用于光热疗法、利用光吸收产生的热电子进行光催化或太阳能转换。

金属纳米颗粒应用广泛,在催化、传导、抗菌、生物传感等领域都有很好的贡献。因其粒径小、比表面积大、表面原子多、晶粒的微观结构复杂并且存在各种点阵缺陷,所以表面活性高,使用纳米催化剂取代火箭推进剂中的普通催化剂成为国内外研究的热点之一。贵金属纳米材料是一种优秀的电极材料,可以用来构建检测不同分析物的高灵敏度传感器。因为贵金属材料具有多孔的结构特征,表面积更大,目标分子可接触性更高,由该材料构建的传感器通常可以获得比较强的电化学信号和比较低的过电位。这些优点都极大地提升了贵金属纳米颗粒在实际应用中的价值和潜力。

3.2.2.2 纳米颗粒的制备方法

1. 气相法

纳米颗粒的制备方法多种多样,根据反应物混合相的反应前状态大致分为气相法、液相法和固相法[29]。气相法的种类很多,包括气体蒸发法、溅射法、化学气相反应法和凝聚法。过程都是通过一定方法将反应物气化,使反应物在气相状态下发生物理或化学变化,而后冷却凝聚形成纳米颗粒。

气体蒸发法是将金属、合金、陶瓷在惰性气体中蒸发气化,而后将其于惰性气体保护下冷却、凝结,形成纳米颗粒。气体蒸发法控制纳米颗粒大小的因素有气氛压力、蒸发物分压、环境温度,通过这种方法制备得到的纳米颗粒具有表面清洁、粒度齐整、粒径分布窄及容易控制的特点。对于易氧化的金属氧化物纳米颗粒的制备,主要采用两种方法:一是提前通入一些氧气到惰性气体中,二是对已制成的金属纳米颗粒进行水热氧化。虽然气体蒸发法主要是以金属纳米颗粒为对象,但是也可以使用这一方法来获得无机化合物、有机化合物和复合金属的纳米颗粒。

化学气相反应法又名化学气相沉积法,是一种高效的纳米材料制备方法。化学反应活性高,工艺可控,过程连续,且生成的产物颗粒均匀、纯度高、粒度小。该方法是直接让挥发性的金属化合物蒸气发生化学反应,生成所需要的化合物,在保护气氛下快速冷凝得到纳米颗粒。相关技术目前被广泛应用于原子反应堆材料、刀具、特殊复合材料、微电子材料等多个领域,能够用于制备各类金属及非金属化合物纳米颗粒,也可以制备粉状、块状材料和纤维等。化学气相反应法按体系反应类型可分为气相分解法和气相合成法。气相分解法又称为单一化合物热分解法,是通过加热、蒸发、分解等手段,对化合物或经过一定处理的中间化合物进行分解,从而得到各种单一物质的纳米颗粒。采用激光热解法时,还要考虑原料对相应激光束的吸收,有时还需要加入氢气等还原性气体,此时反应不是单元的气相分解反应,而是多元反应。这种方法要求原料中必须具有最终获得的纳米颗粒物质的全部所需元素的化合物。气相合成法就是利用两种或两种以上原料在气相状态下发生化学反应,在高温下生成相应的化合物产物,而后经过降温冷凝,制得各种纳米颗粒。此种方法中颗粒在气相下均匀成核及生长,反应需要形成较高的过饱和度,可进行多种颗粒的合成,具有很高灵活性和适应性。

2. 液相法

液相法是一种基于均质溶液的纳米颗粒制备方法,包括沉淀法、喷雾热解法和雾化水解法、微乳液法、水热法和溶剂热合成法、溶胶-凝胶法。其基本原理都是通过一系列操作手段来分开溶质与溶剂,待溶质形成一定形状和尺寸的颗粒,即得到所需粉末的前驱体,再次溶解后就可制备得到纳米颗粒。

沉淀法是将化学反应生成的沉淀通过过滤、洗涤、干燥、焙烧等手段得到纳米颗粒。相较于其他制备方法,沉淀法具有组分可任意调变、负载量可控、合成种类广泛、反应条件温和等优点。该方法操作相对较为简单,成本相对较低。

水热法是在专门设计的高压反应釜中进行的,反应系统为水溶液。在高温高压下,将反应系统加热至临界温度,促进反应水解,制备水溶液或蒸汽液中的氧气,然后在产品分离和热处理后,获得金属或氧化物颗粒。水热法的优点是它能加速在常温常压下反应慢的热力学反应。水热合成法是制备纳米氧化物的有效方法之一,具有原料成本低、尺寸可调、分散性好、颗粒纯度高、晶体模型良好等优点。图 3-5 所示为通过液相法制备的各种纳米颗粒,其中图 3-5(a)所

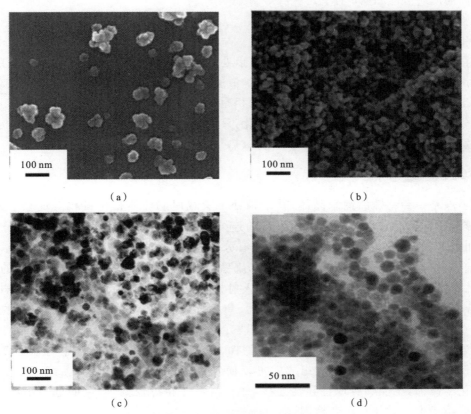

图 3-5　液相法制备纳米颗粒

(a) 高沉淀-水热法制备的羟基磷灰石纳米颗粒;(b) 水热法制备的 $Zn_{1-x}Mn_xO$ 纳米颗粒;
(c) 溶剂热分解法得到的 Co_3O_4 颗粒;(d) 多醇热分解法得到的磁性纳米晶体

示为通过高沉淀-水热法制备的羟基磷灰石纳米颗粒的 SEM 图,该纳米颗粒可以有效地阻止癌细胞的增殖,常用作药物载体;图 3-5(b)所示为水热法制备的 $Zn_{1-x}Mn_xO$ 纳米颗粒;图 3-5(c)所示为钴羟基十二烷基硫酸盐胶体分散体通过溶剂热分解得到的 Co_3O_4 颗粒的 TEM 图;图 3-5(d)所示为在乙二醇介质中采用热分解法合成的磁性纳米晶体。

热分解法是在水热法的基础上进行了一项重大改进,采用与水热法几乎相同的原理制备纳米金属及氧化物,把水热法中的水换成有机溶剂(如甲酸、苯甲酸、苯、乙二醇、乙醇、苯、乙二胺、CCl_4 等),将前驱体置于高沸点溶剂中发生分解反应得到金属纳米颗粒。非水溶剂既作为矿化剂,又作为传递压力的介质。以溶剂取代水,一方面拓宽了水热技术的应用范围,另一方面,当溶液处于近临界状态时,可以发生一般状态下无法发生的反应,生成具有稳定结构的材料。多醇热解法是溶剂热分解法中的一种,其原理是使用多醇(如乙二醇、二乙二醇、甘油、戊二醇等)中的羟基缩合或局部形成的少量的水环境,或利用表面活性剂产生的很少量的水环境来合成纳米材料。因为多醇和表面活性剂具有氧化还原性,所以该过程能够生成变价态的过渡金属及其氧化物,广泛用于 CeO_2、Cu_2O、Co_3O_4、CoO、Fe_3O_4 等氧化物以及 Fe、Co、Ni 等单质的合成。由于前驱体、表面活性剂的可调变性,这种方法优势明显,产物形貌大小可控、尺寸均匀、分散性好。用该方法合成的过渡金属氧化物由纳米级颗粒组成,颗粒与颗粒之间的介孔在保护性刻蚀下发生进一步扩大,能够得到比表面积很大的催化剂载体,在催化 CO 氧化方面具有很高的反应活性和稳定性。

3. 固相法

固相法是制备纳米颗粒的一种常见方法。与气相法和液相法不同,固相法通过固体之间的转化直接生产粉末。这种方法的优点是可以处理更广泛的化学物质,并且可以直接从固体原料获得粉末。在固相法中,分子(原子)的扩散速度很慢,因此其集合状态不再是均匀的,而是多样化的。这使得固相法有可能获得与固相原料相同的固体粉末。根据微粉化机制,固相法可以分为两类:一类是物质本身不发生变化,只是尺寸减小,如球磨法;另一类是在构筑过程中物质发生变化,如固相反应法、火花放电法、热分解法等。

3.2.3　量子点

量子点是一种特殊的纳米晶体,其结构处于宏观周期性体相材料和微观原子、分子的中间状态,并且其电子结构也从体相材料的连续能带结构变成类原子、分子的准分立能级结构,如图 3-6 所示。由于半导体量子点具有分立的能级结构和类原子的态密度,量子点激光器具有更优异的性质,比如极高的阈值电流稳定性、超低的阈值电流密度、极高的温度稳定性等。量子点红外光子探测器具有垂直入射光响应、暗电流低、光电导增益大、响应率和探测率高等优点,已成功应用于单元探测器、焦平面器件等各种结构中。量子点的低态密度和分立能级会产生量子限域效应,影响了它的电学、光学性能,正入射时,量子点会发生带内跃迁。这些特性使得量子点在单电子器件、储存器及各种光电器件中有了更多的应用可能。仅仅改变它的尺寸和化学组成就可以使发射光谱覆盖整个可见光区。量子点只需要经过化学修饰,就能够实现特异性连接,并且其毒性相对较低,产生的危害小,可在生物医学领域用于生物活体标记和检测。

3.2.3.1　量子点的性质

与体相材料相比,半导体纳米晶表现出明显不同于体相材料的热、磁、光敏感特性和表面

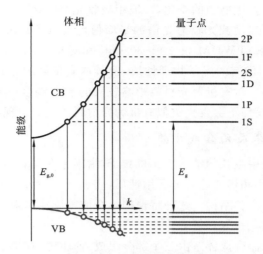

图 3-6　量子点与对应体相材料的能级结构

稳定性,如低熔点、高韧度、高热膨胀系数、高比热、宽频带的强吸收等。其中最独特的在于能够通过控制量子点的形状、结构和尺寸控制带隙宽度、激子束缚能的大小以及激子的能量蓝移等。这主要是由于半导体纳米晶表面空间有限,原子比例大,使得纳米晶呈现出表面效应和小尺寸效应。

　　小尺寸效应的直接体现是光谱峰位的变化:随着量子点尺寸的逐渐缩小,量子点吸收光谱出现蓝移现象。因此,我们可以通过改变量子点的尺寸来调节荧光发射波长。表面效应是指小的粒径尺寸下,量子点的表面分布着大量原子,其比表面积随着粒径尺寸的减小而增大。这一现象的直接结果是,由于表面原子配位数的缺乏,出现大量不饱和键和悬空键,表面原子极度不稳定,容易与其他原子结合。量子点的原子运输和结构与原子活度的高低有关。它在对表面电子自旋构象和电子能谱的变化有影响的同时,由这些缺陷和表面悬空键形成的表面态通常会产生无辐射的跃迁通道,导致荧光猝灭。另外,随着纳米晶粒径的减小,表面张力逐渐增加,纳米晶表面层晶格发生畸变。

　　量子点内部载流子在各个方向的有限运动会导致量子限域效应,即费米能级附近的电子能级被分裂成离散的能级结构,导致材料带隙扩宽,产生与体材料不同的与尺寸相关的物理化学性质。量子点将电子和空穴限制其中,库仑力将其结合起来,这样的电子空穴对称为激子。因为量子态的能级分立,量子点中的激子重组就会产生一条尖锐的发射光谱。当半导体的粒径尺寸与激子玻尔半径相近时,能带的转变由连续变为离散。受到光激发时,电子吸收能量后从价带跃迁到导带,与此同时,价带上留下了对应的空穴,已经跃迁到导带上的电子跃迁回到价带,与对应的空穴辐射复合,并发射光子,产生发光现象。量子点的带隙随其尺寸的减小逐渐变宽,发光峰的位置也会随之逐渐蓝移。所以,量子点能够在整个紫外-可见光范围内发光,只需要通过简单调控量子点的组分和粒径大小就可以实现[30]。

　　一般来说,过渡金属氧化物和半导体微粒在非均匀介质中分散,由界面引起的体系介电会因此而增强。由于量子点的尺寸小于载流子的自由程,在光伏载流子的混合概率作用下,低介电常数材料对量子点内电荷载流子场线的量子点表面进行修饰时,较容易越过重叠介质,屏蔽效果降低,增强了载体间的库仑作用。这会导致激子耦合能和振子强度增大,使得光学性质与未修饰量子点的相比可以发生明显的变化,一般用吸收光谱的红移表示。

量子点的光谱纯度可以用荧光辐射光谱的半峰值范围(FWHM)来表示。量子点具有宽激发、窄辐射、窄发射光谱(FWHM 仅 20~30 nm)和对称、高色度的特点,对广谱非常有利[30]。量子点中无机材料固有的光学物理性质,使其具有良好的光化学稳定性,与有机荧光染料相比具有一定的优势。对有机荧光材料影响较大的 pH、温度、溶剂等因素对量子点的影响较小,而且经过多次激发后不会发生类似有机荧光材料的光漂白现象。

3.2.3.2　胶体纳米晶的合成方法

胶体纳米晶是在溶液中生长的纳米级无机粒子,由附着在其表面的一层表面活性剂稳定。无机核具有由其组成、大小和形状控制的有用性质,表面活性剂涂层确保这些结构易于制造,并能够进一步加工成更复杂的结构。这种特性的结合使得胶体纳米晶在先进材料和器件中极具应用前景。

一个典型的胶体纳米晶合成体系由三个部分组成:前驱体、有机表面活性剂和溶剂。在某些情况下,表面活性剂可以当作溶剂使用,当反应介质被加热到较高温度时,前驱体化学转化为活性原子或者分子物种(单体),再形成纳米晶,之后的生长受表面活性剂分子的影响。纳米晶的形成主要包括成核和生长两个过程,在前一阶段,前驱体在高温下反应,生成单体,达到过饱和度后纳米晶开始成核。在后一阶段,先前生成的核与其他单体结合生长。

在早期使用动力学方式来控制平均粒径和粒径分布,纳米晶的生长过程可以发生在两种不同的模式中,这取决于单体的浓度。在聚焦阶段,溶液中单体的浓度高于所有粒子的溶解度,在这种情况下,无论粒子大小,所有粒子都会生长。在高单体浓度下,较小的颗粒比较大的颗粒生长得更快,因此,颗粒的尺寸分布可以集中到接近单分散的范围内。如果单体浓度下降到临界阈值以下,小的纳米晶体会随着大的纳米晶体的生长和分布的扩大或散焦而耗尽。因此,当反应仍处于聚焦状态,且仍存在大量单体时,通过阻止反应,可以制备出几乎单分散的球形粒子。

研究发现纳米晶的形状控制可以通过进一步控制生长动力学来实现。因为当系统在超高单体浓度的驱动下运动过度时,具有纤锌矿结构的 CdSe 纳米晶(纤锌矿 CdSe)的生长是高度各向异性的。在热力学主导的晶体生长区,原子可能生长在具有较高表面能的晶体面上,从而降低晶体的总能量。同时,在纳米晶生长过程中,封端配体从纳米晶表面动态吸附和解吸,使原子能够从晶体中添加或移除。由于反应温度直接影响封端配体的动力学行为,在不同的表面吸收条件下,反应温度自然会影响不同晶面上原子的生长,进而控制产物的最终形状。图3-7 所示为通过控制反应温度制备的不同形状的 CdSe 纳米晶。

湿化学合成法一般是在溶液环境中制备胶体量子点,不需要控制超高压或者使用有毒气体,而是依靠某些有机金属反应路径实现化学反应合成。Ⅱ-Ⅵ族半导体胶体量子点是在热溶剂中迅速加入反应物制备而成的,然后进行成核和生长。成核中心受到溶剂中的有机配体阻止,无法一直变大,而后有机配体包裹在颗粒外围,即形成胶体量子点。胶体量子点在有机溶剂中悬浮存在,只需要通过简单旋涂等方式就可以直接定型在衬底上,完美避开了晶格失配的问题。反应物的浓度、反应时间和反应温度决定了胶体的最终尺寸。胶体量子点优势显著,其工艺简单、成本低廉、尺寸可调、面积覆盖大,与Ⅱ-Ⅵ族半导体胶体量子点相比,Ⅲ-Ⅴ族半导体胶体量子点的合成会更加困难一些,原因是金属有机化学反应过程烦琐,反应温度较高,反应时间相对较长,并且要在隔绝空气、水的条件下进行。除此之外,量子点表面还需要有控制

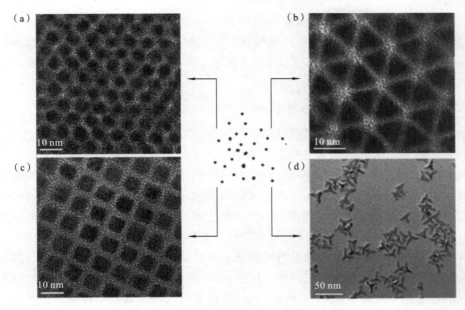

图 3-7　不同形状的 CdSe 纳米晶的 TEM 图[31]

（a）球形；（b）立方体形；（c）四面体形；（d）分支

量子点尺寸和分布的稳定保护层。

外延生长法是根据器件或电路设计所要求的电阻和厚度，沿着单晶衬底的结晶方向在单晶衬底表面沉积新的单晶的方法。衬底晶片作为籽晶，所生长的单晶层与衬底的晶格结构一致，有无伴随化学反应的沉积都包含其中。Si、InAs、InGaN、InGaAs 等都可以在单晶衬底上外延生长制成量子点，厚度以原子层为单位来计量。量子点红外光子探测器的衬底材料主要有 GaAs、InP 等。反应气体浓度、温度、晶向、气流控制等是外延生长法的关键工艺参数。

半导体胶体量子点有水相合成法和油相合成法两种制备方法。早期的镉系量子点使用水相合成法，在无氧环境下将预先制备的非金属和金属的水相前驱体混合反应生成量子点[32]，但此种方法合成的量子点晶化程度较低，光致荧光量子产率也较低，粒径分布不均。油相合成法则是在具有配位性质的有机溶剂中，将两种前驱体溶液混合反应生成纳米颗粒。近年来，发展势头较好的全无机钙钛矿量子点采用的热注入合成方法就是在此基础上演变而来的。但这种方法往往需要在高温和惰性气体氛围下进行，对反应环境的要求较高。为了突破反应条件的限制，研究人员利用过饱和重结晶的方法，根据反应物在两种溶剂中溶解度的不同，在室温下成功合成出了胶体量子点。这种方法有效地突破了传统合成方法的限制，为胶体量子点的合成提供了新的可能性。

3.3　一维纳米材料

3.3.1　碳纳米管

一维纳米材料具有独特的电、光、磁、力学特性，是光激发和电子有效迁移的维度最小的结构。目前在纳米管研究中研究历程最久的便是碳纳米管,取得了很好的成果。1991 年 Iij-ma[23]在高分辨透射电子显微镜下首次观察到碳纳米管,其自身长径比很大,独特的电、光、磁、力学特性使其一直受到科研人员的关注,经过数年发展,碳纳米管在制备、改性、应用等方面得到了巨大的发展。

3.3.1.1 碳纳米管的结构与性能

碳纳米管属富勒碳系,是一种管状结构,由互连的碳原子层卷曲而成。其直径一般为 1～30 nm,长度可达数微米。碳纳米管中的碳原子通过 sp^2 杂化与周围 3 个碳原子键合成六角形网格结构,弯曲部分存在一些五边形和七边形的碳环,因为张力和曲率比较大,碳纳米管的活动能力因两端的五边形碳环均向外凸出形成封口从而增强,七元环则反之。碳纳米管中碳原子以 sp^2 杂化为主,随着碳纳米直径减小,sp^3 杂化比例增大。由此可见,碳纳米管存在重新杂化等大量缺陷,所以,碳纳米管的直径凹凸弯曲,形态多样。

碳纳米管可根据形成碳纳米管壁的层数分为单壁纳米管和多壁纳米管两种。单壁碳纳米管可以看作不同富勒烯分子团簇在一维中的延伸,或者是从无限大的石墨烯片上切下并卷起形成的一个管状体。利用 $p(\pi)$ 原子轨道 Hückel 模型可以建立其电子性质的主要特征。单壁碳纳米管的直径和螺旋度的唯一特征是卷曲矢量 $C_h = na_1 + ma_2 = (n, m)$,它连接二维石墨烯片上的晶体学等效位点,其中 a_1 和 a_2 是石墨烯晶格矢量,n 和 m 是整数,C_h 与单位向量 a_1 之间的夹角为螺旋角 θ。平移向量 T 沿管轴方向且与 C_h 正交,其大小表示 (n, m) 管的单位单元长度。T 和 C_h 扫出的卷曲面积对应于 (n, m) 管的重复单位;纳米管的 (n, m) 对称性决定了其晶胞的大小[33]。图 3-8 所示为碳纳米管示意图。

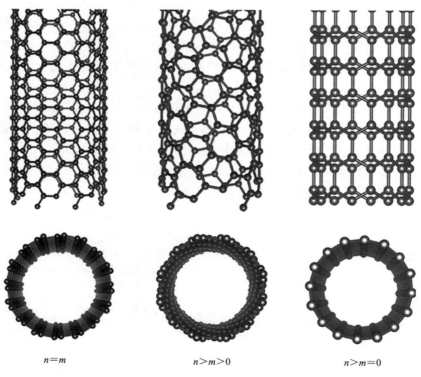

$n = m$ $n > m > 0$ $n > m = 0$

图 3-8　碳纳米管示意图

碳纳米管的直径和手性与结构指数(n, m)有关,与此同时,它也决定了金属性、小带隙半导体性的电子运输行为[34]。石墨是一种半金属或零间隙半导体,它的价带和导带在六个$K(k_F)$点接触。当一块有限的二维石墨烯片卷起形成一维管时,C_h施加的周期性边界条件可用于列举允许的一维子带,即径向约束产生的量子化状态,$C_h \cdot k = 2\pi q$,其中 q 是一个整数。如果这些允许的子带之一通过 K 点,纳米管就是金属的,否则就是半导体的。当$(n-m)/3$ 为整数时,锯齿形$(n, 0)$或者手性(n, m)单壁碳纳米管只有金属或者半导体两种可能。

半导体$(n, 0)$和(n, m)管的带隙与直径成反比关系,与螺旋度无关。这种带隙对直径的反向依赖性可以定性地理解:半导体能隙对应于最接近 K 点的一维子带相同 K 位置处 π 和 π^* 带之间的垂直间隔。由于一维子带的分离与直径成反比,较大的半导体管将有一个更接近 K 点的允许态,相应地具有更小的带隙。此外,管的有限曲率还导致碳上 π/σ 键和 π^*/σ^* 反键轨道的混合。这种混合导致石墨烯带交叉点(k_F)偏离 K 点,并在$(n, 0)$和(n, m)金属管中产生小间隙,间隙大小与直径的平方成反比。然而,(n, m)手椅管应为真正的金属管,因为 k_F 仍位于纳米管的子带上[34]。

单壁碳纳米管是由单层碳原子缠绕而成的。它结构简洁且具有良好的对称性,直径范围较小。在范德华力的作用下,数十到数百根单壁碳纳米管可以集结成直径只有几十纳米的束。由于卷曲矢量的差异,单壁碳纳米管可以分为锯齿形、扶手式以及手性碳纳米管。进一步地,根据手性结构的差异,手性碳纳米管可以被细分为左旋和右旋碳纳米管,它们在光学性质上存在差异,不同手性的碳纳米管展现出不同的颜色。由于其独特的几何结构,碳纳米管的电子结构存在差异。单壁碳纳米管根据电子结构的差异,可以分为金属型和半导体型。金属型碳纳米管具有接近费米能级的电子态,常被用作化学反应的活性载体。半导体型碳纳米管具有直接带隙,其带隙大小随碳纳米管直径的增大而减小。

与单壁碳纳米管相比,多壁碳纳米管的管壁上可能出现小洞状的缺陷。然而,这些缺陷并不会显著影响碳纳米管的卓越性能。碳纳米管以其卓越的力学性能而闻名,超越了当前所有的纤维,因此被视为一种优秀的纤维材料。由于碳纳米管的特殊结构和碳原子之间的强结合力,它具有极高的强度、弹性模量和断裂韧性。例如,碳纳米管的强度比其他纤维高约 200 倍,大约是标准钢的 100 倍,它可以在不断裂的情况下承受约 100 万个大气压。值得注意的是,单壁碳纳米管的拉伸模量随直径的增大而减小,而比拉伸模量则不随纳米管直径的变化而变化,其值与石墨的相同。即使经过大幅度弯曲,碳纳米管也不会发生明显的断裂。碳纳米管的高强度和高韧性特性使其在纳米机械中得到了广泛应用。

然而,碳纳米管作为大分子,在芳香不定域体系中,其溶解度较低,容易聚集成束。碳纳米管结合了金属的导热性、陶瓷的耐腐蚀性、纤维的柔软性和高分子元素的易加工性。使用铅等催化剂,可以通过低温处理硝酸或将空气加热至 700 ℃ 来氧化其上层,从而打开碳纳米管。若在碳纳米管中填充金属或金属氧化物,则可以将碳纳米管作为导体使用。在阵列碳纳米管中有等电点,当 pH 值小于等电点时,其表面带正电荷,能够吸引阴离子;反之,当 pH 值大于等电点时,其表面带负电荷,能够吸引阳离子。碳纳米管的导电性可以通过改变其手性结构来改变,如金属-半导体异质结构、半导体-半导体异质结构等,都可以在同一碳纳米管上实现。

3.3.1.2　碳纳米管的制备方法

碳纳米管主要通过电弧放电、激光蒸发、催化裂解等方法进行制备。早在 1991 年,日本研究人员就在使用电弧时发现了碳纳米管,从此该方法广泛用于制备碳纳米管。电弧放电法是在电弧产生的高温下蒸发石墨电极,在阴极上沉积碳纳米管。该方法常用含催化剂的石墨棒作阳极材料,用纯石墨棒作阴极材料。在低压电弧室内,充入一定量的惰性气体或其他气体,电极间产生连续电弧,电弧温度达到 3000 ℃以上时,阳极的石墨与催化剂完全气化,进而在阴极生成碳纳米管。电弧放电的剧烈程度通常是难以控制的,所以这种方法得到的阴极沉积物不只是碳纳米管,还有很多碳纳米颗粒。经过进一步的研究,"自维持放电"模式被发明出来,调节放电电源的输出,让阳极得以以适当的速度平稳给进,从而使放电电压和电流分别保持在某一数值,即实现稳定的放电过程。因此,阳极材料不断被消耗,阴极上生长出直径与阳极材料直径一致的棒状沉积物。利用这类控制手段设计碳纳米管,然后进行氧化,可得到高纯度的多层碳纳米管。将过渡组金属颗粒加入阳极作为催化剂,将有助于制备超高质量的单层碳纳米管。在电弧放电的高温下,碳纳米管能最大限度地石墨化,获得有最佳性能和实用价值的碳纳米管。

激光蒸发法是一种在 1200 ℃下,以惰性气体保护,通过激光轰击掺杂了过渡金属的石墨靶材表面来制备碳纳米管的方法。具体过程如下:在长形石墨管中放置一根掺有金属催化剂的石墨靶材,然后将其放入加热炉中。当炉温达到 1473 K 时,向管内充满惰性气体,并将激光聚焦在靶材上;在激光照射下,靶材变为碳蒸气,然后碳蒸气和催化剂离子在气流的作用下从高温区转移到低温区,从而生长成单壁碳纳米管。由此法制得的碳纳米管形态与电弧放电法相似,但质量更高,没有生成无定形碳。研究者普遍认为,在高温和激光照射下,碳与金属催化剂一起蒸发形成均匀液滴,液滴脱离靶材形成团簇,然后团簇中的碳过饱和,此时催化剂起作用,使碳从团簇中离析出来,最终形成碳纳米管。此过程中,激光强度和环境温度都是主要影响因素。这种方法的优点是,制备出的碳纳米管纯度高,易于连续生产,允许连续操作,并且对碳纳米管生长环境的控制能力强。然而,此方法也有一些缺点,如能耗高、实验过程复杂、制备成本高,且不适合大规模生产。

催化裂解法是指在一定的温度(通常为 600~1000 ℃)下,通过催化剂的作用,使含碳气体或液体碳源裂解,进而形成碳纳米管的方法。在这个过程中,含碳化合物在催化剂的作用下被裂解为碳原子,然后这些碳原子直接附着在催化剂表面上,形成碳纳米管。常用的催化剂包括过渡金属(如铁、钴、镍、钯等)。碳源则可以是气态的甲烷、一氧化碳、乙烯,或者是液态的苯、甲苯等。催化裂解法的优点是设备简单、产量大、成本低,但是也存在一些缺点,例如石墨化程度不高、杂质含量多。

另一种常用的方法是模板法,这种方法可以精确控制碳纳米管的形状、结构和排列。这是因为碳纳米管的生成受到模板的空间限制和调节。模板通常是具有微米级孔径的纳米多孔材料。在模板法中,通过电化学、溶胶-凝胶法、沉淀法等技术,将材料的原子或离子沉淀到模板的孔壁中,以形成碳纳米管。模板法的优点是模板容易制备,合成过程简单,制备出的材料孔径一致,具有单一的分散结构,而且纳米管在形成后易于与模板分离。

3.3.2　纳米线

纳米线是指一维结构的纳米尺度线材料,横向限制在 100 nm 以下,纵向没有限制。典型的纳米线是长径比大于 1000 的一维纳米材料,具有实心结构,横截面为对称圆柱形。迄今为止,半导体、金属以及复合体系的一维纳米线已经通过各种方法被成功制备出来。纳米线与块体材料相比,在原子结构和电子结构上都有差异。根据组成材料的不同,纳米线可分为金属纳米线(如 Ni、Pt、Au 等)、半导体纳米线(如 InP、Si、GaN 等)和绝缘体纳米线

（如 SiO_2、TiO_2 等）。

人们对纳米线的研究起源于一个基础科学和技术问题：怎样将原子或其他构筑模块合理地形成一种直径在纳米量级，而长度远大于直径的一维结构。20 世纪末，尽管零维量子点的合成技术（液相捕获、分子束外延等）已经比较发达，但尚未有制备直径小于 10 nm 的一维结构的通用方法。此外，研究纳米线对于弄清材料的维度和尺寸对物理性质的影响具有重要意义。例如，一维系统应当具有奇异的态密度，具有类分子的分立能级。纳米线也有很多可挖掘的应用，包括功能纳米结构材料、新型探针显微镜针尖、纳米电子学、纳米光子学、量子器件、能量存储、能量转换、生化传感、纳米生物界面等。半导体纳米线有望为新一代纳米电子和光电子器件提供基础材料。

纳米线的熔点明显低于块体材料的熔点，因此合成无缺陷纳米线所需的退火温度较低，区域熔融法可以实现纳米线的纯化。由于熔点较低，其机械操作将变得更容易，这意味着有可能将一维纳米线集成到功能部件或电路中。当纳米线的直径变小时，纳米线的直径必然对外部环境的变化更加敏感。当纳米线的直径小到一定程度或者原子间的键合太弱时，纳米线为降低体系中的自由能，可能自发地进行球化过程，进而将纳米线转变成更短的片段。纳米线因为单位长度上缺陷浓度的降低，所以强度比其相应块状材料的高。当纳米线的尺寸减小到声子自由程范围内时，因为边界散射，热导率降低。当纳米线的直径减小至激子玻尔半径以下时，纳米线的能级结构受到尺寸效应的强烈影响。与量子点不同的是纳米线发的光是沿着纳米线轴向高度偏振的。

纳米线，特别是定向纳米线阵列，是一种在液体和半导体界面提供折射率梯度的平台。这使得纳米线阵列非常适合作为抗反射层。抑制反射并增强入射光的非直接散射（这种现象被称为光俘获效应），使得纳米线在宽光谱范围内表现出比平面结构半导体高得多的等效吸收系数。对于晶体纳米线，纳米线形态的刻面形状创造了独特的光学模式，将进一步增强入射光子在共振波长下的吸收。因此，纳米线材料具有良好的光学性能，与平面或块状材料相比，纳米线材料是更好的光吸收材料。这种潜在的好处将降低材料制备的成本，特别是对于间接半导体，如硅（Si），需要数百微米才能在平面电极的太阳光谱红色部分获得可观的吸收。

纳米线的几何结构可以使光吸收的方向性和电荷分离过程正交化。在典型情况下，入射光子从垂直于半导体电极或材料表面的角度照射。对于体材料或光电极，这意味着光生少数载流子的传播距离必须与入射光子的等效吸收深度相同。然而，对于间接半导体光吸收材料，其光生少数载流子的扩散长度和弯曲区宽度远小于入射光子的吸收深度。这将导致光激发载流子的大量复合，降低能量效率。相比之下，纳米线允许光生少数载流子在较短的距离内到达材料/液体界面。硅、锗纳米线都是很有前途的电子器件组成部分，且锗具有更小的带隙和更高的电子和空穴迁移率[35]。半导体 SnO_2 纳米线具有宽禁带（在 300 K 下 $E_g = 3.6$ eV）和表体积比大的特性，在锂离子电池、变阻器、气体传感器和透明导电电极等应用中已被广泛研究[36]。

经过科研人员的不断努力，目前许多半导体纳米线的生长技术已经被发展出来，包括气-液-固生长技术、激光辅助生长技术、热蒸发生长技术、金属催化分子束外延技术以及溶液生长技术等。

1. 气-液-固生长技术

纳米线气-液-固（VLS）生长技术用 Au 作催化剂，以 $SiCl_4$ 或 SiH_4 为气源进行半导体纳米线的生长。在一定温度下，沉积在 Si 衬底上的 Au 颗粒会与 Si 反应，形成 Au-Si 合金液滴，促进 Si 在特定晶面上析出而形成纳米线。不同于传统的气-固生长方法，纳米线仅生长在催化剂位置，纳米线生长所需的活化能低，直径由 Au 催化剂的尺寸决定，以上是该方法最大的优点。迄今为止，该方法已经作为一种常见的纳米线生长方式广泛应用于多种材料，如半导体、氧化物、氮化物和碳化物等。但此方法并非完美，纳米线的性质会受到金属颗粒污染的影响，当然，合理地选择晶体结构可以将这一缺陷的影响降到最低。

2. 激光辅助生长技术

固体靶激光烧蚀技术是合成纳米线的另一种独特方式，近年来备受关注。该技术利用激光刻蚀可以直接从固体材料中批量合成所需的纳米线。这种方法在制备金属纳米线时同样是基于 VLS 生长机理的，区别在于，它利用激光蒸发金属液滴形成蒸气，然后重新结晶形成纳米线。超微金属或金属硅化物纳米粒子也能利用该方法在高温下批量合成。利用激光烧蚀技术产生的纳米颗粒是用于纳米线生长的优质催化剂。

相比其他方法，激光辅助方法最大的优势在于可以用于制备化学成分十分复杂的纳米线，因为该方法所使用的固体靶不需要是完好的结晶状态，源材料中有不同元素的混合对该方法来说反而是有利的。首先利用激光将固体靶蒸发成气态，这些蒸气可以轻易地转移到衬底上，进而成核，然后生长成纳米线。一个高能激光器能轻易地将固体材料烧融（在极短时间内），然后蒸发成气体。这是一个非热平衡过程，也被称为一致蒸发。这一技术特别适合高熔点材料，如 SiC 纳米线的合成，同样该技术在多组分纳米线的合成和纳米线的掺杂上也颇为有效。

3. 热蒸发生长技术

不仅限于纳米线，其他的一些纳米结构，如纳米蜂巢结构、纳米带和纳米梳状结构也可以简单地用固体源材料热蒸发法合成。这种热蒸发法中温度梯度和真空度的控制最为关键。热蒸发法合成的典型材料是金属氧化物，如氧化锌、氧化锡、氧化钒等。这些纳米线的合成一般在真空或者负压的惰性气体环境下，通过简单地蒸发金属氧化物并使其在低温区域从气相中沉积下来实现。这一生长过程没有金属催化剂且没有液相存在，被称为气-固（VS）生长。在空气环境中，一般的源材料难以升华成气态，所以这种方法需要真空环境。但是，还可以通过向源材料中添加其他材料与源材料反应，来增强其在普通环境下的生长。例如氧化锌粉末在正常条件下不会在 1000 ℃时升华，但是如果添加一些碳粉就可以很容易地在 1000 ℃时得到气态氧化锌，而且这种方法可以得到多种形式的氧化锌纳米线。纳米线的形式受温度影响。在此方法中，真空条件、载气和催化剂均不是必需的，大大提高了该方法的实用性。

4. 金属催化分子束外延技术

早在 2000 年，生长 Si、Ⅱ-Ⅵ和Ⅲ-Ⅴ族半导体纳米线就用到分子束外延生长（MBE）和化学束外延生长（CBE）技术。其生长过程同样基于 VLS 生长机理。MBE 和 CBE 技术提供了理想的纳米线生长环境，能够实现对原子结构、结状态、掺杂状态的控制。不同于其他技术，MBE 在超高真空环境下工作，源材料中蒸发的原子或分子将在超高真空下直接到达衬底，然后通过俄歇电子能谱、反射高能电子衍射和其他一些表面检测技术监测整个生长过程，从而更好地了解整个实验机理。MBE 有独具一格的优势：材料表面的污染和氧化因高真空度而减少；纳米结构的内扩散会因生长温度和速率低而受到抑制；能够原位监测整个生长过程；材料的工艺参数可以单独精准调控。反射高能电子衍射（RHEED）是通过电子束在晶体结构中的散射而形成衍射，将高能电子以极小角度入射到晶体表面，因为电子束的波长与衬底或所制备材料的晶格常数是同一尺度，在通过表面时，入射电子束发生衍射现象，对面的荧光屏上出现衍射花样，即为 RHEED 衍射花样。RHEED 可以用来监测整个生长过程，研究薄膜生长的动力学。

5. 溶液生长技术

基于溶液的纳米结构生长技术具有高产、低耗和简便等优点,这一方法可以用于批量生产金属、半导体和氧化物纳米结构。更重要的是,溶液生长技术可以将纳米晶体与一些其他功能材料结合成复合材料,使得这一技术在纳米电子学和生物学上有巨大的应用前景。在液态体系中,纳米晶体合成时的成晶性较差,但是高温非水解条件下纳米晶体会有更好的结晶性质。通常,基于溶液的纳米线生长方法有以下几种:

(1) 固-液-固(SLS)生长:这种方法通常需要金属催化剂,催化剂可以将溶液中的化合物分解并在其表面生长纳米线。

(2) 金属成核生长:在这种方法中,溶液中的金属离子会聚集形成核心,然后通过进一步的化学反应在这些核心上生长出纳米线。

(3) 自聚集吸附生长:在这种方法中,溶液中的化合物会自发地吸附到一个表面上,并在这个表面上生长出纳米线。

(4) 受热力学或动力学控制的各向异性生长:在这种方法中,通过精确控制反应条件(如温度和反应速率),可以实现纳米线的各向异性生长,即纳米线的生长方向和速度在不同方向上是不同的。

3.4　二维纳米材料

纳米薄膜是一种纳米级薄膜材料,通过将纳米级(1～100 nm)的组分掺入基体中形成。它不仅具有纳米材料的共同特性,而且具有独特的性质,如结构各向异性、胶体性质、表面效应、二维单晶结构、特定的暴露晶面等。纳米薄膜是一种具有广阔应用前景的新型材料,通过改变纳米颗粒的组成、性质和工艺条件,可以人为地控制纳米薄膜的性质,从而获得满足需要的材料[37]。

3.4.1　石墨烯

早在 2004 年,Novoselov、Geim 等就通过机械裂解方法从石墨上剥离石墨烯[38]。石墨烯是一种单原子厚结晶碳膜,具有各种前所未有的特性,如环境温度下的超高迁移率(约 10000 $cm^2 \cdot V^{-1} \cdot s^{-1}$)、卓越的光学透明度(约 97.7%)、量子霍尔效应、宽比理论表面(2630 $m^2 \cdot g^{-1}$)和高杨氏模量(约 1 TPa),以及出色的导热性(3000～5000 $W \cdot m^{-1} \cdot K^{-1}$)。石墨烯是碳的二维同素异形体,由多个六方密排的碳网络汇集而成,单个的碳原子通过 σ 键与相邻的三个原子相连。同一层中两个相邻碳原子间距约为 1.42 Å,不同层通过范德华力连接,相邻两层间距约为 3.35 Å。石墨烯的晶体结构如图 3-9 所示。

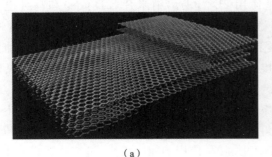

(a)　　　　　　　　　　　(b)

图 3-9　石墨烯的晶体结构[39]

石墨烯最突出的性质是电子特性,这一性质使其在电子/光电子器件的应用方面具有巨大的潜力[40]。因其独特的二维结构和能带结构,电子可以近似被看作无质量的狄拉克费米子。石墨烯的这种独一无二的电子性质使其成为研究基本凝聚态物质和相对论效应的理想平台,可以观测量子霍尔效应和克莱因隧道效应。当石墨烯的厚度超过三层时,单一的电子能带结构消失。石墨烯的另一个独特的优点是允许未受到散射的电子在几微米范围内移动。由于这一特性,石墨烯在室温下具有 10000 $cm^2 \cdot V^{-1} \cdot s^{-1}$ 的电荷载流子迁移率和良好的导电性。同时,石墨烯独具一格的二维结构赋予石墨烯大的比表面积、高的电子迁移率、高的热导率、高的透过率、高的杨氏模量、好的导电性,这些格外优异的性能使其在锂电、传感、催化等领域具有相当大的应用前景[41,42]。但是,石墨烯缺少带隙的弊端使其不适合用来做数字晶体管。

石墨烯是通过剥离石墨制备的。在剥离过程中,石墨烯可以克服因相邻石墨烯片之间的范德华力而引起的阻力,理想情况下石墨烯会一层层地从大块石墨上剥离下来。一般来说,石墨剥落为石墨烯片可以通过施加法向力或侧向力实现。当两个石墨层分开时,可以施加法向力来克服范德华力,如用透明胶带进行微观机械剥离[43]。通过这种方法,虽然能够实现高质量大面积单层石墨烯制备,但是对人力和时间的消耗严重,不易实现大规模工业生产。

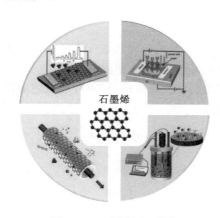

图 3-10　石墨烯应用[46]

石墨烯基纳米材料因结构和性能而正在演变为"二维独特材料"[44]。它的化学衍生物是一类重要的纳米材料,是量子行为的模型系统[45]。石墨烯基纳米材料的应用涉及许多跨学科领域,如用于开发生物替代品以维持、改良和修复生物组织或生物器官的功能。伤口愈合、生物组织和干细胞工程学、再生医学将成为石墨烯材料发展的新天地。图 3-10 展示了石墨烯的应用。石墨烯具有出色的力学性能,如强度、弹性和柔韧性,可在平坦表面上适应并影响各种功能。它也可用于电纺、可生物降解的薄膜、水凝胶、组织工程支架、细胞抽搐和信号传导研究以及双分子传感器中[39]。氧化石墨烯(GO)在生物医学工程领域也显示出潜在的应用前景,例如分子成像、生物成像、癌症治疗和药物/基因传递。

二维(2D)石墨烯纳米材料可用于可穿戴电子传感器,因其本质上是柔性的。基于石墨烯的超导体可检测脉冲速率,该超导体是使用 2D 石墨烯纳米片(2D GN)和高导电性多金属氧酸盐(POM)制成的。为了提高循环稳定性,POM/2D GN 纳米复合材料是通过将 POM分散在纳米材料表面而形成的。柔性可穿戴电子传感器是通过将 POM/2D GN 加固在导电黏合剂基板上而制成的,该基板可以接受外部脉冲拍打,并且具有薄、柔性和灵敏的优点,因此可以用于人体健康监测设备[47]。

石墨烯在 LED 照明中用于热解决方案。石墨烯 LED 相较于标准 LED 在灯泡上有额外的石墨烯涂层。石墨烯有助于消散 LED 灯泡中的热量,即使在低瓦数的情况下也可以使灯泡更亮。与传统的同类产品相比,石墨烯 LED 更高效,使用的能源更少,可节省运行成本。石墨烯 LED 具有超长的使用寿命,使用寿命可延长 10%。制造具有石墨烯涂层的 LED 需要柔性基板。柔性基板是柔性印刷电路板(PCB),印刷电路板上涂有石墨烯基散热膜以形成多个石墨烯灯丝。柔性基板上有在两侧上形成的用于电子电路和热传导的铜线,LED 芯片安装在柔性基板的前侧。在 LED 芯片/磷光体成型前后,将石墨烯基散热油墨涂覆在柔性基板的背面上,然后进行干燥[48]。

　　石墨烯基油墨与超级电容器的集成已显示出积极的应用前景[49]。印刷基于氧化石墨烯的复合功能油墨和固态凝胶聚合物电解质有助于制造锂离子电池。目前已开发出有效且高效的喷墨打印技术,可生产高分辨率的无咖啡环的石墨烯图案。将石墨烯掺入功能性油墨中,可影响油墨配方的导电性能,使其具有导电性,并具有很高的热稳定性,可用于防腐蚀或耐热电子产品。与其他功能性油墨相比,石墨烯无毒、环保、速干、可回收且便宜。石墨烯油墨具有出色的化学稳定性和惰性,可以保护材料免受腐蚀。

　　2014 年,纳米材料研究者注意到最稳定的磷同素异形体——二维黑磷(black phosphorus,BP)[50]。大块 BP 结晶成具有空间群CMCA 的层状正交晶体结构,如图 3-11 所示。从单层来看,一个磷原子以共价键的形式与三个相邻的磷原子结合,形成折叠蜂窝状结构。四个磷原子中的三个位于同一平面上,另一个位于平行的相邻平面上。各层由范德华力组合而成,层间距离为 5 Å。

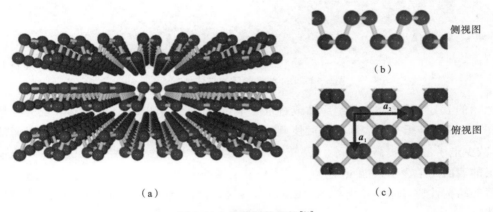

　　　　（a）　　　　　　　　　　　　　　　　　（c）

图 3-11　黑磷晶体结构[50]

　　BP 是一种直接带隙半导体,通过改变厚度可以实现其带隙在 0.3~2 eV 范围内的改变。较大的能带调控范围是 BP 独特的优势,它可以作为高性能场效应管的沟道材料,可以实现响应波长从紫外到微波范围的光电器件的制备。BP 具有较高的载流子迁移率,与 TMDs 不同,波长范围可达中红外波段,但基于 BP 的器件开关比较低。另外,BP 还表现出形成 P-N 结、构建逻辑电路的重要性能——本征双极性。BP 能够承受较大的弹性变形,其电学性能和光学性能可以通过简单地对其施加应力来改变,所以它是研究应变工程的重要材料。黑磷比石墨烯具有更多的能量缺口,这使得它更容易探测到光。通过调节黑磷层的数量,可以吸收不同波段的可见光和红外线。这些特性使黑磷成为未来电子产品的潜在候选材料[51]。由于黑磷具有正交晶的层状结构,从单层到整个层都具有与层相关的直接带隙,因此该材料成为用于光电检测的新兴材料。研究表明黑磷可以被配置为出色的紫外光电探测器,其探测比约为 3×10^{13} Jones。更关键的是,紫外线的光响应能力通过施加 3 V 的源极-漏极偏置,可以显著提高到约 9×10^4 A/W。这是目前所有 2D 材料中测量的最高值,比先前报道的值高 7~10 倍。

3.4.2　氮化硼

六方氮化硼晶体结构是由相同数量的硼和氮原子排列成的六边形结构,其晶体结构与石墨烯层状晶体结构相似,如图 3-12 所示。单层之间通过硼和氮原子的共价键结合,多层之间通过范德华力结合成块状晶体。本体 h-BN 表现出与石墨几乎一致的晶格常数($a=2.504$ Å)和层间距($3.30\sim3.33$ Å)[52]。单层 h-BN 纳米片通常被称为"白色石墨烯"[53]。

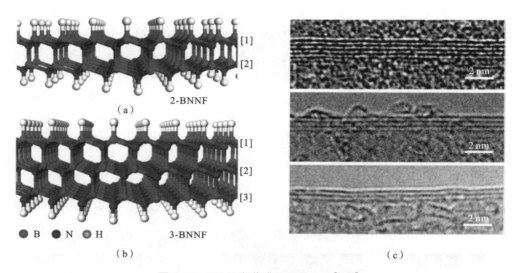

图 3-12　BN 纳米薄膜的晶体结构[54,55]

原始的 h-BN 片本质上是绝缘体或宽带隙半导体(大约 5.9 eV),所以其表现为不导电的绝缘体[56]。h-BN 极高的表面平整度使其可作为石墨烯等材料的基底,能够降低表面效应的影响,减少电子散射,提高迁移率。因 h-BN 具有类似于 SiO_2 的介电性质,又具有与 SiO_2 不同的两倍的表面光学声子模能量,所以 h-BN 是电子器件中栅极材料的一种选择。除此以外,由于独特的结构性质,h-BN 能够作为封装材料来降低沟道材料受环境的影响,以改善纳米器件的性能[57]。

3.4.3　层状金属化合物

21 世纪初,过渡金属二硫化物(transition metal dichalcogenide family of materials,TMDs)的出现拓展了石墨烯在纳米器件中不适用的部分。TMDs 的分子式为 MX_2,化合物通式为 XT_2,其中过渡族金属元素由 X 表示,硫族元素由 T 表示,如 MoS_2 和 WS_2 等。过渡金属硫化物的结构形似三明治结构,其上下两层为六方晶格结构的硫族原子,中间层为具有六方晶格结构的过渡族原子,层间为过渡金属硫化物,此金属硫化物由范德华力结合成块体。

TMDs 可以通过机械剥离、激光切割、CVD 等方法制备而成。不同于石墨烯,二维 TMDs 具有金属特性、半金属特性和半导体特性。此外,TMDs 的能带结构、电学和光学性质可以通过改变材料层数、外加偏压和材料应变等方式来调整,这有利于其在纳米级光电子学、纳米复合材料等领域的广泛应用。

二维二硫化钼(MoS_2)是目前 TMDs 范畴内在纳米器件领域研究最多的一种材料。由于

Mo 原子和 S 原子之间不同的配位模型或层间堆积顺序,MoS_2 具有 2H、1T、1T′和 3R 四种不同的晶体结构,如图 3-13 所示。2H 结构的原子堆积序列为(S-Mo-S′)ABA,呈六方闭包对称和三角棱柱配位。1H 结构为 2H 结构的单层结构。1T 结构具有四面体对称的八面体配位,其中每一层的原子堆积顺序为(S-Mo-S′)ABC。变形的 1T(表示为 1T′)结构配位方式也为八面体配位,与 1T 结构类似,不同的是每一层中都含上层结构,如四聚化($2a×2a$)、锯齿形链($2a×a$)。3R 结构的原始单元都具有三层原子,不同于 2H 结构的是各层之间的堆叠顺序不同。2H 型 MoS_2 很重要,因为它本质上是热力学稳定的。

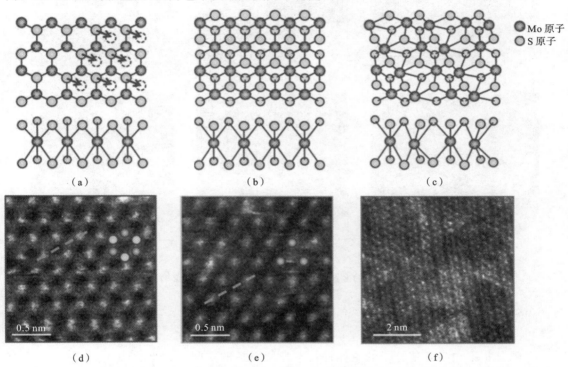

图 3-13　从平面外轴和平面内轴观察的 2H、1T 和 1T′相的结构示意图及其高分辨率 STEM 图像
(a)(d) 2H 相;(b)(e) 1T 相;(c)(f) 1T′相

　　二硫化钼薄膜具有独特的层状结构和能带结构。由于其独特的光学性质,在光电子器件领域有着非常广阔的应用前景。二硫化钼块材是一种间接带隙半导体材料,电子非垂直跃迁,然而随着层数逐渐减少,带隙逐渐变宽,对于单层二硫化钼,材料间接跃迁带隙宽度大于直接带隙宽度,此时电子跃迁方式改变为垂直跃迁,表现出直接带隙半导体的特性,E_g =1.92 eV[58]。

3.5　三维纳米材料

3.5.1　MOFs 材料与结构

　　金属有机框架(metal-organic frameworks,MOFs)是由有机配体和金属离子组成的重复网络结构,是一种类沸石材料(见图 3-14)。MOFs 材料最大的优势在于孔径大小和功能基团都可以调控,且具有比传统多孔材料更大的空隙率和比表面积。金属有机框架材料的研究广泛波及整个化学界和生命科学界,迄今为止,MOFs 材料在催化、储氢、传感等方面均有应用。因 MOFs 材料在很多领域的应用潜力,越来越多研究人员着眼于对它的研究[59]。

(a)　　　　　　　　(b)　　　　　　　　(c)

(d)　　　　　　　　(e)　　　　　　　　(f)

图 3-14　不同的金属有机框架材料的微观形状和结构图[60]

3.5.1.1　MOFs 材料的特点

1. 多孔性及大的比表面积

孔隙是指不包括其他分子的主体材料本身所囊括的空间。在催化领域、气体吸附研究的材料选取中,多孔性质是必要条件。有机配体的链长直接影响材料孔径,链长越长,孔径越大,因此,为了得到特定孔径的材料,只需要调整有机配体的链长到合适长度即可。在选取催化研究所使用的材料时,应当选用长链有机配体,以获得孔径大的材料,而在研究气体吸附时则相反。当然,在选取材料时,还应当考虑材料本身的性质,例如肽类,要着重考虑相互作用力。

比表面积是指材料的总表面积与总质量的比值。在催化领域、气体吸附研究的材料选取中,比表面积大是一个重要条件。要想获得更大的比表面积,调整有机配体的链长已不能实现,必须改变金属中心和连接臂。在这方面,研究者们进行了多年探索并获得了诸多成果。例如:比表面积约为 3000 m^2/g 的 MOF-5[61];比表面积约为 4500 m^2/g 的 MOF-177[62];BET 比表面积达 6240 m^2/g、Langmuir 比表面积达 10400 m^2/g 的 MOF-210[63]。

2. 结构与功能多样性

MOFs 材料具有各种各样的结构,相应地具有各种各样的功能,仅仅通过改变金属离子和配体种类就能实现。能够用作 MOFs 材料中金属离子的元素很多,包括碱金属、碱土金属、过渡金属、镧系金属。能够用作 MOFs 材料中有机配体的配体种类也很多,包括含氮杂环类配体、羧酸类配体等。通过不同价态的金属和对应配位数的不同种类的有机配体组合,成功实现了 MOFs 材料结构和功能的多样性,从而扩大了它的应用领域[64,65]。

3. 不饱和的金属位点

配位不饱和的金属中心往往与溶剂小分子结合来保证其配位平衡,而这些溶剂小分子可以简单地通过加热除去,这样就能够充分暴露出金属中心的活性位点。这样的活性位点能够与小分子气体或者带有氨基羧基的分子结合来满足配位平衡,从而具有作为药物载体或催化剂的作用。

3.5.1.2 MOFs 材料的应用

1. MOFs 材料在氢储领域的应用

随着人类生产和经济的飞速发展,人类对能源需求的增长和现有能源资源日趋减少的矛盾逐渐暴露出来,能源问题在当下已经不容忽视。同时传统能源的不断燃烧加剧了温室效应,地球已经面临超负荷运转,因此,寻求新型绿色环境保护型能源是亟待解决的问题。氢气是一种满足人们所有要求的理想的新型绿色能源,其燃烧产物是水,不会造成环境污染。但氢气活性高,常温常压下可燃烧,这给氢气的储存和运输带来了很大难度,因此安全性高的固体储氢材料是氢能源使用的先决条件。MOFs 材料的研究发展应运而生。介孔 MOFs 材料在氢气存储方面的应用于 2003 年首次报道[66]。MOF-5 在 78 K 下可吸附氢气 4.5%(质量分数),活化后的 MOF-5 在 77 K、10 MPa 条件下氢气吸附量可达 10.0%(质量分数)。MOF-177 具有大的孔容量,在 77 K、7 MPa 条件下的氢气吸附量为 7.5 %(质量分数)[67]。MOF-210 的 BET 比表面积为 6240 m^2/g,在 77 K 条件下可吸附氢气 176 mg/g[63]。NU-100 的 BET 比表面积达 6143 m^2/g,在 77 K、5.6 MPa 条件下储氢量达 99.5 mg/g[68]。大孔径、高比表面积、基团修饰都能够提升 MOFs 材料对小分子气体的吸附能力[69]。

2. MOFs 材料在气体吸附与分离领域的应用

随着环境污染的不断加重,环保节能的分离工艺是当下迫在眉睫的需求之一。吸附分离作为重要的分离工艺之一,寻求环保的吸附材料是重中之重。因为 MOFs 材料种类繁多,对小分子气体的吸附性能强,所以在气体吸附分离领域脱颖而出。温室气体 CO_2 的动力学直径很小,传统用于吸附其他气体分子的材料并不能很好地吸附分离 CO_2,所以 MOFs 材料孔径大小可调为 CO_2 的吸附分离提供了更多的可能,理论上通过合理的结构设计就能够实现对 CO_2 的吸附分离。由于动力筛分效应的存在,MOFs 材料可以实现特异性吸附 CO_2,对 CO_2 选择性吸附的实现主要分为几个方面:一是因为材料足够小的孔窗阻止了除 CO_2 外的其他分子进入孔道;二是通过配体修饰引入氨基基团来吸附 CO_2;三是通过金属离子修饰来增强气体吸附[70-73]。

3. MOFs 材料在催化反应中的应用

MOFs 材料因其独特结构而广泛用作催化反应的催化剂。一方面 MOFs 材料自身的离子或基团具有催化性质,另一方面 MOFs 材料可以作为金属催化剂的载体[74]。纳米粒子的性质很容易受到其尺寸结构变化的影响,所以 MOFs 材料作为催化材料使用时,必须要保证足够的稳定性[75]。考虑到催化反应发生在纳米材料表面,ZIF-8 用作双金属纳米颗粒的载体,孔径大小合适,热稳定性好,催化效率高。MIL-101 用于三相催化反应,具有大的孔空间,大的比表面积,好的水稳定性。MIL-101 的孔将 Pt 纳米颗粒限制在里面,但反应物能够不受限地出入孔穴进行反应,可以催化气相、固相、液相反应[76]。

4. MOFs 材料作为药物载体的应用

药物载体材料必须满足与生物体兼容且对生物体无害这两个条件，MOFs 材料刚好满足这两个必要条件且药物负载量高，因此是一种良好的药物载体材料。MIL-100 和 MIL-101 是最早报道的用作药物载体的 MOFs 材料，被用作布洛芬颗粒的载体[77]。MIL-101 的孔更大，所以负载量也大，每克负载 1.376 g 布洛芬；而 MIL-100 的起始缓释时间为 2 h，完全缓释时间为 3 d，效果更好。纳米级的 NCP-1(nanoscale coordination polymers，NCP)包硅后连接靶作用于整合素的环肽实现了抗癌药物的缓释作用[78,79]。

3.5.2　三维有序大孔结构

三维有序大孔（3DOM）材料，具有反蛋白石结构，由孔径大于 50 nm、通过小窗相连的大孔构成三维交联结构，具有孔容积大、比表面积大的特点，在催化、物理、化学、生物等领域有着巨大的应用潜力。理论上，只要条件得当，任何材料都能制成 3DOM 结构[80,81]。

胶晶模板合成法是将前驱物填充在组装好的胶晶模板间隙，而后去除模板得到 3DOM。胶晶模板由单分散胶体微球组装而成，所以这个方法的第一步是制备形状、结构、大小、表面都一致的单分散胶体微球。常用的制备单分散胶体微球的方法包括悬乳聚合法、乳液聚合法、分散聚合法、沉淀聚合法、蒸馏沉淀法、无皂乳液聚合法。其中悬乳聚合法、乳液聚合法、分散聚合法在制备过程中需要用到表面活性剂[82-85]。单分散胶体微球制备完成后，通过离心、垂直沉积或重力沉降法进行自组装形成有序阵列化的胶晶模板。制备好胶晶模板后，就要往模板间隙内填充前驱物，前驱物的选择至关重要，必须考虑二者的适配。前驱物既不能影响模板的形态结构，也不能在去除模板时影响骨架，而且还要保证足够的沉积量[86-88]。溶胶浓度是前驱物填充间隙过程中最重要的参数，溶胶浓度不能过大，否则会因黏性强、流动差、难以进入模板内；溶胶浓度也不能过小，否则即使溶胶进入模板内的量较多，滞留量也很小。所以只有溶胶浓度合适，才能得到理想的前驱物填充模板效果[89-91]。去除模板一般使用化学刻蚀或焙烧，这一步要在保证不破坏三维有序大孔结构的前提下完全去除模板。化学刻蚀的弊端在于无法完全去除模板，焙烧的弊端在于对三维有序大孔结构有一定的破坏作用[92-95]。

三维有序大孔材料作为一种多孔材料，虽然比表面积没那么大，但其孔道相互连接，可利用的表面占比高，所以在物理化学方面都有很大的应用潜力，如在电池、传感、光子晶体、催化等方面。

1. 在电池上的应用

三维有序大孔材料因其独特的结构而具有独特的光学性质，能够用于太阳能电池的背反射层和光吸收层的材料中，从而提高太阳能电池的光电转换效率[96]。另外，三维有序大孔材料凭借其大的表面积，还能够做锂离子电池的电极材料，改善工作状态下锂离子在嵌入和脱出过程中引起的体积变化而导致的循环稳定性下降的局面。同时，锂离子的扩散距离明显缩短，减少了极化现象的出现[97]。

2. 在传感器上的应用

三维有序大孔材料得益于其独特的纳米结构以及由结构带来的能级结构和大的可利用表面，在传感方面有很大的应用前景。由于光通过是否充满流体的大孔会发生不同的折射，因此三维有序大孔材料做传感器可以灵敏地检测到折射率指数的改变，以判断大孔中的流体。另外,三维有序大孔导体、半导体材料还能够作为化学传感器的电极,提供更大占比的可利用的活性表面,从而促进电子交换[98]。当然,三维有序大孔材料还能够将光学检测和电化学检测结合起来制成复合传感器。

3. 在光子晶体上的应用

由于三维有序大孔材料的介电常数呈周期性变化,因此其具有特殊的光学性质。选用合适的材料,利用胶晶模板法调控三维有序大孔材料的孔径大小,就能形成特定的光子带隙,进而实现对电磁波各个方向上的控制处理,实现光子晶体的作用,用于光波导、光芯片、激光器等。三维有序大孔结构在做光子晶体时,具有相当广阔的应用前景[99]。

4. 在催化上的应用

三维有序大孔材料孔道丰富,孔径可调,孔与孔之间相连,具有很大的可利用表面,在吸附催化领域具有很大的应用潜力。除了这些性质,当其在光子晶体学上能产生的"慢光子"在活性物质吸光度附近时还能明显提升光催化活性,使其在光催化领域占据一席之地。在生物酶应用中,三维有序大孔材料能够固定生物酶,提升生物酶的使用效率和重复使用寿命。此外,三维有序大孔材料也可以用作催化剂的载体,互连的孔结构可以使反应物直接到达反应活性中心,提高催化效率[100,101]。

3.5.3　介孔纳米结构材料

介孔材料是一种孔径在 2~50 nm 范围内的多孔材料,这些材料的孔道结构可以规律地分布,并且大小可以进行调整。根据其有序程度,介孔材料可以分为有序和无序两种类型。有序介孔材料的孔道类型可以进一步划分为三类:定向柱状孔、平行层状孔和三维连通孔。有序介孔材料的特点是孔道结构规则、有序,孔道间的关联明确。无序介孔材料的孔道形状则多种多样,没有明确的规律,孔道间的连通性较差。在这种无序介孔材料中,孔径最细的区域被看作孔与孔之间的通道。图 3-15 显示了介孔材料颗粒的形态和粒径的变化[102]。这种变化可能与制备条件、材料的性质和应用需求等多种因素有关。介孔纳米结构材料的应用主要体现在以下几个方面。

1. 择形吸附与分离

介孔纳米结构材料孔容积大,表面凝缩好,适用于各种分子结构的选择性吸附。孔径为 10 nm 的介孔铝磷酸盐分子筛在石油精炼、精细化学品等领域广泛应用。介孔碳分子筛的孔径结构有序分布,在吸附分离 SO_2、NO、CO 等有害废气方面有十分重要的用途。在净水方面,介孔矿物纳米粒子能够高效地吸附生活用水中的有机/无机有害粒子,进而除去有害物质,起到净化的作用;在医疗方面,介孔材料在药物缓释以及定向释放上具有相当重要的应用。

2. 选择性催化

介孔材料之所以能够实现选择性催化,是因为介孔壁与反应物分子有很强的相互作用,不同的反应物分子会受到不同孔径结构的介孔材料不同的相互作用。利用不同化学组成的物质制备不同孔径大小的介孔材料就能够实现特定位置的催化作用,这对高效性具有很大的提升作用。介孔 Ta_2O_5 材料在开发高效清洁新型能源方面有巨大的应用前景。在 CH_4 氧化反应中,介孔锆镧钴复合氧化物具有极高的催化活性,而且它抗 SO_2 中毒的性能也很强。

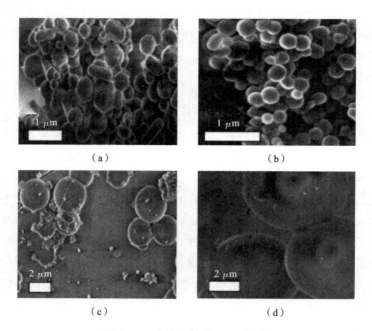

图 3-15　介孔颗粒的 SEM 图像

(a) AMS-3；(b) AMS-6；(c) AMS-8；(d) AMS-9

3. 电容、电极、储氢材料

介孔材料的独特结构给内部粒子扩散提供了快速通道,在电容、电极、储氢材料领域有巨大的应用潜力。碳纳米管弯曲部位的能垒可产生很高的导电率和导热率,同时碳纳米管的储氢能力也是碳材料中的佼佼者,是不可多得的超电容电极材料和储氢材料。介孔 SnO_2 做锂离子电池的阳极材料时,在经历了百余次充放电后电流量仍可保持在 75% 以上。介孔氧化钒做锂离子电池阴极材料时,极大地缩短了锂离子的扩散路径,实现了更加快速的充放电。

习　　题

1. 什么是纳米材料？请分别从广义和狭义两方面进行解释。
2. 纳米材料的四大效应是什么？请逐一举例说明。
3. 根据不同维度对纳米材料进行分类并举例。
4. 易氧化的金属氧化物纳米颗粒应该怎么制备？
5. 简述纳米颗粒气相合成法的过程。
6. 简述纳米颗粒沉淀法的原理及优点。
7. 简述小尺寸效应在量子点方面的体现及应用。
8. 请举例说明量子点的应用(至少 3 例)。
9. 碱金属的掺入会对富勒烯产生什么影响？
10. 简述纳米线激光辅助生长技术的原理和优势。
11. 简述石墨烯的特性。
12. 简述 MOFs 材料的特点,并列举 MOFs 材料的应用。

本章参考文献

[1] 白春礼. 纳米科学与技术[M]. 昆明:云南科学技术出版社,1995.

[2] 葛庭燧. 纳米材料的结构与性能[J]. 科学,1989,41(3):163-167.

[3] 丁秉钧. 纳米材料[M]. 北京:机械工业出版社,2004.

[4] 李嘉,尹衍升,张金升,等. 纳米材料的分类及基本结构效应[J]. 现代陶瓷技术,2003 (2):26-30.

[5] 朱世东,周根树,蔡锐,等. 纳米材料国内外研究进展Ⅰ——纳米材料的结构、特异效应 与性能[J]. 热处理技术与装备,2010,31(3):1-26.

[6] 李淑娥,唐润清,刘汉忠. 纳米材料的分类及其物理性能[J]. 济宁师范专科学校学报, 2007(03):10-11.

[7] 朱世东,徐自强,白真权,等. 纳米材料国内外研究进展Ⅱ——纳米材料的应用与制备方 法[J]. 热处理技术与装备,2010,31(04):1-8.

[8] 郭永,巩雄,杨宏秀. 纳米微粒的制备方法及其进展[J]. 化学通报,1996(3):1-4.

[9] 柳闽生,杨迈之,蔡生民,等. 半导体纳米粒子的基本性质及光电化学特性[J]. 化学通报, 1997 (1):20-24.

[10] 石士考. 纳米材料的特性及其应用[J]. 大学化学,2001,16(2):39-42.

[11] 李泉,曾广赋,席时权. 纳米粒子[J]. 化学通报,1995(6):29-34.

[12] OZIN G, ÖZKAR S, PASTORE H, et al. Topotactic kinetics[M]//Abstracts of papers of the american chemical society,1991:346-345.

[13] 李玉金,王九思,田玲. 纳米材料的基本特性及发展和应用概况[J]. 甘肃教育学院学报 (自然科学版),2003,17(3):54-56.

[14] OHTSUKA S, KOYAMA T,TSUNETOMO K,et al. Nonlinear optical property of CdTe microcrystallites doped glasses fabricated by laser evaporation method[J]. Applied Physics Letters,1992,61:2953-2954.

[15] GHANASSI M, PIVETEAU L, SAVIOT L,et al. Origin of the resonant optical Kerr nonlinearity in Cd(S, Se)-doped glasses and related topics[J]. Applied Physics B, 1995,61:17-26.

[16] 杨迈之,张雯,蔡生民. 包覆硬脂酸膜 α- Fe_2O_3 超微粒子的光谱及光电化学研究[J]. 高等 学校化学学报,1996,17(2):274-277.

[17] 肖军,王德军. $LaFeO_3$ 超微粒子的制备及性质的研究[J]. 化学学报,1994,52(8): 784-788.

[18] KRATSCHMER W, LAMB L D, FOSTIROPOULOS K, et al. Solid C_{60}: a new form of carbon[J]. Nature,1990,347(6291):354-358.

[19] CHAMARRO M A,GOURDON C,LAVALLARD P. Selective excitation of nanocrystals by polarized light[J]. Solid State Communications,1992,84(10):967-970.

[20] 雷秀娟. 纳米材料的力学性能[D]. 西安:西北工业大学,2001.

[21] 钟宁. 纳米材料的特性及制备方法[J]. 湖南有色金属,2000,16(2):28-30.

[22] 张立德. 纳米材料[M]. 北京:化学工业出版社,2000.

[23] IIJIMA S, ICHIHASHI T. Single-shell carbon nanotubes of 1-nm diameter[J]. Nature, 1993, 363: 603-605.

[24] 李玉良,徐菊华,朱道本. 我国 C_{60} 和碳纳米管的研究进展[J]. 化学通报,1999(10): 10-13.

[25] KROTO H, HEATH J, O'BRIEN S, et al. C_{60}:buckminsterfullerene[J]. Nature, 1985,318:162-163.

[26] LEBEDEVA M A, CHAMBERLAIN T W, KHLOBYSTOV A N. Harnessing the synergistic and complementary properties of fullerene and transition-metal compounds for nanomaterial applications[J]. Chemical Reviews,2015,115(20): 11301-11351.

[27] HU J Q, ZHANG Y, LIU BO, et al. Synthesis and properties of tadpole-shaped gold nanoparticles[J]. Journal of the American Chemical Society, 2004, 126 (31): 9470-9471.

[28] 朱爱军. 纳米流体的稳定性及其对流传热特性的研究[D]. 镇江:江苏大学,2010.

[29] 郭永,巩雄,杨宏秀. 纳米微粒的制备方法及其进展[J]. 化学通报,1996(3): 1-4.

[30] GAPONENKO S V. Optical properties of semiconductor nanocrystals[M]. Cambridge:Cambridge University Press, 1998.

[31] LIU L P, ZHUANG Z B, XIE T, et al. Shape control of CdSe nanocrystals with zinc blende structure[J]. Journal of the American Chemical Society, 2009, 131 (45): 16423-16429.

[32] VOSSMEYER T, KATSIKAS L, GIERSIG M, et al. CdS nanoclusters:synthesis, characterization, size dependent oscillator strength, temperature shift of the excitonic transition energy, and reversible absorbance shift[J]. The Journal of Physical Chemistry, 1994, 98(31): 7665-7673.

[33] 王玉芳,蓝国祥. 碳纳米管的结构、对称性及晶格动力学[J]. 光散射学报,1999(1): 38-47.

[34] JISHI R A, DRESSELHAUS M S, DRESSELHAUS G. Symmetry properties of chiral carbon nanotubes[J]. Physical Review B, 1993, 47(24): 16671.

[35] QI C, GONCHER G, SOLANKI R, et al. SiGe nanowire growth and characterization [J]. Nanotechnology, 2007, 18(7): 075302.

[36] LUO S, FAN J, LIU W, et al. Synthesis and low-temperature photoluminescence properties of SnO_2 nanowires and nanobelts[J]. Nanotechnology, 2006, 17(6): 1695.

[37] 李强勇. 纳米薄膜研究的进展[J]. 真空与低温,1994(3):162-168.

[38] NOVOSELOV K S, GEIM A K, MOROZOV S V, et al. Electric field effect in atomically thin carbon films[J]. Science, 2004, 306(5696): 666-669.

[39] WARNER J H, MUKAI M, KIRKLAND A I. Atomic structure of ABC rhombohedral stacked trilayer graphene[J]. ACS Nano,2012, 6(6):5680-5686.

[40] GEIM A K, NOVOSELOV K S. The rise of graphene[J]. Nature Materials, 2007, 6 (3): 183-191.

[41] ANONYMOUS. The rise and rise of graphene[J]. Nature Nanotechnology, 2010, 5 (11): 755.

[42] EDWARDS R S, COLEMAN K S. Graphene synthesis: relationship to applications [J]. Nanoscale, 2013, 5(1): 38-51.

[43] NOVOSELOV K S, GEIM A K, MOROZOV S V, et al. Electric field effect in atomically thin carbon films[J]. Science, 2004, 306(5696): 666-669.

[44] AKINWANDE D, BRENNAN C J, BUNCH J S, et al. A review on mechanics and mechanical properties of 2D materials—graphene and beyond[J]. Extreme Mechanics Letters, 2017, 13: 42-77.

[45] HUANG P Y, RUIZ-VARGAS C S, VAN DER ZANDE A M, et al. Grains and grain boundaries in single-layer graphene atomic patchwork quilts[J]. Nature, 2011, 469 (7330): 389-392.

[46] HAN Q, PANG J, LI Y, et al. Graphene biodevices for early disease diagnosis based on biomarker detection[J]. ACS Sensors, 2021, 6(11): 3841-3881.

[47] LIU R, LI S, YU X, et al. Facile synthesis of Au-nanoparticle/polyoxometalate/graphene tricomponent nanohybrids: an enzyme-free electrochemical biosensor for hydrogen peroxide[J]. Small, 2012, 8(9): 1398-1406.

[48] LIN A D, YU W K, POON S Z, et al. Study on nitrogen-doped graphene ink and its effects on the heat dissipation for the LED lamps[J]. Applied Sciences, 2020, 10 (8): 2738.

[49] SANG T T, DUTTA N K, ROY CHOUDHURY N. Graphene-based inks for printing of planar micro-supercapacitors: a review[J]. Materials, 2019, 12(6): 978.

[50] LIU H, NEAL A T, ZHU Z, et al. Phosphorene: an unexplored 2D semiconductor with a high hole mobility[J]. ACS Nano, 2014, 8(4): 4033-4041.

[51] WU J, KOON G K W, XIANG D, et al. Colossal ultraviolet photoresponsivity of few-layer black phosphorus[J]. ACS Nano, 2015, 9(8): 8070-8077.

[52] LIU L, FENG Y P, SHEN Z X. Structural and electronic properties of h-BN[J]. Physical Review B, 2003, 68(10): 104102.

[53] ZENG H, ZHI C, ZHANG Z, et al. "White graphenes": boron nitride nanoribbons via boron nitride nanotube unwrapping[J]. Nano Letters, 2010, 10(12): 5049-5055.

[54] ZHANG Z, GUO W. Intrinsic metallic and semiconducting cubic boron nitride nanofilms[J]. Nano Letters, 12(7): 3650-3655.

[55] LIN Y, WILLIAMS T V, CONNELL J W. Soluble, exfoliated hexagonal boron nitride nanosheets[J]. The Journal of Physical Chemistry Letters, 2010, 1: 277-283.

[56] WATANABE K, TANIGUCHI T, KANDA H. Direct-bandgap properties and evidence for ultraviolet lasing of hexagonal boron nitride single crystal[J]. Nature Materials, 2004, 3(6): 404-409.

[57] LI L H, CHEN Y. Atomically thin boron nitride: unique properties and applications [J]. Advanced Functional Materials, 2016, 26(16): 2594-2608.

[58] EDA G, FUJITA T, YAMAGUCHI H, et al. Coherent atomic and electronic hetero-structures of single-layer MoS_2[J]. ACS Nano, 2012, 6(8): 7311-7317.

[59] 翟睿，焦丰龙，林虹君，等. 金属有机框架材料的研究进展[J]. 色谱，2014，32(02): 107-116.

[60] SAFAEI M, FOROUGHI M M, EBRAHIMPOOR N, et al. A review on metal-organic frameworks: synthesis and applications[J]. TrAC Trends in Analytical Chemistry, 2019, 118: 401-425.

[61] LI H L, EDDAOUDI M, O'KEEFFE M, et al. Design and synthesis of an exceptionally stable and highly porous metal-organic framework[J]. Nature, 1999, 402(6759): 276-279.

[62] CHAE H K, SIBERIO-PEREZ D Y, KIM J, et al. A route to high surface area, porosity and inclusion of large molecules in crystals[J]. Nature, 2004, 427(6974): 523-527.

[63] MORRIS R V, RUFF S W, GELLERT R, et al. Ultrahigh porosity in metal-organic frameworks[J]. Science, 2010, 329(5990): 424-428.

[64] EDDAOUDI M, KIM J, ROSI N, et al. Systematic design of pore size and functionality in isoreticular MOFs and their application in methane storage[J]. Science, 2002, 295(5554): 469-472.

[65] DENG H X, DOONAN C J, FURUKAWA H, et al. Multiple functional groups of varying ratios in metal-organic frameworks[J]. Science, 2010, 327(5967): 846-850.

[66] ROSI N L, ECKERT J, EDDAOUDI M, et al. Hydrogen storage in microporous metal-organic frameworks[J]. Science, 2003, 300(5622): 1127-1129.

[67] FURUKAWA H, MILLER M A, YAGHI O M. Independent verification of the saturation hydrogen uptake in MOF-177 and establishment of a benchmark for hydrogen adsorption in metal-organic frameworks[J]. Journal of Materials Chemistry, 2007, 17 (30): 3197-3204.

[68] FARHA O K, YAZAYDIN A O, ERYAZICI I, et al. De novo synthesis of a metal-organic framework material featuring ultrahigh surface area and gas storage capacities[J]. Nature Chemistry, 2010, 2(11): 944-948.

[69] GU X J, LU Z H, XU Q. High-connected mesoporous metal-organic framework[J]. Chemical Communications, 2010, 46(39): 7400-7402.

[70] DYBTSEV D N, CHUN H, YOON S H, et al. Microporous manganese formate: a simple metal-organic porous material with high framework stability and highly selective gas sorption properties[J]. Journal of the American Chemical Society, 2004, 126(1): 32-33.

[71] DEMESSENCE A, D'ALESSANDRO D M, FOO M L, et al. Strong CO_2 binding in a water-stable, triazolate-bridged metal-organic framework functionalized with ethylenediamine[J]. Journal of the American Chemical Society, 2009, 131(25): 8784-8786.

[72] BLOCH E D, BRITT D, LEE C, et al. Metal insertion in a microporous metal-organic

framework lined with 2,2′-bipyridine[J]. Journal of the American Chemical Society, 2010,132(41):14382-14384.

[73] BRITT D, TRANCHEMONTAGNE D, YAGHI O M. Metal-organic frameworks with high capacity and selectivity for harmful gases[J]. Proceedings of the National Academy of Sciences of the United States of America, 2008, 105(33):11623-11627.

[74] SONG F, WANG C, FALKOWSKI J M, et al. Isoreticular chiral metal-organic frameworks for asymmetric alkene epoxidation:tuning catalytic activity by controlling framework catenation and varying open channel sizes[J]. Journal of the American Chemical Society, 2010, 132(43):15390-15398.

[75] GASCON J, AKTAY U, HERNANDEZ-ALONSO M D, et al. Amino-based metal-organic frameworks as stable, highly active basic catalysts[J]. Journal of Catalysis, 2009,261(1):75-87.

[76] AIJAZ A, KARKAMKAR A, CHOI Y J, et al. Immobilizing highly catalytically active Pt nanoparticles inside the pores of metal-organic framework: a double solvents approach[J]. Journal of the American Chemical Society, 2012, 134(34):13926-13929.

[77] HORCAJADA P, SERRE C, VALLET-REGI M, et al. Metal-organic frameworks as efficient materials for drug delivery[J]. Angewandte Chemie-International Edition, 2006,45(36):5974-5978.

[78] RIETER W J, POTT K M, TAYLOR K M L, et al. Nanoscale coordination polymers for platinum-based anticancer drug delivery[J]. Journal of the American Chemical Society, 2008, 130(35):11584-11585.

[79] 王晶. Zn-MOFs 复合材料的构建及在检测中的应用[D]. 兰州:西北师范大学,2018.

[80] 赵艳鹏,樊惠玲,杨晓旸,等. 三维有序大孔(3DOM)材料的制备与应用[J]. 工业催化,2012,20(8):1-5.

[81] 高新宇,刘源,吴美玲. 三维有序大孔材料的合成及应用[J]. 世界科技研究与发展,2006,28(5):30-35.

[82] 徐昊垠,董春明. 悬浮聚合制备微米级聚苯乙烯微球[J]. 化工生产与技术,2010,17(3):24-27.

[83] 彭洪修,朱以华,古宏晨,等. 无皂乳液聚合法合成均一性聚苯乙烯微球[J]. 华东理工大学学报,2002,28(3):260-262.

[84] 邱磊,苏向东,韩峰,等. 分散聚合法制备大粒径窄分布单分散聚苯乙烯微球[J]. 石油化工,2011,40(3):268-271.

[85] 孙洪波,佟斌,戴荣继. 分散聚合法制备含交联剂的单分散 PMMA 微球[J]. 生命科学仪器,2006,4(10):46-47.

[86] 朱雯,黄芳婷,董观秀,等. 无皂乳液聚合法制备单分散聚苯乙烯微球[J]. 功能材料,2012,43(6):775-778.

[87] 陈金庆,李青松,吕宏凌,等. 无皂乳液聚合制备 SiO₂/PMMA 纳米复合胶体微球[J]. 塑料工业,2011,39(10):30-33.

[88] 王东莎,刘彦军. 种子膨胀法制备单分散高交联聚苯乙烯微球[J]. 应用化学,2007,24

　　　　　　(11)：1289-1294.

[89] 陈厚，修飞，崔亨利. 蒸馏沉淀聚合法制备单分散交联聚苯乙烯微球[J]. 鲁东大学学报
　　　（自然科学版），2008，24(2)：149-153.

[90] 吴其晔，高卫平，贾云. 无皂乳液聚合法合成单分散交联 PS 纳米微球[J]. 塑料工业，
　　　2000，28(3)：21-23.

[91] 朱仁惠，周浪，刘长生. 烧结温度对 SiO_2 胶体晶体模板结构的影响研究[J]. 化学与生物
　　　工程，2007，24(10)：12-14.

[92] 邬泉周，何建峰，李玉光. 聚苯乙烯胶晶膜及三维有序大孔 SiO_2 膜的制备及表征[J]. 化
　　　学研究，2008，19(3)：5-8.

[93] 杨卫亚，郑经堂. 胶体晶体模板法制备三维有序排列的大孔 SiO_2 材料[J]. 化工进展，
　　　2006，25(11)：1324-1327.

[94] SADAKANE M，HORIUCHI T，KATO N，et al. Facile preparation of three-dimen-
　　　sionally ordered macroporous alumina, iron oxide, chromium oxide, manganese oxide,
　　　and their mixedmetal oxides with high porosity[J]. Chemistry Material，2007，19：
　　　5779-5785.

[95] 徐虹，李延报，陆春华，等. 模板去除方法对介孔氧化硅纳米球的影响[J]. 材料科学与
　　　工程学报，2011，29(3)：381-385.

[96] LIN S Y，CHOW E，HIETALA V，et al. Experimental demonstration of guiding and
　　　bending of electromagnetic waves in a photonic crystal[J]. Science，1998，282：
　　　274-276.

[97] CHUTINAN A，NODA S. Highly confined waveguides and waveguide bends in three-
　　　dimensional photonic crystal[J]. Applied Physics Letters，1999，75：3739-3741.

[98] YAMAMOTO Y，SLUSHER R E. Optical process in microcavities[J]. Physics To-
　　　day，1993，46：66-73.

[99] SCHRODEN R C，DAOUS M A，STEIN A. Self-modification of spontaneous emission
　　　by inverse opal silica photonic crystals[J]. Chemistry Material，2001，13：2945-2950.

[100] 邬泉周，何建峰. 葡萄糖氧化酶在氨基功能化三维有序大孔材料上的固定化研究[J].
　　　 化学研究，2009，20(2)：9-11.

[101] 尹强，廖菊芳，王崇太. 三维有序大孔 $H_3PW_{12}O_{40}$-SiO_2 功能材料的制备、表征及催化
　　　 性能研究[J]. 化学学报，2007，65(19)：2103-2108.

[102] STROMME M，ATLURI R，BROHEDE U，et al. Proton absorption in as-synthe-
　　　 sized mesoporous silica nanoparticles as a structure-function relationship probing
　　　 mechanism[J]. Langmuir，2009，25(8)：4306-4310.

第4章

微纳制造及加工技术

4.1 引　言

随着精密制造业对加工精度的要求不断提升,各种新兴产业(如电子制造等)加工复杂化程度越来越高,微纳制造及加工技术的重要性也随之提高。微纳制造及加工是一种可以实现高精度加工和制造的方法,涵盖微米纳米材料、设计、制造、测量、控制和产品研究等多个领域,是 21 世纪继生物技术之后最具发展潜力的新型技术之一。

微纳加工技术的快速发展受益于微型电子学与光子学的广泛应用,加工尺度从传统的微细加工尺寸(如精密钟表的机械零部件)到目前超大规模集成电路尺寸,是从微米级精度到纳米级甚至亚纳米级加工精度的发展(见图 4-1)。当现代加工技术进入这种微纳米尺度的加工范围时,加工材料原有的宏观结构、物化性质都会受尺寸效应的影响而发生很大的改变。因

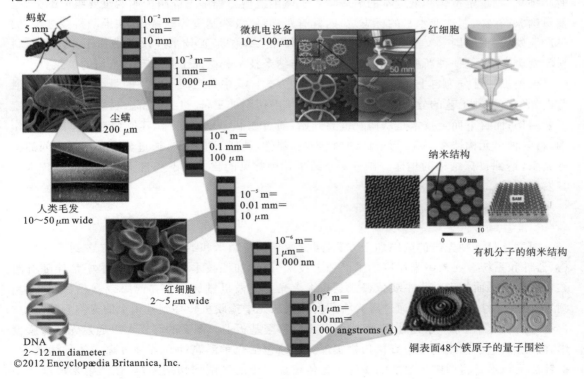

图 4-1　微纳米加工尺度[1]

此,微纳制造及加工技术不仅涉及简单的加工精度提升,还对整个加工系统以及相应的测量学体系提出了新的挑战。微纳制造及加工技术正逐渐成为机械、材料、光电、物理等多学科交叉的新兴加工技术。

微纳加工技术涉及微纳米尺度和表面形貌的精确测量,微纳米尺度表面物理、化学和力学性能的测量,微纳米尺度的微加工,纳米精密加工,微纳米表面处理,以及原子和分子的去除、转移和复合,纳米材料等领域。典型的微纳米制造技术包括:硅表面处理技术、体处理技术和X射线打印深加工技术、电铸LIGA技术、超精密加工技术、电火花加工、超声波加工、等离子束特殊加工技术(如电化学加工和键合)等。

在过去的50年中,微纳加工技术的发展促进了集成电路的发展。除了集成电路芯片中越来越小的质量控制之外,微纳机械工程还可以将一般的机械传动系统缩小到肉眼无法观察到的尺寸。微纳加工技术可以制作单电子晶体管,也可以实现对单个分子和原子的操控,为人类进入微观世界搭建了一座桥梁,是人类认识和利用微观世界的工具。因此,了解微纳加工技术对于把握微纳技术的本质,以及洞察以微纳技术为支撑的现代高科技产业具有重要意义。

4.2　微纳米图案化

微纳技术是指由微米和纳米零件或系统组成的亚毫米、微米和纳米零件或系统的优化设计、加工、组装、系统集成和应用技术。微纳器件和系统的研究是在集成电路制造、微传感器、微驱动器以及其他器件的开发中发展起来的。微纳加工技术是微纳技术的重要组成部分,具有小型化、批量定量化和低成本的显著特点。微纳机械工程是先进制造业的重要组成部分,是衡量国家高技术制造业水平的标志之一,具有跨学科、极端制造等的特点,在推动科技进步、促进产业发展、保障国家安全等方面发挥着关键作用。微纳加工技术涉及微纳加工方法和材料科学两个方面,是一种新型的纳米加工技术,与纳米技术和微加工技术有着密切的关系。

微纳加工可分为自上而下和自下而上两种方式。其中自上而下加工的最小尺度和精度通常由光刻或刻蚀工艺的分辨率决定,类似于机械的切削加工,通过去除部分材料从而得到特定形状结构;而自下而上技术是从微观世界开始,通过控制原子、分子和其他纳米物体的相互作用,将各种单元构造在一起,形成微纳米结构和器件,类似于堆积法,通过分子和原子之间的特殊关系,达到目标结构的构建。图4-2介绍了几种常见的自上而下和自下而上的加工技术及其发展趋势。

4.2.1　微纳加工技术

图案化是一种先进的微纳加工方法,通常用于制造微米和纳米尺度的一维、二维和三维结构、器件和系统。在微纳米尺度的平面加工技术、探针加工技术、模具加工技术中都伴随有图案化步骤。平面加工技术主要依赖光刻技术。光刻是微机械加工中在薄膜或基板(也称为晶圆)上组装零件的过程。它通过曝光将几何图案从光学掩膜板转移到基板上的光刻胶涂层上,再经过清洗、刻蚀等一系列处理,曝光图案将转移至基板上。图案的曝光可以通过光学掩膜投影、激光束、电子束或离子束直接扫描实现。刻蚀包括化学湿腐蚀和各种等离子体导体腐蚀。探针加工技术是将微纳米尺度的探针作为传统加工中的铣削和切削工具,在微纳米尺度上切割特定区域的材料,从而实现特定功能。模具加工技术是通过构造具有不同形状的特定模具,

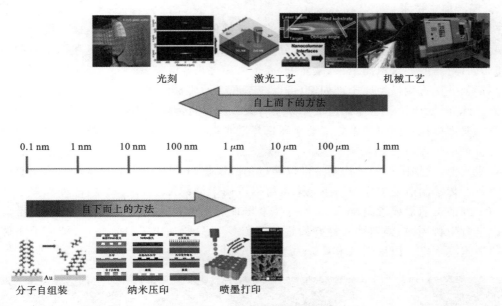

图 4-2　微纳加工技术的发展趋势[2,3]

根据不同分子和材料之间的力学性能差异冲压材料[4-7]。这种技术主要用于微印刷、微压印和纳米压印等微纳尺度的加工方法中,具有速度快、成本低的优点。

1. 光刻技术

光刻工艺(见图 4-3)自 20 世纪 60 年代起被应用于集成电路的研发。

集成电路生产中的光刻工艺可概括为四个基本方面,分别为薄膜涂层、图案化、掺杂和热处理。薄膜涂层包括各种氧化物薄膜、多晶硅薄膜、金属薄膜等。金属电缆、晶体管端口、掺杂掩膜、绝缘层、隔离波和钝化层是集成电路的基本组成部分。图案化就是在硅衬底和沉积膜上形成各种电路图案。形成图案的过程需要进行曝光和刻蚀。或者更准确地说,电路图案是集成电路实现其设计功能的主要因素,也是微纳加工的核心。集成电路的发展史,也是平面图形技术的发展史。晶体管载流子区由掺杂组成,包括热扩散掺杂和离子注入掺杂。离子注入后,离子轰击产生的栅极可以通过热处理恢复。热处理可以使沉积的金属膜与衬底合金化,形成稳定的导电层,还可以使非晶态的多金属氧化物结晶,改变材料本身的性质[8-10]。

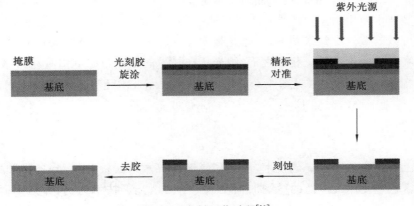

图 4-3　光刻工艺过程[10]

2. 探针加工技术

探针加工技术可以看作传统宏观加工的微观延伸。在微纳米尺度上，探针可以替代传统的切削和磨削工具。微纳探针大致可以分为固体探针（如扫描隧道显微镜和原子力显微镜探针）和非固体探针（如聚焦离子束、激光束、离子束和火花放电显微镜）。对于固体探针，其可以像宏观切削一样直接操控原子排列，也可以在基底表面生成纳米级的氧化物结构或者实现电子曝光。此外，固体探针还能通过液体介质将聚合物材料传输至固体表面，形成纳米单层结构或图案。非固体探针则包括聚焦离子束和聚焦激光束等[11]。其中，聚焦离子束可通过聚焦技术获得直径小于 10 nm 的精细尺度。

在应用上，微纳图形的结构制备可以通过刻蚀聚焦离子束或化学支撑气体涂层直接在基底上进行。传统制造业中应用的激光束也可以应用于微纳加工制造领域：高度聚焦的激光束可以用于刻蚀工艺形成微纳米结构，如近年来出现的飞秒激光加工技术（见图 4-4）；准分子激光可以进行靶材烧蚀，得到结晶性好的致密薄膜[12]。只要加工工具足够小，即使采用传统的磨削等加工技术也可以得到微米量级的图案化结构。

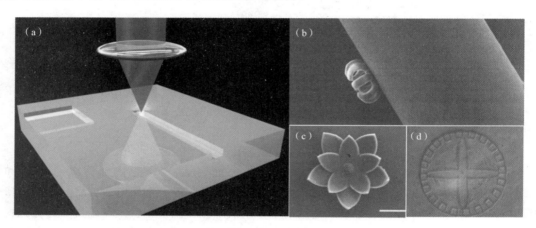

图 4-4　飞秒激光在不同材料表面制备出的微纳结构[11, 12]

3. 模具加工技术

传统的模具制作工艺，如沙箱或蜡模铸造，是将液态材料倒入模具并冷却成型。微纳模具加工技术则在微米或纳米尺度上运用这个原理，利用微米或纳米级别的模具来复制相应的微纳结构，即纳米压印技术。纳米压印涵盖了多种工艺，包括纳米刻印技术、塑料铸造技术和铸造技术。这些技术使用由其他微纳加工技术生成的纳米图案作为模具。虽然在平面工艺中的曝光技术也可以制造这类纳米图案，但曝光技术的成本相对较高，且需要较长的加工时间，这对大规模图案制备并不理想。相比之下，纳米压印技术的原理与盖章相似，能够高效且低成本地大批量生产纳米级图案[13]（见图 4-5）。此外，纳米压印技术还有多种衍生技术，例如曝光辅助压印，可以用来形成纳米图形。

4.2.2　光刻

平面加工技术是依赖于光刻技术，借助其他辅助技术，在衬底上实现各种图案化的过程。平面加工技术也是使用最广泛的微纳加工技术。下面以光刻技术为例，介绍平面加工技术的主要流程。

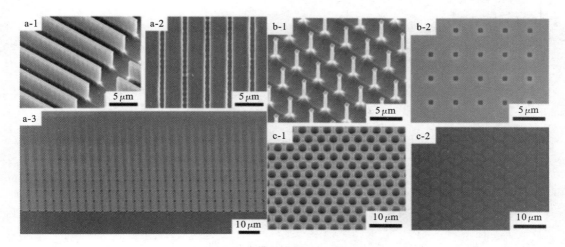

图 4-5 利用微纳压印技术制备的不同微纳结构[13]

光刻工艺是一种图像复制技术。该技术基于光阻的特性,将光阻掩膜上的图案精确复制到涂有光刻胶的硅片上,并将光阻用作硅片表面的选择性处理(刻蚀或注入)掩膜,相应的图形结构就可以出现在晶圆上。主要过程如下:首先,紫外光通过掩膜辐射涂有一层光刻胶的硅片表面,在曝光区域引起光刻胶的化学反应;然后通过显影技术溶解并去除曝光区域或区域中的光阻,从而将掩膜上的图案复制到光阻膜上;最后通过刻蚀技术将图案转移到衬底上。

从 20 世纪 60 年代早期半导体规划技术的发展到今天,光学曝光一直是制造超大规模集成电路的重要方法。平面加工技术与传统制造技术的根本区别在于,平面加工技术制造集成电路的三维结构是一层一层地自硅衬底平面从下到上生长,而传统工艺的加工过程是自上而下。光学曝光能够通过掩膜板(或不通过掩膜板)间接(或直接)将图案投射到基底表面,采用精标等手段进行上层与下层之间的对准,结合沉积工艺将导电的铜互连层阻隔开,最终形成复杂的三维电路结构。需要进行曝光的三维图形实际上是通过二维掩膜板进行对准,形成一层一层的曝光形式,再通过上下的层间结构实现需要的功能性图案。每一平面的二维图形构成一个掩膜图形。光学掩膜板是单面镀铬的石英板,通过板图绘制与掩膜板制造工艺将想要在基底上实现的图案预制在掩膜板上。光学曝光的目的是在光刻胶上拍摄掩膜上的图案。经曝光和显影后,光刻胶上将再现掩膜上的图形结构(见图 4-6)。实际的光学曝光是一个物理和化学反应结合的复杂过程。

1. 光刻的主要工艺流程

光刻分为正片光刻和负片光刻。正片光刻复制的是与硅片掩膜上相同的图案;负片光刻是将掩膜上的图案复制到硅片表面。无论光刻的类型如何,光刻技术的工艺流程通常分为硅片预处理、涂胶、前烘、曝光与显影、后烘、刻蚀、脱胶和封装。如图 4-7 所示,光刻是一个复杂的工艺,每个环节都相互影响和制约。

1)硅片预处理

硅片预处理主要是对硅片表面进行清洁、干燥和成膜,改善被加工表面的特性,并为硅片表面提供良好的光阻性。严格的清洗主要采用 RCA 标准清洗法(由 Kem 和 Puotinen 等人在 N. I. Princeton 的实验室首创),即采用化学方法进行有机污染物、金属、氧化膜的处理,使硅基

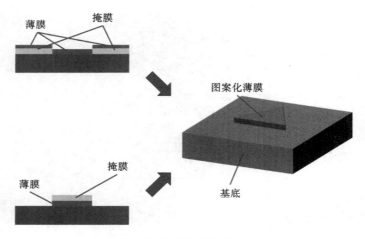

图 4-6 图案化曝光技术

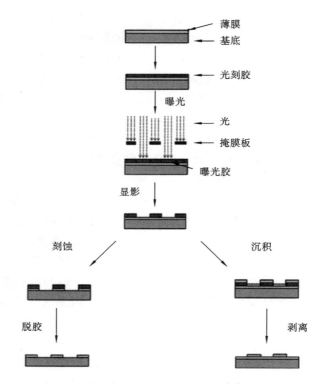

图 4-7 光刻工艺主要流程[14]

底裸露出来,防止氧化层引入外部缺陷。实验室中一般采用丙酮、异丙醇(或无水乙醇)和超纯水进行超声清洗处理。总的来说,硅片预处理是为了确保硅片表面的纯净和适应性,从而使后续的微纳加工步骤能够更有效地进行。

2)涂胶

涂胶是在硅片表面覆盖一层光刻胶的工艺。根据要求,光刻胶必须达到一定厚度,均匀并无灰尘、杂质和黏性。有很多涂胶方法,包括喷射涂胶、流动涂胶、渗透涂胶、滚动涂胶、旋转涂胶等。最常用的是旋转涂胶,简称旋涂。旋涂在胶膜厚度的一致性和稳定性方面优于其他方法。涂胶表面的均匀性、一致性和厚度等因素,直接影响刻蚀图形的分辨率和精度。旋转涂胶工序包括三步:① 把抗蚀剂溶液涂到硅片上;② 硅片先低速旋转使胶均匀再加速旋转到指定的高转速;③ 以定速旋转进行旋涂,达到想要的厚度再使胶膜干燥。

3) 前烘

前烘的主要目的是去除光阻剂中的溶剂,将其在薄膜中的浓度从 20%～30%降至 4%～7%,增加光刻胶与基底之间的黏附性并确保曝光的再现性和良好的图像呈现性。为此必须在一定温度下对涂好光刻胶的胶膜进行前烘。烘烤时的温度非常重要,过高的烘烤温度可能导致抗蚀剂开裂。在前烘中由于溶液的损失,烘烤后的光刻胶的厚度会有所下降,一般在 10%左右。由于抗蚀剂的溶液浓度和显影速率相关,因此需要在结束整个抗蚀剂处理前进行前烘特性测试。

4) 曝光与显影

曝光是通过掩膜以一定的波长和强度的光选择性地照射光刻胶,使被照射部分的光刻胶产生光化学反应,在抗蚀剂上产生潜像。曝光是微细加工技术中最重要的工艺环节,硅片不能进行集中处理,而是进行单独处理,漫长的工艺步骤会大幅度限制其产能。为了在集成电路制造中提高分辨率的同时显影,将曝光后的硅片放在特定的演化溶液中,溶解并移除多余的光阻,刻蚀图案。负性光刻胶通常使用有机溶剂作为显影剂来溶解未曝光部分。正性光刻胶则采用无机碱或有机碱的弱碱性水溶剂作显影剂,将曝光部分的胶溶解去除。显影过程应时间短,保证最小曝光单元不发生畸变且没有初始膜厚的降低,显影后需要进行干燥处理,防止显影后残留的显影液继续显影,导致图案变化。显影结束后应进行镜检,将不合格样品剔除,重新进行上述步骤。

5) 后烘

后烘是采用热板加热等方式使显影后的基片再次受热,去掉剩余溶剂。加热可使残留的光致抗蚀溶剂挥发,进一步将溶剂含量降低到 3%～4%,以提高黏合层的附着力,使薄膜致密稳定。后烘需要选择合适的干燥温度和时间。

6) 刻蚀

刻蚀是将经后烘的光刻胶掩膜或者未经后烘的氧化物、金属等硬掩膜上的图案传递到硅基底上,对未遮挡的部分进行一定深度的刻蚀。刻蚀是一种将抗光图像转移到硅板表面的工艺,是光刻工艺中的另一个重要环节。其主要要求如下:图形边缘精细,线条清晰,图案变化微小,不损坏摄影设备及其阴影表面。有湿化学刻蚀和干化学刻蚀两种刻蚀方法。湿化学刻蚀是指使用某种腐蚀溶液来完成刻蚀过程。刻蚀表面上的材料不同,选择的腐蚀溶液和腐蚀条件也不同。湿化学刻蚀是目前广泛使用的一种刻蚀方法。干化学刻蚀一般采用不同气体配比的混合工艺气体进行刻蚀,不同的材料、不同的工艺气体,刻蚀速率和刻蚀质量不同。

7) 脱胶

脱胶是指去除刻蚀硅板表面上残留的掩膜板,是光刻工艺的最后一步。与刻蚀相似,脱胶也有干法和湿法两种。湿法脱胶与刻蚀类似,是采用强氧化剂、有机溶剂或特殊载体脱胶物质来碳化、浸泡、膨胀或溶解光阻。湿法脱胶是目前常用的脱胶方法,具有工艺简单、操作方便的优点。干法脱胶包括等离子体净化、紫外线还原、除氧等方法。

2. 光刻技术的类别

典型的光刻技术包括光学曝光光刻(接触光刻、接近光刻、干涉光刻和光学投影光刻)、电子束光刻、X 射线光刻、离子束光刻、原子能光刻、等离子体光刻、紫外光刻等。

1) EUV 光刻技术

在微电子技术的发展历程中,人们一直在研究开发新的集成电路制造技术,缩小线宽和增大芯片的容量。我们也普遍地把软 X 射线投影光刻称作极紫外投影(EUV)光刻。在光刻技术领域科学家们对 EUV 光刻技术的研究也取得了突破性的进展,使 EUV 光刻技术有希望普遍应用到以后的集成电路生产当中。它支持 22 nm 以及更小线宽的集成电路生产。

EUV 系统主要由四部分构成:极紫外光源、反射投影系统、光刻模板(mask)以及能够用于极紫外投影的光刻涂层(photo-resist)。EUV 光刻技术所使用的光刻机的对准套刻精度要达到 10 nm,其研发和制造原理实际上和传统的光学光刻原理十分相似。对光刻机的要求是定位极其快速精密及能逐场调平调焦,因为光刻机在工作时拼接图形和步进式扫描曝光的次数很多。

2) 电子束光刻

电子束光刻技术是在电子显微镜的基础上发展起来的。20 世纪 60 年代,德意志联邦共和国的 G. Mollestedt 和 R. Speidel 首次使用具有高分辨率的电子显微镜制作了一种胶片。电子束光刻技术作为一种集成电路光刻技术,几乎与光辐射同时开始研究。电子束光刻采用的是比紫外光波长短得多的光束,故而在极小线宽的图案制备上更具优势,具有较高的分辨率,其制备的理想特征尺寸可以达到 10 nm 以下,也是迄今为止分辨率最高的光刻方式。紫外光刻通过掩膜板进行一次性光刻,光刻速率极快,在几秒或几十秒的时间范围内即可进行大规模的光刻,但是电子束需要根据其光斑尺寸,按照板图进行一步一步书写式的光刻,光刻面积与光刻时长成正比例增长。因此在较大规模的光刻中不适合使用电子束光刻的方法,但是在进行掩膜板制备过程中电子束光刻凭借其高分辨率特性,成为制作光学掩膜板的主要方法。

3) X 射线光刻

在 20 世纪 70 年代初期,X 射线光刻工艺逐渐出现。其与普通的光刻工艺相似,都是将掩膜板上的图案转移到光刻胶上形成隐形图案。由于 X 射线波长很短,因此可以达到较高的分辨率。X 射线光刻的焦深较容易控制,对于 0.13 μm 的光刻分辨率,其焦深可达 7 μm。该工艺相对简单,并且比一般光学光刻具有更大的视野,可以到 50 nm 以上。未来在 50 nm 的光刻技术上,X 射线光刻有着明显的优势。不过,X 射线光刻需解决 X 射线聚焦、掩膜制作、X 射线点光源和抗污染等关键问题。

X 射线曝光系统有接近型和 1:1 投影型两种类型。用于 X 射线曝光的掩膜不同于光学掩膜。X 射线掩膜由氮化硅或碳化硅和其他材料制成,先形成厚度为 1~5 μm 的薄基板,然后形成厚度为 0.4~0.7 μm 的重金属(通常为金或钨)吸收层。因此,感光胶的曝光面积和非接触面积应根据涂在掩膜上的两种物质的不同吸收系数确定。由于 X 射线曝光只能是 1:1 式的,因此要制作特定线宽的图形,掩膜板上的图形尺寸必须与想要形成的图形图案一致,而掩膜板本身仅为几微米厚的薄膜,这也是限制 X 射线光刻技术应用的重要因素之一。此外在掩膜板使用过程中会出现受热膨胀的问题,使加工的图形产生一定的偏差[15,16]。

4) 离子束光刻

随着 X 射线技术的出现,曝光技术从 20 世纪 70 年代开始了新的发展阶段。在 20 世纪

80 年代液态金属离子技术出现之后,离子束的光刻胶曝光技术得到了发展。与电子束光刻一样,离子束不仅可以直接对图形进行光刻,还可以通过投影提高生产率。暴露电离辐射旨在通过多极静电离子投影从离子场(气体或液态金属)释放离子,并聚焦于涂有电阻的膜上进行曝光,逐步重复操作,从而淡化掩膜的图像。

离子束光刻不仅可用于传统的光刻胶如 PMMA(对离子比电子更敏感),而且可用于特殊的新型光刻胶。事实上,每种聚合物都可以通过离子注入用作负电阻。电阻在适当的等离子体中被反应离子腐蚀,离子注入区域形成非挥发性化合物,非注入区域被腐蚀形成图案。

聚焦的离子束具有电子束无可比拟的优点。与电子相比,其最轻的离子大约比电子重 21 倍,因此离子辐射在光敏胶中的扩散范围非常小,离子束光刻基本不存在邻近效应,比电子束光刻具有更高的分辨率,在刻蚀技术中用离子束刻蚀可得到最细的线条。同时因为离子质量大,在同样的能量下,光敏胶对离子的灵敏度要比对电子的高数百倍。

聚焦离子辐射也有一定的限制因素。首先,液态金属发射的离子具有较大的能量色散,而用于聚焦离子辐射系统的静电透镜具有较大的色差因子,这会影响离子辐射的浓度。其次,由于离子质量大,光敏胶的曝光深度受到限制。例如,对于光敏胶,能量深度小于 $0.1~\mu m$;金硅合金的离子源发射的能量深度只有 $0.5~\mu m$。有限的曝光深度大大限制了离子辐射的使用。离子束光刻技术仍在发展中,必须解决曝光深度、掩膜制作、高能离子辐射源等问题,离实际应用还很远。

3. 光刻技术的发展

光学投影光刻是在接触光刻和接近光刻的基础上发展起来的(见图 4-8)。光学投影光刻可以延长掩膜的使用寿命。光学投影光刻经历了逐步重复光刻和逐步扫描光刻的发展过程。这是一个渐进扫描的过程。渐进和重复光刻是指光刻过程中硅板沿 X 轴和 Y 轴渐进移动,即步进和重新定位。光刻的一步一步扫描是使硅片在一个方向上一步一步而在另一个方向上连续扫描。在曝光过程中,掩膜相位和晶圆相位应与多重图像投影同步。荷兰 ASML 公司于 2002 年推出 TWINSCAN 193 nm 两级测试台分步扫描光刻机,提高了生产率。1978 年,美国 GCA 公司推出了世界上第一台商业化的 g 线分步重复投影光刻机——dsw4800(g 线曝光波长 436 nm,对准重复精度 ±0.5 μm,视野 10 mm×10 mm,分辨率 2 μm),它与传统光刻工艺的兼容性好,性价比高,具有微米和亚微米精细图形的工业生产能力,一经问世就受到国际集成电路行业的高度重视。此后,日本的尼康、佳能和日立,美国的 Utrach、Perkin Elmer 和 Svgl,荷兰的 ASML 和德国的蔡司相继推出了高水平、大产量的产品。

有两种类型的光刻设备可供选择,一种是波长为 365 nm 的 i 线步进机,另一种是波长为 248 nm 的 KrF 准分子激光步进机。然而,i 线步进机进入 0.25 μm 器件加工的前提是辅以离轴照明、邻近效应校正和相移掩膜技术,通过选择合适的技术和工艺,可以将其应用于平面设计和光学设计中。关于利托格拉法和超紫外利托格拉法(EUVL)项目的研究,由于技术不成熟、工艺不兼容、光刻成本等因素,EUVL 以外的其他技术将在未来相当长的一段时间内难以进入 IC 大规模生产环境。在未来 70 nm 和 50 nm 技术阶段,157 nm 波长的光学光刻技术将过渡到以 50 nm 为主流的生产技术;13.4 nm 波长的 EUVL 将作为 70~50 nm 技术阶段下一代光刻的替代技术引入 IC 器件制造领域,进而成为 35 nm 以下器件曝光的主流技术。然而,这些技术都面临着严峻的挑战,例如,157 nm 光刻技术的发展存在两个主要问题:一方面,掩膜的保护膜存在困境,因为能够传输 157 nm 辐射光的聚合物的发展非常缓慢;另一方面,挑战在于如何获得光学系统所需的高纯度 CaF_2 材料。

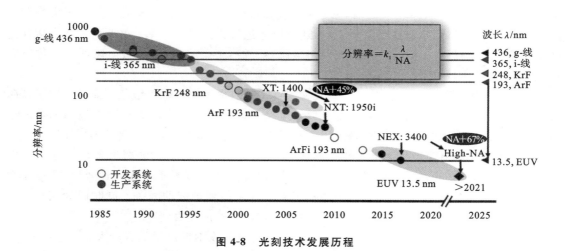

图 4-8　光刻技术发展历程

4.2.3　刻蚀

在光刻工艺中,曝光只是整个加工过程的第一步。光刻胶上的微纳图形可以通过各种曝光技术获得,但光刻胶本身不是功能材料,因此光刻胶上的图形没有实用价值。微纳加工的下一步是将光刻胶上的图形转移到功能材料表面。刻蚀技术是其中一种重要的图形转移技术。所谓功能材料是指能够制造各种微纳器件的材料,包括:用于制造集成电路的硅材料和各种硅化物材料,如二氧化硅和氮化硅;用于制造高频微电子器件的砷化物材料;用于各种光电子器件的Ⅲ-Ⅴ族半导体材料;用于微流控器件的玻璃材料。

刻蚀是通过化学或物理方法逐层去除材料表面未受保护部分的过程。刻蚀方法包括化学湿法刻蚀、等离子体干法刻蚀和其他物理刻蚀技术。化学湿法刻蚀是半导体工业中最早的图形转移技术,主要应用于硅片表面清洗以及微机械和微流控器件制造领域。相比之下,干法刻蚀技术具有更强的选择性和更快的刻蚀速率,适用于更复杂的材料和结构。刻蚀速率是刻蚀深度与时间的函数,而刻蚀速率受多种因素影响,包括刻蚀液的成分和浓度、温度、气压、功率密度等。为了获得所需的刻蚀深度和形状,需要精确控制这些参数。刻蚀技术在微纳加工中起着关键作用,不断改进和发展刻蚀技术,以满足不同材料和结构的要求,对于推动微纳加工技术的发展具有重要意义。

1. 化学湿法刻蚀

化学湿法刻蚀技术是半导体工业中最早的图案转移技术。所谓湿法一般是指所有的化学腐蚀和液体腐蚀方法。润湿最显著的特征是各向同性腐蚀,即模式中的横向和纵向腐蚀速率相同。一些腐蚀性溶液在硅的不同晶面上具有不同的腐蚀速率(见图 4-9),这将形成各向异性腐蚀。但在大多数情况下,化学湿法刻蚀是各向同性的。化学湿法刻蚀主要应用于集成电路制造工艺中硅片表面的清洗,近年来应用热点主要集中在 MEMS 和微流控器件制造领域:微机械和微流控器件的结构尺寸远大于集成电路的,化学湿法刻蚀能够满足要求。化学湿法刻蚀的设备成本远低于干法刻蚀技术的。硅和二氧化硅是微机械和微流控系统中应用最广泛的材料,也是半导体工业的基础材料。因此,各种化学湿法刻蚀技术主要用于腐蚀这两种材料。

2. 干法刻蚀

干法刻蚀(见图 4-10)是指利用等离子体放电产生的物理和化学过程对材料表面进行加

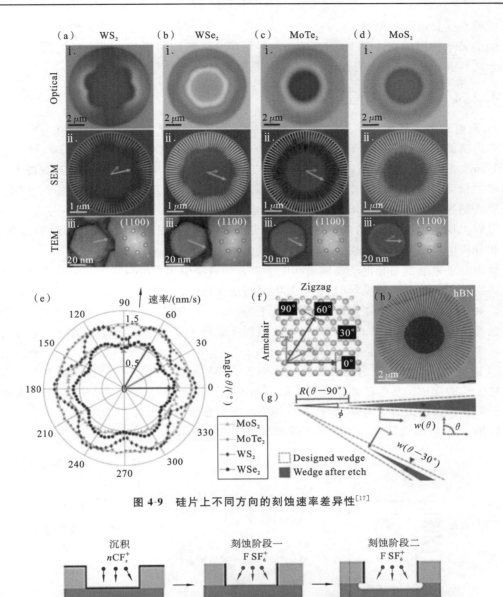

图 4-9　硅片上不同方向的刻蚀速率差异性[17]

图 4-10　刻蚀原理示意图[18]

工。从广义上讲,干法刻蚀包括等离子体刻蚀以外的物理和化学处理,如激光处理、火花气体处理、化学蒸发、粉末喷涂等。然而,在所有这些干法处理技术中,反应离子刻蚀技术应用最广。

　　反应离子刻蚀发生在等离子体中。在反应离子耗尽的情况下,气体浸渍等离子体,其中包含大量化学活性气体。这些离子影响材料的表面,导致表面原子反应,产生挥发性物质。这些挥发性产物通过真空泵系统排出,定期对表面进行反应剥离,将材料腐蚀至规定深度。除了表面的化学反应外,高能离子还会发射表面原子,从而产生一定的腐蚀效果。有两个重要的指标用来衡量反应离子刻蚀:① 掩膜的抗刻蚀率,高抗刻蚀率表明掩膜本身在刻蚀过程中损耗小,并且能够承受长时间的刻蚀;② 各向异性的程度,刻蚀的各向异性代表了横向刻蚀和深度刻蚀之间的关系。横向腐蚀越少,腐蚀的各向异性越大。刻蚀的目的是将通过光刻获得的图案准确地转移到衬底材料上,因此,大多数应用都需要各向异性刻蚀。

4.2.4　高能束加工

1. 高能束加工技术

处理高能束发射的技术有很多,包括电子束曝光(EBL)、聚焦离子束(FIB)、聚焦电子束(FEB)和激光处理。FIB/FEB 技术是微纳加工技术中不可缺少的关键技术。FIB 技术实现了具有纳米精度的复杂图形定点可设计直写处理,集成了成像、沉积、刻蚀、离子注入、扫描成像、无掩膜光刻等处理能力。FEB 具有高分辨率成像、沉积和刻蚀功能。FIB 技术与 FEB 技术的结合可以实现高精度、高分辨率、高可控性的定点局部处理,在多维、跨尺度的微纳结构加工、检测和分析中将发挥重要作用。

聚焦电子束通常是在电子显微镜和电子束曝光系统中用于获得高分辨率成像和曝光的能量束。当电子束从电子枪发射时,它通过电磁透镜聚焦成几纳米的小点,到达测试表面并与之沟通。被激发区域将产生二次电子、俄歇电子、转移电子、特征 X 射线和连续光谱 X 射线,并在可见光区域、紫外和红外光区域产生电磁辐射。成像主要是通过获取二次电子和开关电子信号来完成的,FEB 也可能实现气体沉淀[19]。

20 世纪 80 年代,研究人员开始将气体引入 SEM 室来沉积其他材料,以研究电子束对纳米结构生长的作用。尽管已经开发了大量的前体气体和不同的结构,但是聚焦电子束处理的发展仍然非常缓慢。这主要是因为 1975 年出现了液态金属离子源,实现了聚焦离子束系统的广泛应用,FIB 也成为微处理和纳米处理领域更有效的工具[20-25],如图 4-11 所示。

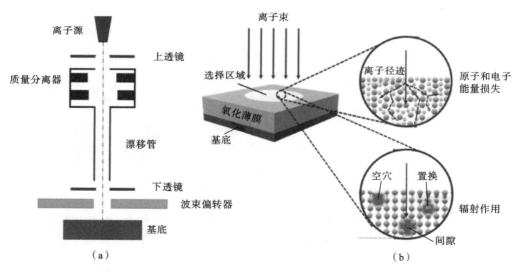

图 4-11　FIB 系统及作用过程

(a) 聚焦离子束系统结构示意图;(b) 离子与固体的相互作用过程[19]

无光阻的 FEB 处理是通过预处理气体实现的,而 FIB 不使用掩膜和辅助气体即可实现辐射、注入或辐射的处理。FIB 技术的基本原理类似于图 4-12(a)所示的 FEB 诱导气体沉积(FEBID),但 FIB 的干涉束是一束离子束,离子质量比电子质量大得多。大部分能量将在高能离子与固体原子的碰撞过程中损失。尽管与电子相比,离子所占的比例相对较小,但能量足以打破靠近衬底表面的原子之间的化学联系,并且被压碎的原子与相邻衬底碰撞,会产生碰撞级联和溅射过程。这就是 FIB 可以实现与 FEB 相似的直接刻蚀的原因。当高能离子出现在固体表面时,不仅可以溅射固体原子,还可以产生离子色散、离子注入、二次电子回收、二次离子回收、原子溅射、样品加热等效应。这些物理过程触发的信号具有不同的特征。因此,FIB 可以实现离子束形成、刻蚀、固体元素成分分析等功能,如图 4-12(b)所示;FIB 也可以进行定点,通过引入类似气体的前体源,实现高精度沉淀或额外材料沉积。FIB 可以成为一个强大的处理工具,不仅是因为它可以实现如此多的功能,而且因为它具有独特的性质,如光纤离子辐射检测。对于具有不同晶体取向、原子质量和表面形貌的固体,来自 FIB 的电子信号大不相同。光纤图像包含比扫描电镜更广泛的信息。由于 FIB 橡皮擦与设备的图形功能相结合具有强大的直接写入能力,因此在必要时可以处理各种复杂图案。FIB 辐射还可以实现纳米材料的拉伸加工,获得三维微结构[26, 27]。

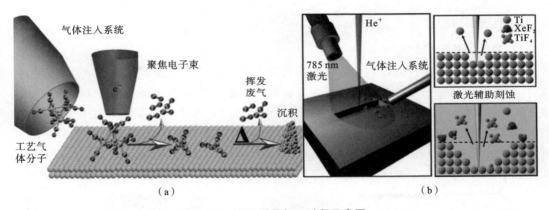

图 4-12　FEB 诱导加工过程示意图

(a) FEBID 过程;(b) FEBIE 过程

　　总的来说,FIB 和 FEB 都具有基于气体的存储和刻蚀能力。发热主要取决于初始气体的类型。在电子束扫描过程中,电子束与进入的初始气体相互作用,分解初始气体。此时,非挥发性物质将沉积在基底上,活性分子将与基底反应,挥发性产物将从样品表面逸出,以达到刻蚀的效果。

　　1910 年汤姆森确定了气体发射电源后,离子转移技术主要用于物质分析、同位素分离和物质转换。由于早期的等离子体放电离子层的离子量大,很难获得微观结构。聚焦离子束实际始于液态金属离子的产生。聚焦离子束技术使用电子散流器将离子束聚焦为非常小的离子束,轰击材料表面,用于材料剥离、沉积、注入、切割和改性,如图 4-13 所示。随着纳米技术的发展,纳米工业得到了迅速发展。纳米加工是纳米工业的一个主要部分。近年来,聚焦离子束技术通过在纳米加工材料上使用高强度离子束,并使用高性能电子显微镜(如扫描电子显微镜(SEM))进行实时观察,已成为最重要的纳米分析和加工方法,目前广泛应用于半导体集成电路的改性、离子注入、切割和误差分析[28-30]。

　　FIB 专注于纳米级甚至亚纳米级的离子束,并通过变形系统和加速系统控制离子束,以进行纳米结构和掩膜加工中精细图案的检测和分析。聚焦离子束的三个主要功能是成像、切割和辅助沉积[31, 32]。

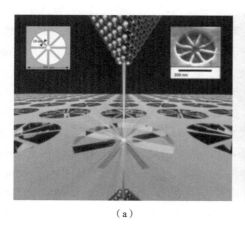

（a）　　　　　　　　　　　　　　　　　　（b）

图 4-13　FIB 加工功能[31, 32]

2. 高能束加工应用

1）微电子器件的分析与修改

高度集成的 IC 芯片通常包含数百万甚至数亿个晶体管及其连接。在设计如此复杂的系统时，不可避免地会出现错误。一旦电路变成真正的芯片，就不能再改变了。聚焦离子束具有溅射和沉积功能，可以在特定位置断开连接线，也可以连接未耦合的部件。利用这种功能改变电网连接的方向，我们便可以诊断发现开关的错误，并直接在芯片上纠正这些错误。图 4-14 展示了通过聚焦离子束改进的集成电路。现代聚焦离子束系统可以将集成电路结构与实际芯片流程图（方形电子显微镜）逐一结合，并能准确识别修改后的元件，以确保更改的准确性。

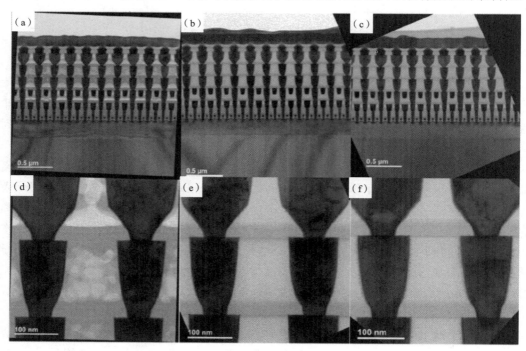

图 4-14　FIB 在微电子领域的应用[33]

2）表面图案化制备

在 FIB 处理系统中，来自液态金属离子源的离子束经过加速、质量分析和设计后集中在样品表面。目前，离子点的直径可以达到几纳米。处理方法是将高能离子束聚焦在样品表面并逐点轰击。特定图案可通过计算机控制的光束扫描仪和窗口进行处理。此外，过程中的不同工艺参数，包括离子强度，会影响辐射点的聚集；离子束干扰电流的改变可直接改变离子束的辐射率；随着离子束剩余时间的增加，重定位效应的影响越来越明显。在实际的刻蚀应用中，控制不同参数对溅射刻蚀的影响，可以显著提高加工效率，降低因工艺参数选择不当而导致加工误差增大的可能性[34-40]。

3）辅助沉积

当所分析的缺陷接近样品表面、为保护缺陷免受离子辐射研磨造成的损坏时，通常研磨前在目标上方沉积一层保护层，如 Pt 保护层。如果产生离子辐射扫描图像，则屏蔽可防止在铣削过程中损坏目标。该保护层由 FIB 诱导沉积产生。将 $W(CO)_6$、WF_6、$Al(CH_3)_3$ 等感应气体引入 FIB 干扰区。导入的感应气体通常以整体形式吸附在固体材料表面。通过轰击干涉光束，被吸附的气体分子分解并将金属材料留在固体表面。离子辐射的传统方法称为 i-CVD（离子束化学蒸发）。类似地，DB-FIB 中的电子束也可以提供能量来诱导称为 EA-CVD（电子束支持的化学蒸气存储）的气体分解[41,42]。

4.3　纳　米　压　印

纳米压印光刻（NIL）是普林斯顿大学的周郁于 1995 年提出的一种新的纳米图案复制技术。该技术方法对电子束位置的光学曝光和色散没有弯曲影响，并且节省了制作光学光刻掩膜和光学成像设备的成本，具有超高分辨率的特点，有望成为可靠的工业生产技术[43]。

纳米压印的原理与光刻不同，其实质是将传统的模具复型原理应用到了微观制造领域。纳米压印可以分为两个步骤：① 压印填充，聚合物在外力或外场作用下的流变和填充作用；② 图案化转移（也可称为固化脱模），将固化后的聚合物微纳结构从模具中分离出来，得到图案化结构[44]。压印填充过程决定了压印的效率和稳定性，图案化转移过程决定了成型质量和模具寿命。

纳米压印的具体工艺随着材料、图案和用途的不同而不同，按模板特性可以分为热压印、紫外压印、软刻蚀压印和大面积滚轴压印。

4.3.1　热压印技术

热压印技术是在微纳米尺度获得并行复制结构的一种方法。热压印技术应用广泛，研究深入，只需使用模具，即可根据需要进行复制，且复制精度高，可达 5 nm 以上，是纳米压花的主流技术。

4.3.2　紫外光固化纳米压印技术

热应力会引起热变形。得克萨斯大学研究小组提出的透明检测技术解决了这一问题。由于该技术的操作是在室温下进行的，因此该过程也称为室温纳米喷涂或冷压。紫外光固化压印的过程与热压印的过程类似。首先，高精度掩膜是通过光刻、刻蚀或微处理来制作的。如果通过遮罩进行紫外线照明,则遮罩应对紫外线透明。通常,石英材料用作掩膜。如果遮罩使用不透明材料,则基板必须使用紫外光透明材料。在基板上翻转一层对紫外光敏感的液体光刻胶,然后用低压将模板压在光刻胶上以填充间隙,再从模板背面或基板底部辐射紫外光,固化光阻,拆除后通过等离子体刻蚀或反应离子刻蚀去除剩余的光阻。

利用紫外光、光敏聚合物光阻和固化技术,可避免热压印的热膨胀问题,缩短压印时间。同时,该方法具有自清洁功能,可以去除硬化过程中模板上的小颗粒。然而,由于紫外光硬化成本高,对环境和工艺要求高,且缺少加热过程,光阻中的气泡难以排空,因此将导致精细结构的误差。图 4-15 所示为几种压印技术的对比。

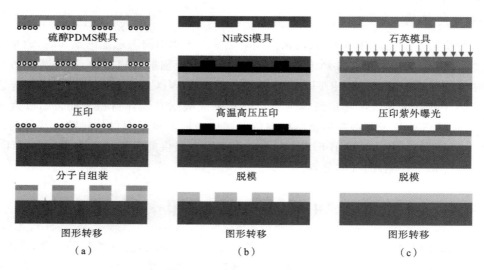

图 4-15　几种压印技术的对比
(a) 微接触压印;(b) 热压印;(c) 紫外压印

4.3.3　软刻蚀压印

软刻蚀压印使用弹性模板复制和传输图形。由于这项技术使用了一种柔性模板,因此被称为软化印模技术。除了在模制零件的生产中使用电子束刻蚀或光刻外,其余过程(如图形的铸造、复制和传输)非常简单,使用的柔性模板只需一次铸造即可重复使用。因此,软刻蚀压印具有生产能力强、成本低的特点。实现软刻蚀压印的方法有微接触压印和毛细管微植入两种。

1. 微接触压印技术

微接触压印最早是由哈佛大学的 Whitesides 教授在 20 世纪 90 年代初提出的。首先,通过光学或电子束光刻制备掩膜,然后引入聚合物材料(通常为聚二甲基硅氧烷 PDMS)来修复微接触压印所需的模板,并潜入自组装单层溶液中。自组装单层对基板施加压力后,在基板表面形成模制结构。有以下两种处理方法:第一种是将衬底浸入刻蚀溶液中,溶解单层膜本身未覆盖的表面,实现样品转移;第二种是通过整块体连接其他有机分子,以实现进一步的自组装[45]。

微接触压印技术不仅具有速度快、成本低的特点,而且对操作环境要求低。它可以在绝对平坦的表面上操作。微接触压印也适用于不同的表面,具有操作方法灵活的特点。然而,自组装整体分子的扩散在一定程度上影响了对比度和精度,并延续了印刷图形。该问题可以通过优化浸渍方法和浸渍时间来解决。

2. 毛细管微植入

毛细管微植入是在微接触纳米浸渍技术的基础上发展起来的。其掩膜的制造方法与微接触印模技术相同,成型后,将掩膜放置在基板上。毛细管原理用于将液体聚合物(如聚甲基丙烯酸)吸入模腔。聚合物被强化以获得所需图案,最后通过刻蚀、剥离和其他方法将图案转移到基底上。该方法的优点和缺点与微接触压印相似。该方法可使用多种材料,如无机盐、有机盐、陶瓷或金属[46]。

4.3.4　大面积滚轴压印

滚轴压印是一种特殊的微特征复制技术。该过程有辊对辊和辊对板两种模式。与传统的一次性平压花工艺不同,它是一个连续、动态和渐进的过程。在轧辊的影响下,特征结构逐渐转移到棒材上,并复制到基板表面。

滚轴压印过程中辊子的旋转以及辊子和传送带之间的压力使黏合、压花、UV 硬化和脱模成为现实。控制辊子的转速和辊子与输送带基材之间的压力可控制黏合剂的涂层厚度和压印形式。该压花技术不仅解决了传统 UV 压花和热压花工艺不能实现大面积压花的问题,而且整个压花过程是一个连续的过程,可以显著提高传输复制效率,降低压花成本。

4.3.5　纳米压印的应用及技术挑战

纳米压印技术在波导偏振器、GaAs 量子器件、OLED、微波集成电路和太阳能电池等领域有着广泛的应用。纳米压印基本上突破了昂贵的投影镜组和光学系统所特有的物理限制,也解决了许多新的技术问题。但印模矩阵的生产、过压精度、耐用性、生产率和误差控制也成为当前的研究难点。纳米压印形式的制造、检测和修复技术是当前最大的挑战。随着纳米压印技术研究的深入和应用的不断扩大,相应的困难也会增加。在未来,有必要开发更易于成型和拆除的新形式,并克服阻力颗粒的缺陷。随着纳米压印技术的日趋成熟和多样化,纳米压印将逐渐充分发挥其产量高、成本低的优势,得到越来越多的应用。

4.4　纳米结构自组装

4.4.1　纳米结构自组装体系的基本概念

自组装技术在自然界中广泛存在。蛋白质、细胞甚至生命的形成都是通过自组装实现的(见图 4-16)。受此启发,纳米复合材料可以通过自组装形成具有不同形貌、微结构和独特功能的新材料。术语"自组装"是指从较简单的亚单元或建筑单元自发形成离散的纳米级单元。在自组装过程中,组成部分(原子、分子、生物分子、简单的生物结构等)合并成次级、更复杂和更少自由度的结构。

组装纳米结构本身意味着原子、离子或分子通过弱非共价键(如氢键、范德华键和弱离子键)连接以形成纳米结构。组装过程的关键不是许多原子、离子和分子之间弱力的简单叠加,而是整体和复杂的协同作用。它的形成有两个重要条件:① 由于非共价键能量非常低,应存在足够数量的非共价键或氢键;② 自组装系统的能量要低,否则很难形成稳定的自组装结构。构建分子自组装系统主要有三个步骤:① 整合成完整中间分子的有序共价键;② 中间分子通

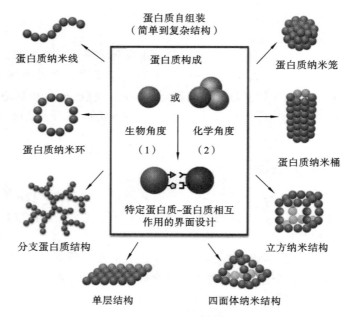

图 4-16　多种自组装结构示意图[47]

过非共价键的协同作用形成稳定的大分子聚集体；③ 一个或多个分子片段作为结构单元反复嵌入纳米结构系统中。

4.4.2　薄膜自组装

1. 自组装单分子膜

自组装单层（SAM）技术是利用单层材料表面之间的强相互作用制备薄膜。这类材料通常是两亲性分子，常被称为表面活性剂，因为它们往往覆盖表面并改变表面的化学性质。构成SAM 的每个分子可分为三个不同的部分，即头基（连接基）、主链和尾基。一般来说，亲水基团通常用作头基（连接基），疏水基团用作尾基[48]。

（1）头基：负责指导不同类型基板上的自组装过程。因此，头基的反应活性决定 SAM 与底物表面之间的连接效应。硫醇基（R-SH）通常用于金属基底，如银、金、铜等，而长链硅烷通常用于表面带有羟基（—OH）的基底，如硅、铝等（R-Si-X3）[49]。

（2）主链：骨架烃链之间的相互作用（包括范德华力和疏水力）可以保证自组装单分子膜的紧密连接，增加链长也有助于稳定自组装单分子膜的结构。

（3）尾基：尾基的特征代表表面性质（亲水性或疏水性）。换言之，SAM 用 SAM 的尾基取代基底表面的基团，通过弱相互作用或共价键固定不同的分子、生物分子或纳米结构。

自组装膜由于其制备简单、尾基多样，被广泛应用于纳米结构制造、材料保护和器件制造等领域。自组装膜非常适合纳米科技研究，因为：① 它们易于制造，这意味着它们不需要超高真空（UHV）或其他特殊设备；② 它们由不同尺寸的物体组成，是形成纳米结构（如薄膜、纳米线、胶体和其他纳米结构）的关键组件；③ 它们可以将外部环境与金属材料的电子特性结合起来；④ 它们将分子结构与宏观界面现象联系起来，如润湿、黏附和摩擦[50]。

2. 逐层组装薄膜

逐层组装（LBL）技术采用逐层交替沉积的方法，利用每层分子间的弱相互作用，自发地将每一层结合起来,形成完整的结构和功能。该方法最早由 Iller 和 Kirkland 于 1965—1966 年提出。然而,当时缺乏适当的表征技术,限制了逐层组装技术的进一步发展。后来,Decher 等人在 1990 年代的工作使该系统蓬勃发展。经过近 30 年的发展,LBL 技术已经能够将许多具有相对电性能的纳米材料集成到同一薄膜中。逐层组装已被用于制造具有清晰层状结构和创新功能的各种材料。与其他薄膜工艺相比,LBL 方法被认为是一种更通用的方法。它可以使用多种组分材料来制造受控层状结构。该方法非常简单、廉价、快速,可应用于电容器、锂电池、场效应晶体管、彩色显示器、光伏器件、太阳能电池、防火涂料、生物传感器、材料释放、药物输送等领域[51]。

逐层组装薄膜的制备过程包括以下几个阶段:

(1) 基体预处理:这一步确保基体的清洁并为下一步的吸附做好准备。

(2) A 层膜材料的吸附:将基体浸入 A 层膜材料的聚电解质溶液中。由于聚电解质与基膜之间的疏水作用,聚电解质可以被吸附到基体上。

(3) 清除多余的聚电解质:这是为了确保吸附在基体上的聚电解质形成均匀的一层。

(4) B 层膜材料的吸附:将基体浸入 B 层膜材料的聚电解质溶液中,由于聚电解质 A 和 B 的电性能不同,B 层的聚电解质可以被吸附到 A 层上。

(5) 清除多余的聚电解质:同样,这一步是为了确保 B 层的聚电解质吸附均匀。

反复执行步骤(2)至(5),可以制得聚电解质的多层结构。

由于薄膜制造过程中逐层组装技术的多样性、简单性和可控性,其在微纳制造领域的应用显示出巨大的前景。LBL 方法可以为各种薄膜结构提供各种组成材料,通常用于调整材料的力学、光学和表面性质。可以说,LBL 技术是一种新兴技术。在许多情况下,LBL 方法有利于层状结构的形成和控制以及功能材料的制备,从无机材料到生物活性材料(甚至是活细胞),LBL 方法都具有一定的适用性。这些一般特征使其能够适应未来技术的重要应用。例如:金纳米颗粒可以通过逐层自组装技术与二氧化钛纳米片或碳纳米管组装,以制备具有新的光学和电催化性能的薄膜;银纳米颗粒还可以通过逐层自组装技术与丝蛋白结合,形成高反射的软膜。随着 LBL 技术的迅速发展,为了获得目标层的逐层组装结构,旋涂辅助、模具辅助、浸笔工艺辅助、电化学辅助、氧化还原辅助等方法逐渐应用到制备过程中。未来,分层组装技术将朝着功能化、实用化、与生物系统共同进步的方向发展。

3. Langmuir-Blodgett 膜

LB(Langmuir-Blodgett)膜自组装技术是一种精确控制膜厚度和分子结构的自组装技术。这项技术是由美国科学家欧文・朗缪尔和他的学生凯瑟琳・布洛吉特在 20 世纪 30 年代建立的,用于制备纳米结构层。然而,LB 膜技术与其他薄膜生产方法有着根本的不同。通过 LB 膜技术制备的纳米有机薄膜包括能够连续产生和转移 LB 膜的气-液(主要是空气-水)界面或液-液界面[52]。

在 LB 膜技术中,固体基底(如硅片或玻璃等)以均匀的速度在单层和水之间的界面上来回移动,分子膜在保持单层表面压力不变的情况下逐层转移到固体沉积表面,如图 4-17 所示。LB 膜的制备过程主要包括以下三个阶段:

(1) 单分子膜的形成:将用于成膜的材料溶解在有机溶剂(如苯或氯仿)中,以使材料分子吸附在水-气界面上。

(2) 单分子膜的压缩:在一定的表面压力下,分子在界面上形成方向一致且紧密排列的单分子膜。

（3）单分子膜的转移：如果固体阻挡层以均匀的速度移动，单层将均匀地转移到基底上[53]。

LB膜的自组装技术是一种将亲水性和疏水性的两亲性分子分散在气-液界面上，逐渐压缩它们在水面上的占据区域，将其排列成单层，然后转移到固体基底上以获得薄膜的方法。

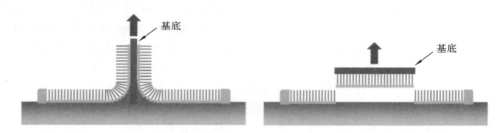

图 4-17　Langmuir-Blodgett **膜技术图**[53]

LB膜具有组装方法任意选择、成膜条件简单、成膜均匀等特点。它们广泛应用于分子电子学、集成电路、化学和生物传感器等领域。例如，由 Pt 和 Fe_2O_3 制备的图案化 LB 膜可以用作低温燃料电池的电极材料[54]。然而，LB 膜也有许多缺点。由于 LB 膜是依靠分子间作用力（即作为黏附力的物理键合力）沉积在基底上的，膜的力学性能较差，在制膜过程中需要使用氯仿等有毒有机溶剂，这对环境和健康也非常有害。此外，制膜设备价格昂贵，对操作人员的制膜技术要求较高，这些都是 LB 膜技术研究中有待解决的问题。

4.4.3　管状结构自组装

1. 无机管状结构

有机分子的自组装为合成尺寸、形状和形态可控的超分子结构提供了一种自下而上的方法，但这在无机材料中并不常见。因此，人们对无机管状结构的自组装行为也产生了浓厚的兴趣。

（1）硅纳米管。

在无机管状结构中，硅的管状结构因在催化、分离、光电和生物工程等方面的潜在应用而备受关注。无机材料的自组装行为很难单独应用，但无机管状结构的形成可以通过有机分子的自组装来实现。例如，溶胶-凝胶法可以用来组装有机结构，合成尺寸、形状和孔隙率可控的无机材料。石胆酸（LCA）是一种对 pH 敏感的水溶液超分子组装体，可作为合成二氧化硅的可调模板。在氨催化剂的作用下，使用四乙氧基硅烷（TEOS）可组装对 pH 敏感的 LCA[55]。

（2）碳纳米管。

线性碳纳米管阵列的生长也是一个自下而上的自组装过程。高密度碳纳米管阵列通过根生长机制生长。它们通常通过催化化学气相沉积（c-CVD）生长。催化化学气相沉积具有工艺简单、技术成本低、控制程度高、可扩展性强等优点，是制备碳纳米管的主要方法[56]。c-CVD的标准方法分为三步：首先，通过蒸发或溅射在基底（通常为 Al_2O_3 或 SiO_2 等）上将催化剂（通常为 Fe、Co 或 Ni）沉积为薄膜；然后在特定气体环境中退火以将其转化为纳米颗粒；最后，通过化学气相沉积（CVD）法将每个催化剂纳米颗粒生长为一个纳米管[57]。如果能很好地控制催化剂颗粒在基底表面的分布，将形成以催化剂为主的自组装线性碳纳米管阵列[58]，如图 4-18 所示。

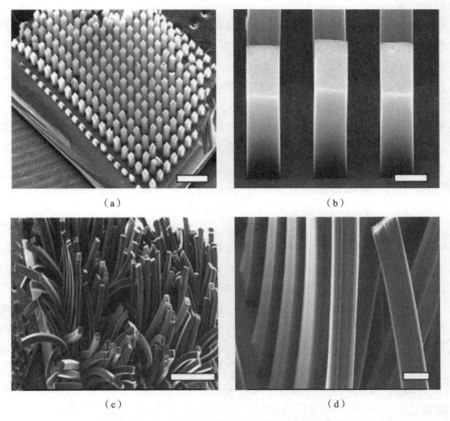

图 4-18　无机碳纳米管阵列生长 SEM 图像[56]

　　无机管状结构在结构调控和性能方面表现出突出的优势。然而,目前对无机管状结构的研究还不成熟。例如,碳纳米管的生长机制尚不清楚,同时,其生长对许多参数非常敏感,如前驱体、催化剂颗粒、温度和压力。任何参数的微小变化都可能导致致命的非定向生长。然而,鉴于碳纳米管的优异性能和未来对碳纳米管材料的巨大需求,无机管状结构的开发和研究还有待进一步深入[59]。

2. 有机管状结构

　　分子尺度的中空管状结构在自然界中具有多种生物学功能,例如细胞骨架微管和病毒外壳蛋白的支架和包装,以及细胞膜通道的化学运输和筛选。在制备此类管状组件时,生物系统广泛使用自组装方法。有机纳米管结构是非常重要的结构元件,因为它们可以用作纳米线或纳米载体。受生物学启发,大多数形成管状结构的方法也是仿生的。例如,肽纳米管结构可通过使用环八肽的自组装形成[60]。

　　从概念上讲,有三种可能的方法来设计开放的空心管状结构,分别为:

　　(1)螺旋中空折叠结构。应用于多肽结构和一些线性结构,如使用间位取代苯乙炔低聚物,以实现合适和可靠的螺旋圆柱形,因为其旋转角度是刚性固定的。然而,这种结构仅限于低聚物管状态,降低了它们的潜在应用可能性。同时,与其他结构相比,螺旋中空折叠结构也缺乏一定的设计灵活性。

　　(2)连续堆叠环结构。例如,微晶肽纳米管的制备应用了连续堆叠环结构的自组装行为。肽纳米管结构具有广泛的潜在应用,从制备新的细胞毒素、药物释放和缓释控制,到催化和其他材料的科学应用。

（3）扇形或楔形分子可以组装成圆盘，然后堆叠形成连续的圆柱形结构。堆叠的环形分子必须使用特定的自组装模式进行组装，这类似于分子圆盘的堆叠。然而，这种方法对自组装顺序的要求更高，因为磁盘结构被划分为许多扇区或楔形结构。这种复杂管状材料的扇形结构可以通过脂质来实现。通过改变脂质的类型，可以控制材料的聚集状态。例如，3,4,5-三羟基苯甲酸（没食子酸）用于形成柱状液晶阵列。

有机管状结构在化学、生物和材料科学领域具有广阔的应用前景。近年来科学家们对人工纳米管状结构的制备方法也进行了大量的研究。随着人们对影响大分子和两亲性自组装行为的因素的认识的加深，未来有机管状结构自组装的工作将主要集中在环形堆叠和扇形组装方法上，或者将它们组合成圆柱体进行操作，并应用于越来越多的功能材料[61]。

4.4.4　纳米颗粒自组装

纳米颗粒的特性不同于相同材料的大块样品，并且纳米颗粒的自组装聚集体也可能具有不同于单个纳米颗粒和大块样品的特性。目前，人们对纳米颗粒集成的兴趣源于这样一个事实，即我们可以利用它们的集体特性以及将这些特性用于功能性设备的可能性。

纳米颗粒的整合还可能揭示出新的电子、磁性和光学性质，因为纳米颗粒与电子、磁铁或表面塑料相互连接。如果单个纳米颗粒的间距和布局是可验证的，那么这些特性将可用于集成电路设备中。自组装为纳米颗粒聚集体的可控制备提供了一种简单、低成本的方法[62]。

1. 溶液自组装

纳米颗粒在溶液中的自组装是通过颗粒之间的吸引（如共价键或氢键、异性电荷之间的静电吸引、偶极子之间的相互作用）和排斥（如空间位阻和各向同性电荷之间的静电排斥）的相互作用来实现的（见图 4-19），通过控制纳米颗粒在溶液中的吸引和排斥，可以实现纳米颗粒的自组装行为。例如，当金纳米棒的长端携带十六烷基三甲基铵硝酸盐且末端携带聚苯乙烯（PS）分子时，在二甲基甲酰胺溶液（聚苯乙烯的不良溶剂）中添加水会形成自组装的链状结构；而在四氢呋喃溶液（十六烷基三甲基铵硝酸盐的不良溶剂）中加入水则会形成自组装的团簇结构。

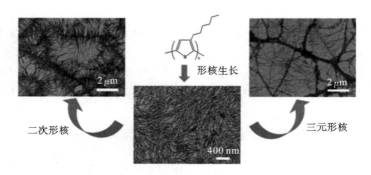

图 4-19　溶液自组装 SEM 照片[62]

2. 模板自组装

碳纳米管、嵌段共聚物、病毒或 DNA 分子可以用作纳米颗粒组织的模板。印章和纳米颗粒之间的强烈相互作用将使纳米颗粒在预定义模板中构建的结构中定位。

硬质板提供了组装纳米颗粒的清晰形式,但沉积纳米颗粒之间的差异通常不受控制。

软模板(如合成聚合物、蛋白质、DNA 分子或病毒)具有独特的化学结构,并为纳米颗粒的附着提供了多个定义明确的结合位点。此外,软生物模板允许使用自然系统中的策略将纳米颗粒组织成层次结构。特别地,由于 DNA 的结构多样性、序列清晰性和丰富的功能特性,DNA 控制的纳米颗粒组装具有广阔的应用前景。例如,可以使用烟草花叶病毒合成和组装纳米金属颗粒,以获得一组一维纳米颗粒。

3. 外场辅助自组装

通过电场、磁场或光组装纳米颗粒,提高了自积累的速度和准确性以及操纵纳米颗粒收集的能力。

磁场用于收集金属、金属氧化物和复合粒子,例如,可以通过磁场组装伽马 Fe_2O_3。这是因为超顺磁纳米颗粒具有随机变化的磁矩。当磁场转矩超过纳米颗粒的热能时,就可以实现这一点。当磁性纳米颗粒非常靠近磁场时,它们形成一维组件或三维超网格。

电场也可能诱导纳米颗粒极化,使相邻的纳米颗粒通过偶极间的相互作用形成平行于电子场线的链结构。相互作用强度随纳米颗粒极化率的增加而增加,纳米颗粒链的长度随电场强度、纳米颗粒浓度和介电常数的增大而增大。当电场方向改变时,纳米颗粒形成的链结构将松弛为随机取向的团簇,然后向相反方向重新排列。

4.4.5　浸笔式纳米光刻技术

1. 概述

纳米结构自组装技术擅长于大规模排列大量单分子或均匀性高的纳米结构,但缺乏纳米分辨率和特殊的图形设计能力,因此通常与其他平面印刷方法相结合[63]。浸笔式纳米光刻(DPN)是一种基于原子力显微镜(AFM)的技术,由美国西北大学 Mirkin 教授和 Nanoink 公司于 1999 年开发。DPN 是一种扫描探针光刻(SPL)技术。与其他相关技术不同,DPN 不将能量转移到基板表面,而是直接将目标材料沉积在基板上。DPN 利用原子力显微镜的探针作为笔,通过分子扩散将墨水分子沉积在基底表面,构建纳米结构。由于其过程类似于用钢笔蘸墨水书写,因此该技术被称为浸笔技术。

DPN 是一种将分子从 AFM 针尖传输到基底的简便方法。它可以实现纳米尺度的多组分可控组装,分辨率高,对样品的需求量少。DPN 可以很容易地适应实验室环境,避免有机溶剂或高能束的有害暴露。这种基于扫描探针的过程可以使用探针同时进行原位成像和写入。作为一种低成本的纳米加工技术,DPN 的应用领域不断扩大。由于其破坏性小,也可应用于生物医学领域,如细胞生物学、药物传递、生物传感器等[64]。

2. 基本原理

运用 DPN 技术时,首先将 AFM 探针蘸上特定的墨水,并移动到目标位置,然后利用针尖与基板之间凝结的水滴的毛细管作用和表面张力,将墨水分子逐渐转移到基板表面,如图 4-20 所示。因此,油墨分子必须与基材有一定的亲和力,才能通过化学吸附在表面形成单层。通常,将聚乙二醇(PEG)用作油墨载体,油墨分子可以是各种有机小分子、有机染料、蛋白质分子、DNA、硅烷试剂、导电聚合物、无机纳米粒子等。

整个工艺包括四个阶段:针尖对油墨分子的吸附、针尖与基板间弯月面液桥的形成、油墨分子的传递和油墨分子在基板上的扩散。其中,弯月面液桥作为针尖分子向基板表面转移的通道,是 DPN 加工的关键环节。它的形成取决于湿度和针尖与基板之间的相对距离。弯月面液桥的宽度是影响加工结构宽度的决定因素。它受到许多因素的影响,如温度、湿度、针尖处的亲水性、几何形状等。研究结果表明,液桥的宽度随湿度的增加而增加,随端部与基部的相对距离的增大和温度的升高而减小。此外,液桥的宽度还与基板表面的硬度以及由高表面硬度基板形成的液桥的宽度有关[65]。

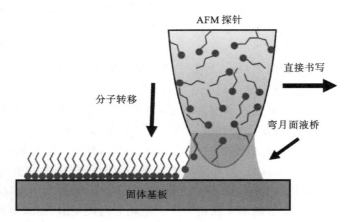

图 4-20　浸笔式纳米光刻示意图[66]

3. 发展趋势

DPN 具有设备简单、成本低、分辨率高等特点。由于其自下而上的工艺特点,它可以通过平行探针阵列实现平行点墨水扩展映射(约 55000 个探针可以同时工作),并且可以同时打印多种不同的墨水分子。已经证明,通过精确控制晶格和高分辨率图案设计(可实现 5 nm 横向分辨率和 15 nm 线宽),DPN 能够制造复杂的 2D 和 3D 图案纳米结构。未来,DPN 将作为一种低成本、高产量的纳米结构制造技术在微纳制造领域发挥重要作用[65]。

4.4.6　自组装技术的发展趋势

纳米结构自组装是一个从无序到有序、从多组分聚合到单组分的过程。自组装系统是一个高度有序、结构化、功能化和基于信息的系统。这也证明了分子尺度的设计、合成和定向操作可以使宏观材料具有功能和特性。纳米结构自组装技术制备的材料种类繁多,具有功能性强、合成方便、成本低等优点。如今,自组装技术已经成为许多其他形式的微纳制造技术的重要组成部分。研究内容包括自组装薄膜、管状结构、纳米颗粒、纳米线和复杂的三维结构。它广泛应用于光学、电子器件、催化、航空航天和传感等领域。未来自组装技术将进一步向功能集成化、智能化、实用化的方向发展,在纳米结构组装机理和更复杂、更精确的组装系统上寻求突破[66]。

4.5　薄 膜 沉 积

4.5.1　物理气相沉积

物理气相沉积(physical vapor deposition,PVD)也是一种常见的微纳制造工艺,是一种在真空环境下基于物理方法将材料沉积在衬底上的薄膜制备技术。在 PVD 过程中,薄膜材料通过物理手段从固态相转变为气态相,然后再通过凝结在基底表面上形成薄膜。

基于 PVD 的基础原理,其具有很多的优点。物理气相沉积技术制备出的薄膜具有良好的薄膜附着力。在 PVD 过程中,薄膜材料是通过物理手段从固态转变为气态,然后沉积在基底表面上的。这种气态到固态的过程使得薄膜能够较好地与基底结合,形成良好的附着力。这对于薄膜的长期稳定性和性能至关重要。此外薄膜还具有硬度高、强度高的特点,并且热稳定性好、化学性质稳定、耐磨性好、薄膜结构致密。这是由于在沉积过程中,薄膜材料以原子或分子的形式沉积在基底表面上,形成紧密排列的结构,有利于防止杂质渗透和提高薄膜的性能。并且,PVD 制备的薄膜成分具有很高的可控性,通过调整蒸发源或靶材料的组成,可以精确控制沉积薄膜的化学成分。这种可控性使得 PVD 能够制备出具有特定性质和功能的复杂复合薄膜,满足不同应用的需求。相较于 CVD,PVD 工艺是在密闭真空环境下通过"物理反应"实现的,工艺过程不需要使用有毒的化学品,是一种绿色洁净的制造工艺。因此,PVD 成为许多行业中制备薄膜的首选方法,在半导体器件制造、光电子学、装饰涂层、传感器、光学薄膜等领域得到广泛应用。

PVD 沉积过程可以分为以下几个步骤。第一步是准备用于沉积的薄膜材料。对于蒸发沉积,薄膜材料通常以块状或片状形式放置在蒸发源中;对于磁控溅射,薄膜材料作为靶材料,被放置在真空腔室中。第二步是建立真空环境。在进行 PVD 之前,需要建立高度净化和真空的环境。这是为了避免薄膜沉积过程中材料发生化学反应,确保所沉积的薄膜的高质量。第三步是加热蒸发源或激发离子,形成气态。对于蒸发沉积,薄膜材料的蒸发源通常通过加热至高温来蒸发;对于磁控溅射,使用磁场激发气体离子,使其撞击并释放出靶材料原子或分子。第四步是薄膜沉积,在气态下,薄膜材料通过物理过程沉积在基底表面上。基底通常是平坦的固体表面,如硅晶片、玻璃等。薄膜材料的原子或分子在基底表面聚集,并逐渐形成薄膜。在沉积过程中,薄膜的生长速率和厚度可以通过控制蒸发源或靶材料的温度、气体流量、薄膜沉积时间等参数来控制。薄膜沉积结束后,停止对蒸发源或靶材的加热和激发,并在真空环境下逐渐冷却。

1. 真空蒸镀

真空蒸镀(vacuum evaporation)技术是一种常用且原理比较简单的物理气相沉积技术。它将薄膜材料加热至高温,使其从固态转变为气态,然后在真空环境中凝结并沉积在基底表面上形成薄膜。薄膜材料以块状或片状形式放置在蒸发源中,在加热过程中原子或分子逸出蒸发源的表面,形成气态,被称为蒸发物质。这些气态原子或分子扩散到基底表面,并在那里冷凝形成薄膜。通过控制蒸发源的温度和蒸发速率,可以精确控制薄膜的厚度和成分,使得蒸镀技术在制备高纯度、高附着力、厚度可控和成分可调的薄膜方面具有重要应用价值。

2. 磁控溅射

磁控溅射(magnetron-sputtering)通过磁场激发工作气体中的离子,让它们加速撞击靶材料表面,使靶材料从固态转变为气态,然后在基底表面沉积形成薄膜。磁控溅射技术具有多种优点。首先,由于薄膜材料是由离子束撞击靶材料表面释放的,薄膜通常具有较高的附着力。其次,薄膜的成膜速率可调,通过调节工作气体压力和离子束能量,可以实现对薄膜成膜速率的控制。此外,磁控溅射可以实现薄膜在基底表面的均匀沉积,使得薄膜的厚度和性能在整个基底表面上保持一致。此技术适用于多种材料,包括金属、氧化物、硫化物等,因此在光学、电子、能源等领域得到广泛应用。

尽管磁控溅射技术具有诸多优点,但也存在一些局限性。例如,对于大面积和复杂形状的基底,其均匀覆盖薄膜的能力受到一定挑战。在选择薄膜制备技术时,需要综合考虑所需薄膜的性质、基底材料和应用要求,以确定最合适的方法。总体而言,磁控溅射技术作为一种高度可控的薄膜制备技术,为材料科学和工程领域带来了许多重要的进展和应用。

3. 脉冲激光沉积

脉冲激光沉积(pulse laser deposition,PLD)是一种先进的薄膜制备技术,也是物理气相沉积的一种形式。它利用高能量激光脉冲照射靶材料,产生高温高压的等离子体,将其中的原子或分子沉积在基底表面形成薄膜。PLD 具有快速成膜、低温制备、薄膜纯度高和控制性强等特点。通过调节激光脉冲参数和靶材料的选择,可以实现对薄膜的厚度、成分和结构的精确控制,适用于高速薄膜制备和对基底温度敏感的材料。然而,薄膜的均匀性和厚度控制可能受到一定限制。随着技术的进步和改进,PLD 在材料科学和工程领域具有较大的应用潜力,为高性能薄膜的制备提供了一种有前景的选择。

4.5.2　化学气相沉积

化学气相沉积(chemical vapor deposition,CVD)是利用气相化学反应,将一种材料的挥发性化合物与其他气体进行化学反应,以产生一种非挥发性固体,这种固体以原子方式沉积在适当的衬底上。

相比于物理气相沉积(PVD),化学气相沉积是一个“高温”过程,但更加便宜,更适合批量生产,不需要特殊的附件。CVD 工艺中反应性气体被送入加热室,其中含有待涂覆的成分。在高温下,各种气相与组件的加热表面发生化学反应,并在这些表面沉积一层固体耐腐蚀涂层。由于温度较高,CVD 涂层通常具有比 PVD 涂层更好的附着力,且密度接近理论密度,具有良好的抗氧化性[67]。

根据所用的前驱体类型、沉积条件和系统中用于激发沉积固体薄膜所需的化学反应的能量形式,已经开发了各种各样的化学气相沉积法和化学气相沉积反应器。比如,当将金属有机化合物用作前驱体时,该过程通常称为 MOCVD;当用等离子体促进化学反应时,则称为等离子体增强 CVD 或 PECVD。此外,还有许多其他改进的 CVD 方法,如 LPCVD(低压 CVD)、激光辅助 CVD、气溶胶辅助 CVD(AACVD)等。

CVD 技术最初是作为涂层手段开发的,但目前其不仅应用于耐热或耐磨涂层,而且由于其过程与固体微电子学密切相关,CVD 过程已经得到了广泛的研究和很好的发展,广泛应用于金属、半导体、氧化物、碳化物、硅化物等多种材料的成膜。CVD 的主要特征为:① 可以使高熔点物质在低温下合成;② 析出物质的形态多种多样,可以为单粉、末晶、多晶等;③ 能够应用在多种衬底上,不仅可以针对板状衬底进行操作,还可以在粉体表面进行沉积。因此,CVD 技术现在被广泛地应用在碳纳米管、石墨烯的制备中[60,68]。

化学气相沉积首先是从常压化学气相沉积(NPCVD)开始的,为进一步提高电阻的一致性和生产效率开发了 LPCVD。目前,LPCVD 主要用于工业生产。为了进一步降低反应温度,等离子体化学气相沉积已经被开发出来;为了减少薄膜损伤,光学化学气相沉积已经被开发出来;为了实现新材料的规划和开发,人们研究了铜和钨的金属化学气相沉积。

1. 热化学气相沉积

热化学气相沉积(热 CVD)是一种使用挥发性金属卤化物和金属有机化合物在高温下进

行气相化学反应的方法,这些反应包括热分解、氢还原、氧化和取代反应,可以在基底上沉积所需的高熔点金属、金属、氮化物、硼化物、氧化物、碳化物、硅化物、半导体等薄膜。从广义上说,任何气相化学反应,其中试剂为气相,并且至少有一种产物为固相,都可以被认为是化学气相沉积。

尽管热 CVD 使用高温反应,在某些方面限制了其应用范围,但是它可以在可用的区域内生成相对致密和高纯度的薄膜,并且只要控制成膜反应,就可以稳定地形成薄膜。即使在深孔中,只要气相化学反应发生,薄膜也能在孔壁和底部顺利形成。

热 CVD 的应用范围正在扩大,已经成为半导体行业的一种关键技术。在半导体集成电路的生产中,硅、金属、半导体及其外延生长占据了很大的比例,通过热 CVD 制备的氮化物、氧化物以及绝缘和保护膜(如 SiO_2 和 Si_3N_4)的应用也越来越多。使用 TiC 制备的碳化物涂层和使用 TiN 制备的氮化物涂层在超硬度、耐腐蚀性、耐磨性和黏合强度方面都具有优异的性能。此外,热 CVD 技术在航空航天、电子和核能等领域的应用也日益广泛。

2. 等离子体化学气相沉积

等离子体化学气相沉积(plasma-enhanced chemical vapor deposition,PECVD)是一种在较低温度下沉积出高质量薄膜的技术,它通过利用低温等离子体来提高试剂的化学活性并促进气体之间的化学反应。在此过程中,等离子体由气体的辉光放电产生。等离子体化学气相沉积可以根据产生等离子体的能量源进行分类,包括微波等离子体放电(MW-PECVD)、直流辉光放电(DC-PECVD)以及射频放电(RF-PECVD)。当放电频率增加时,等离子体增强 CVD 工艺的效果越明显,所需的反应温度越低。在这三种 PECVD 工艺中,射频放电装置最为常见,因为在放电过程中没有电极腐蚀,所以不会产生污染。

PECVD 最初被用于在半导体衬底上沉积硅化合物,如 SiO_2,随后在半导体工业中得到广泛应用。PECVD 利用等离子体中的电子动能激发气相化学反应,这不仅有效地降低了化学反应的温度,还拓宽了基底和沉积薄膜的种类。

3. 光化学气相沉积

光化学气相沉积(photochemical vapor deposition,PCVD)是一种使用光子(如紫外线或激光)来催化或激发气体中的化学反应,以在基底表面形成薄膜的技术。这种方法的主要优势是可以在较低的温度下进行,同时能产生高质量的薄膜,且其沉积速度快,这对于某些应用(如微电子和光电子设备制造)来说是非常重要的。

在光化学气相沉积过程中,高能量的光子会激发或解离气体分子或表面吸附的分子,形成具有高化学活性的自由基。这些自由基在基底表面发生反应,形成薄膜。这个过程在很大程度上依赖于入射光的波长,因此通过调控光源,可以精确控制沉积过程和薄膜的性质。

4. 有机金属化学气相沉积与金属化学气相沉积

有机金属化学气相沉积(metal-organic chemical vapor deposition,MOCVD)是一种特殊的化学气相沉积技术,它使用金属有机化合物作为前驱体,在气相中进行化学反应,以在基底上沉积材料。这种方法通常用于制造半导体、光伏和光电子设备,特别是复合半导体的生长。

MOCVD 有一些明显的优势,包括在相对低的温度下进行沉积,能够在基底上形成超薄层甚至原子层,同时对不同的基底可以沉积不同的薄膜。这使得 MOCVD 对于某些应用(如钢基底)非常有价值。例如,使用 MOCVD 制备的 TiO_2 晶体膜可以用于太阳能电池的反射层、光解水和光催化应用。

金属化学气相沉积(metal CVD)是一种使用化学气相沉积方法提取金属膜的技术。在一些情况下,由于含有 Cl、F、C、H 等元素的反应气体可能会影响薄膜的质量,因此,金属 CVD 实际上常常使用 MOCVD 方法。现在,金属 CVD 的研究和开发主要集中在布线用的 W、Al、Cu 等,阻挡层用的是 TiN、W 等。

4.5.3　原子层沉积

随着半导体工业不断发展,电子器件不断向小型化和集成化方向发展。一个在显微镜下放大 10000 倍的小芯片,与城市一样复杂。对于这种高度集成的设备,微结构和纳米结构之间的边界必须在如此小的距离内"清晰"。然而,对于传统的化学气相沉积和物理气相沉积,仍然存在一些有效和精确的问题,比如如何在如此小的范围内实现复杂结构的可控沉积。因此,需要一种能够满足材料多样化和精确可控生长要求的沉积方法,作为集成电子器件发展日益复杂的基础[69-71]。

原子层沉积(atomic layer deposition,ALD)技术是一种气相薄膜沉积技术,通过连续、自限制的表面化学反应实现薄膜的纳米级控制。原子层沉积技术是一种基于化学气相沉积技术的改进技术,不同之处在于,CVD 是将两种反应前驱体同时通入反应腔体进行反应,而 ALD 是将两种前驱体分别通入反应腔体中。

ALD 技术(见图 4-21)的反应过程是将气相前驱体脉冲交替地通入反应腔体,在待沉积表面上进行连续自吸附化学反应,进而形成薄膜。它由一系列的半反应组成,每一个循环通常分为四步:首先引入前驱体 A,前驱体 A 在基板表面发生化学吸附反应,形成单分子层;然后引入清洗气体(通常为惰性气体,比如氮气、氩气等)吹洗未反应的前驱体 A;再引入前驱体 B,前驱体 B 与结合在基板表面的前驱体 A 分子发生化学吸附反应;最后再引入清洗气体吹洗未反应的前驱体 B。上述的每个半反应都是自限制的饱和化学吸附反应,基于这一特性,ALD 技术具有厚度可控性、低温沉积和高保形性的特点[72]。

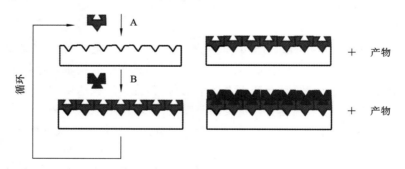

图 4-21　原子层沉积技术示意图

(1) 厚度可控性。由于原子层沉积技术的自限制性,薄膜都是以单分子层的形式沉积在基板上的,因此只需要控制沉积循环次数,就可以简单精确地控制沉积薄膜的厚度,实现薄膜厚度在亚纳米级的精确控制且具有较高的可重复性。

(2) 低温沉积。原子层沉积技术低温沉积的特性能够应用于有机基板或生物基板上,这些基板的耐热性较差,ALD 的低温沉积特性使在这些基板上沉积高质量薄膜成为可能,能够广泛应用在有机柔性器件、光电器件上。

(3) 高保形性。高保形性的沉积特性使得薄膜可以沉积在各种形貌的外露表面上,不随表面的形状变化而变化。另外,基于 ALD 生长的特点,其可在复杂结构表面生长,并在表面实现均匀包覆。

此外,随着器件的日益复杂,薄层薄膜的定向生长已被视为纳米制造过程中的一个重要方面。如果在制造过程中,边缘对准不成功,则会产生非常严重的边缘放置误差(edge placement error,EPE),器件的绝缘性能就会恶化,器件的成品率和稳定性就会下降。为了实现高精度的对准,如何避免或消除非期望区域的薄膜沉积是一个挑战。而目前的半导体制造需要进行光刻和刻蚀的多步相互对准步骤,对设备的要求极高,同时面临价格昂贵、技术壁垒高的挑战,因此半导体工业中迫切需要实现自下而上的具有"指向性"的生长工艺。

选择性沉积技术是一种有效且有发展前景的校准方法,它可以减少光刻和刻蚀等步骤,同时具有很强的定位能力。选择性沉积技术就像搭积木一样,仅在需要的地方沉积材料,实现薄膜的自对准生长,该技术与工艺处理被认为是纳米制造的"圣杯"[73]。

薄膜的选择性沉积通过不同的方法,基于材料在两种基板上的生长速率差异,让材料在生长区域上快速生长,而在非生长区域上具有一定的形核延迟,从而得到选择性窗口,实现选择性沉积,如图 4-22 所示。

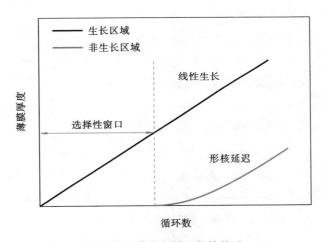

图 4-22　膜厚与循环数的关系

一般使用 Gladfelter 的 CVD 选择性定义来量化薄膜沉积选择性,使用 S 作为选择性系数,θ_{GS} 和 θ_{NS} 分别代表在目标区域和非目标区域的沉积数值:

$$S = \frac{\theta_{GS} - \theta_{NS}}{\theta_{GS} + \theta_{NS}}$$

式中:S 从 0(完全无选择性)到 1(完全选择性)变化。选择性系数 S 是一个与 ALD 循环次数、沉积厚度相关的值,因此在量化选择性时,通常会指定一个选择性系数 S 的值,比较沉积的厚度(或循环次数),或指定一个沉积厚度(或循环次数),比较选择性系数 S 的值。

1. 电介质模板自对准

选择性沉积的特点是只在指定区域沉积,一种可以利用的方法是借助模板辅助沉积。模板的作用是限制生长方向或阻断沉积区域。沉积一般发生在模板未覆盖的生长区域,而被模板覆盖的非生长区域则会受到抑制。目前,在半导体工业中使用的主要沉积技术是化学气相沉积。在模板的帮助下,可以快速实现选择性 CVD,薄膜厚度可以达到 100 nm 以上。而物理气相沉积的选择性沉积报道较少,因为在动力学上很难抑制气体颗粒在非期望区域的成核生长。

在使用模板法对准时,如何选择合适的模板取决于材料、制造精度、技术成熟度等因素。电介质模板具有很大的机械刚度和热稳定性,因此,它展示了很好的边缘方向控制和对准精度。依托于电介质模板的定向对准生长,包括各种电介质模板结构,如浅沟槽、孔、通孔、纳米管等。通常来说,电介质模板的制备需要使用各种复杂的光刻技术,因此,模板的定位精度主要受到模板形状的限制。

广泛应用于集成电路制造过程中的浅槽隔离(shallow trench isolation, STI)结构是电介质模板对准的一个很好的例子,在沉积高迁移率材料 Ge、InP 前,先形成电介质浅槽隔离结构作为阻断模板,而 Ge 和 InP 仅仅会在槽道区域外延生长,如图 4-23 所示。这种选择性外延生长的质量取决于许多不同因素,如浅槽结构、生长条件和后处理工艺等[74]。

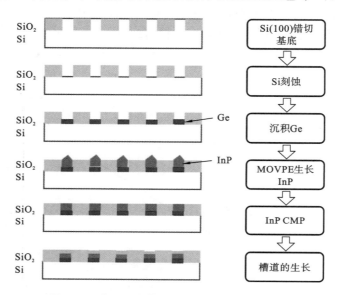

图 4-23　应用于浅槽隔离结构中的电介质模板

2. 反应物固有选择性

固有的选择性通常发生在干净或未经图案化修饰的衬底上。在 ALD 或 CVD 过程中,由于衬底表面能或表面活性基团的差异,反应前驱体会在生长表面(growth area)上快速成核,而在非生长表面(non-growth area)上缓慢成核,这种反应物的固有选择性在一些材料体系中产生了令人满意的结果。

1)区域选择性

固有选择性沉积利用不同材料上的薄膜的成核延迟,而不借助模板。通常,一旦反应前驱体在非期望区域发生反应,薄膜沉积的选择性就很容易丧失。应用反应物固有选择性实现选择性沉积的图形基板有很多种,如 Si/SiO_2、金属/氧化物、氧化物/氧化物等。

晶体管的发展推动了半导体和金属在硅/二氧化硅衬底上的固有选择性沉积,早在 1962 年,Joyce 和 Baldrey 就报道了硅在硅衬底相对二氧化硅表面上的选择性沉积。由于在高温氢气环境下成核反应与还原反应之间的竞争作用,硅在氧化硅表面的成核速率受到了抑制。同样,Minjauw 等人[75]发现了 Ru 在 SiO_2 基板上的成核延迟效应,他们发现 Ru 在 SiO_2 基板上有 60 个反应周期的成核延迟。但不同的是,SiO_2 表面的羟基为 HfO_2 和 ZnO 的沉积提供了更活跃的反应位点。

固有选择性通常只存在于特定的材料体系中,而选择性窗口的调节需要在多功能应用中更加精细,其重点是开发更多的高选择性反应体系,而不需要额外的处理步骤。迄今为止,基于表面固有选择性的沉积技术已在许多其他材料中得到了广泛应用。在这一部分中,金属氧化物衬底的相关研究是最多的,关于核壳催化剂的研究促进了金属在贵金属上,而不在氧化物基板上的选择性沉积。Lu 等人[76]成功地沉积了 Pt/Pd 双金属核壳纳米粒子,同时避免了其在氧化物表面的生长。Weber 等人[77]发现只有在 Pd 核大于 1 nm 时才会出现铂壳,而选择性主要来自金属和氧化物衬底之间的表面能差异。他们通过使用电子束(EBID)制备种子层进行选择性 ALD,得到横向分辨率只有约 10 nm 的 Pt 纳米化结构。EBID 可以在任何平面形状的基底上预先定型,因此一些研究人员将这种过程命名为电子束直写 ALD。因为没有腐蚀残留,电子束直写 ALD 沉积金属的接触电阻较低。这种方法未来有望替代光刻技术,并且与敏感的纳米材料兼容。

除金属对金属外,氧化物对金属的选择性也有许多研究。Bent 等人[78]发现了 Fe_2O_3 ALD 对 Pt 和 SiO_2 的选择性。金属的选择性来自较低的化学吸附能和活化能。值得注意的是,无论是三维结构、二维平面结构还是纳米颗粒,金属和氧化物的表面活性差异始终存在。由于上述原因,一旦合适的靶材料出现,两种不同材料之间的固有选择性总是存在。

2) 晶面选择性

区域选择性沉积提供了一种自下而上的微纳结构处理方法,可以避免传统半导体处理过程中的精度和缺陷问题。如果物体尺寸继续减小到纳米级,也可以使用选择性沉积,这种方法相当于亚纳米"外科手术刀",可以直接改变小的纳米颗粒。

对催化剂而言,从原子尺度构建催化剂可以显著提高催化剂的催化性能和效率。晶体通常具有一定的网格结构,尺寸范围位于亚纳米级,形状结构与立方体相同,有一定的面和边。不同的晶体能级有不同的能量。低能晶体能级最好通过薄层沉积进行吸附,通过精确控制生长实现特定晶体能级的选择性生长。这种方法可以直接改变纳米尺度上的粒子,提高催化剂的活性和稳定性[79]。Wang 等人[80]利用双乙基环戊二烯钌在化学气相沉积中实现了选择性或毯式生长二氧化钌纳米棒。区域选择性生长表现在由图案化后的 SiO_2 作为非生长表面和 $LiNbO_3$(100)或 Zn/Si 作为生长表面组成的衬底上。无论采用毯层法还是选择性 CVD 法,二氧化钌纳米棒都在[001]方向生长,呈正方形截面,直径为 2060 nm。纳米棒的取向由垂直方向变为随机方向,同时纳米棒的数量密度沿边界掩蔽区减小,呈窄条纹状。

利用晶面选择性薄膜沉积可以对纳米颗粒实现定向包覆,有效提高纳米结构的稳定性,同时能够保持表面的活性位点。同时,通过对选择性定向包覆模型的建立以及生长理论的分析,能够对不同的前驱体在不同基底上的生长进行预测,实现纳米材料的精细结构设计,并为亚纳米尺度上的微纳结构的精密设计提供理论基础和方法指导。

3. 表面抑制剂选择性

通过有机基团修饰表面是一种广泛研究的选择性沉积,包括聚合物、自组装单分子层(SAM)和其他抑制剂分子。其主要过程是:使用反应抑制剂对基底表面特定区域进行特殊的处理,使其特性发生改变,好像蒙上一层"疏水层"材料一样,当前驱体分子通入时,这些经过处理的区域就会对其产生抵抗从而抑制前驱体分子的吸附,而未经处理的表面会正常反应。当增加沉积循环数时,经处理过的区域就不会沉积,而未经处理的区域就会沉积薄膜,从而达到特定区域选择性沉积的目的。与电介质模板相比,反应抑制剂更容易被去除,但选择性边缘取向问题仍需要改进。然而在一些情况下,SAM 也可以是一种表面促进剂,比如 Winter 等人[81, 82]在金、银衬底上生长了硫醇自组装单分子层,促进了金薄膜在两种衬底上的化学气相沉积。

这种方法的优势在于它可以精细地控制沉积的位置和厚度,从而在微电子设备制造、表面功能化等方面发挥重要作用。尽管这种技术在实践中面临一些挑战,如确保抑制剂的一致性和稳定性、处理的复杂性等,但随着科技的不断发展,我们有望在未来看到其在各种场合的更广泛应用。

4. 反应修正步骤

在使用电介质模板进行选择性沉积的过程中,当沉积的薄膜厚度超过模板的高度时,会出现选择性丧失的现象,形成"蘑菇"状生长;而在应用反应抑制剂进行选择性沉积的过程中,随着反应的进行,反应抑制剂表面也会不可避免地出现缺陷,造成非期望区域的薄膜沉积。这些都需要额外的反应修正步骤(见图 4-24)。

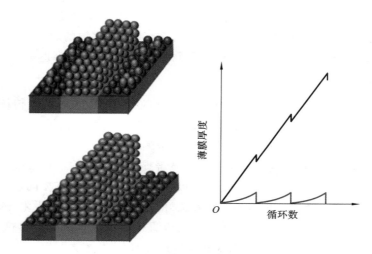

图 4-24　使用反应修正步骤提高薄膜沉积选择性

主要采取的反应修正步骤为 ABC 型沉积方法,通过一定数量的 AB 薄膜沉积循环后重复表面改性步骤,可获得修正后的超高选择性。例如,在使用自组装单分子层进行选择性沉积时,为解决自组装单分子层表面的缺陷问题,研究人员开发了一种每进行 100 次循环将蒸气分子加入 ALD 过程的工艺,这个策略将沉积选择性提高了 3 倍。

另一种方法是将选择性刻蚀引入选择性沉积过程。原子层刻蚀(atomic layer etching, ALE)是一种去除非生长区域材料的有效方法。首先利用薄膜沉积前驱体在两种衬底上的成核差异形成不同厚度的薄膜,然后利用成核延迟效应产生的厚度差,引入原子层刻蚀步骤将非期望区域的薄膜除去,以提高选择性。原子层刻蚀方法一般有两种:① 等离子体刻蚀,即使用等离子体对表面薄膜进行刻蚀,是一种各向异性的刻蚀方法;② 气相前驱体刻蚀,即使用气相前驱体与表面薄膜相互反应进行刻蚀,也称作热效应原子层刻蚀(thermal ALE),是一种各向同性的刻蚀方法[83]。气相前驱体刻蚀可以看作薄膜沉积的逆过程,由气相前驱体的自限制吸附反应和化学吸附表面的挥发刻蚀组成。一般来说是应用化学方法将薄膜转化为易挥发物质去除,同时使用这种方法制备出的薄膜比仅仅通过薄膜沉积方法制备出的薄膜有着更高的光滑度。

4.6　探针加工方法

4.6.1　基于原子力显微镜探针的纳米加工

1. 基于 AFM 探针的纳米机械加工技术

基于原子力显微镜（AFM）探针的纳米加工技术已成功应用于纳米加工领域，实现了复杂三维结构的微纳米精度加工。为了改变具有特定目标的样品表面，而不破坏样品表面，基于 AFM 探针纳米处理的简单、直接的处理程序越来越多地用于不同的领域[84,85]。

1）基于 AFM 探针的纳米机械加工原理

图 4-25 所示为基于 AFM 探针的纳米机械加工原理示意图。在 AFM 纳米加工的情况下，AFM 探针被认为是一种小型工具，用于在接触模式下对样品表面进行加工。在垂直方向上调整 AFM 扫描仪陶瓷管可以使在雕刻过程中探针微发射器的变形保持不变。AFM 探针向样品表面施加相对较大的垂直载荷 F_N（通常为数百纳牛对数百微牛），使加工后的样品材料产生塑性变形，并实现样品材料的去除，或显示、收集、形成沿 AFM 探针标记方向提取的材料碎片。探针的垂直载荷是控制加工结构深度的主要因素。因此，必须在处理前确定相应的垂直荷载 F_N。

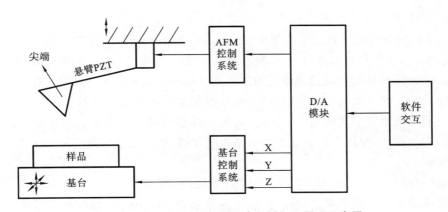

图 4-25　基于 AFM 探针的纳米机械加工原理示意图

2）基于 AFM 探针的纳米机械加工深度控制

在纳米结构加工中，加工深度是最重要的加工指标之一。基于 AFM 纳米加工方法，即位移技术和加载技术，可实现预期加工深度的加工。位移调节方法主要对 AFM 系统进行改造，以加强雕刻过程中对探头的控制，控制探针与样品之间的相对垂直位移，实现加工深度可控的纳米加工。与传统加工类似，刀具零件的刚度系数 K_2 接近基体的刚度系数 K_s，如图 4-26 所示，商用 AFM 的光学杠杆系统简化为弹簧阻尼系统。AFM 和反馈系统使施加在样品表面的垂直载荷保持恒定，弹簧阻尼系统的刚度系数 K_1 远低于基体的，加工零件或结构的深度尺寸取决于载荷，这种方法的优点是可以追踪待加工的样品表面。但不同试样材料的载荷与加工深度的关系必须达到一定的程度，不同的材料变形状态对垂直载荷与加工深度的关系有很大的影响。加工零件和结构的尺寸取决于刀具和工件之间的相对位移。加工复杂纳米结

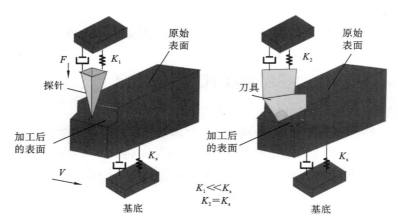

图 4-26 基于载荷控制和位移控制的加工原理示意图

构时,加工精度完全取决于加工系统每个运动部件的精度,这不能反映传统 AFM 表面处理的优点。样品倾翻对加工结构深度的影响很难消除。同时,在微表面上处理复杂的微结构很困难,这限制了位移法的应用范围。为了控制样品表面垂直载荷的变化,实现对微结构的加工,达到预期的加工深度,通常将 AFM 设置为接触模式。加工过程通常控制在材料的塑性变形阶段,以保证加工质量和保持既定的载荷与深度关系。

3)基于 AFM 探针的纳米机械加工微纳结构

基于 AFM 探针的纳米加工过程与传统加工过程类似。利用该技术实现三维纳米结构的加工有两种方法,一种是材料提取,另一种是材料变形。然而,这两种方法的加工过程的性质是相同的。在去除材料时可以通过涂层和改变垂直载荷以实现加工。涂层是在二维加工过程的基础上完成的。在二维加工过程中,只能通过控制水平面上的二维移动平台并保持探针在样品表面上的负载恒定来实现加工。因此,处理二维结构的过程简单且易于实现。如果改变不同处理结构的尺寸,允许它们在处理纳米结构时重叠,则准三维纳米结构的加工可以通过材料提取来实现。

根据这一分层过程,Yan 等人将商用 AFM 系统改造为 100 m×120 m 的可移动范围。其三维高精度移动平台取代了原来的移动平台,并改造为 Micronano 数控加工系统。基于该系统,在硅衬底表面,1 mm 厚的铜箔被加工成凸面和凹面纳米结构。在二维平面中通过加工结构尺寸的变化和每个加工过程中垂直载荷的变化可以实现总长度小于 200 nm 的正方形和圆形台阶结构的加工。当加工真实的三维结构时,必须改变加工过程中记录的垂直载荷。因此,可以通过精确控制二维平面上不同位置的垂直载荷来实现对三维结构的处理。Yan 等人通过这种方法实现了对真实三维结构的处理。首先,他们对预期结构的灰度图像进行变换,在三维坐标系中处理结构。每个坐标上的灰度值对应于预期的加工深度。灰度值实际上用于控制三维移动平台在处理系统垂直方向上的位移。将 AFM 系统设置为恒定高度处理模式,并在处理过程中改变位移,这样不同位置的垂直荷载将发生变化。通过这种方法,Yan 等人实现了包括窦状曲线结构和面状三维浮雕结构等真实的三维结构加工。该工作没有明确规定垂直载荷与处理深度之间的关系,因此,处理后三维结构的尺寸是无法预测的。

2. 基于 AFM 探针的纳米操纵与系统

在使用 AFM 观察细微颗粒时,研究人员意外发现,若让 AFM 的探针以侧向力撞击与基底间黏附力不是特别强的纳米颗粒,则可以改变颗粒的位置。根据这一发现可以对样品表面进行精密加工。

1) AFM 探针纳米操纵的基本原理

当使用 AFM 进行纳米操纵时,反馈系统在操纵过程中处于关闭状态。当针尖移动时,它不再与样品表面保持恒定的力,而是将操作的起始位置作为参考点,保持恒定的垂直距离(通常为负),让针尖通过表面上 X 轴和 Y 轴位移的控制,扫描预设操作路径。操作后,反馈系统重新打开,针尖打印值也恢复为原始图像输入值,并再次扫描操纵的纳米结构的形态。

使用探针控制粒子位置的方法如下:移动的探针与目标粒子碰撞,对于分布在平面上的目标粒子,如果碰撞产生的力大于基底对粒子的黏附力,则粒子在探针的"推动"下开始移动;为了达到目标粒子的预期位置,只需调整探针运动矢量。图 4-27 简要、清晰地展示了纳米粒子横向水平移动的整个过程。当需要更复杂的粒子移动时,只需改变探针的运动参数。实验表明,不同的力,包括范德华力,都会影响这些纳米粒子。因此,扫描探针不仅可以促进微粒在平面内的二维运动,而且可以在针尖的作用下沿 Z 方向运动[86]。

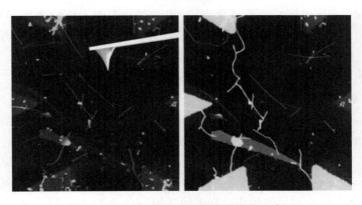

图 4-27　基于 AFM 的交换原子操纵示意图

2) AFM 探针纳米操纵系统

在现代先进制造领域,AFM 微纳米操纵系统是一种适用于在微型、亚微型甚至纳米汽车中拉压、提取、运输、放置和组装物体的系统,可以改变微纳米尺度物体的形状和结构,测量微纳米尺度物体的物理、化学和生物特性。通常,该系统主要由微米机械手及其驱动器、工作台、观察者和控制器组成。它具有高分辨率的观察能力、灵敏度和微观与宏观之间的通信能力[87]。

基于 AFM 的微纳米操纵系统主要由 AFM 系统、模型发生器、微纳米操纵机构、精密工作台和计算机系统组成。AFM 用作 Micronano 操作的观察者,Micronano 操作臂安装在 AFM 的样品室中,主控计算机系统发送适当的指令来控制 Micronano 操作臂,Micronano 操作臂在 AFM 的实时观察下操作放置在精密工件台上的样品。此外,借助电子束开关和 AFM 的偏转控制,使用模型发生器可以实现电子束曝光功能。曝光的样品经开发和巩固后可以制作微结构,用于后续的实验研究和性能测试。图 4-28 所示为基于 AFM 的纳米操纵示意图。

由于系统必须协调 AFM、高精度桌面、Micronano 操作臂和样品发生器等多个组件,控制软件包括原子力显微镜的控制部分、桌面的精确控制部分、Micronano 操作臂和模型发生器应

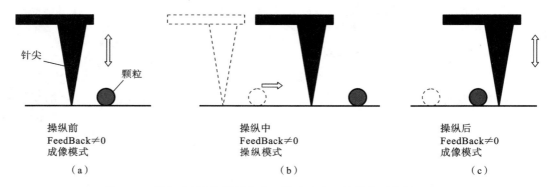

图 4-28　基于 AFM 探针侧向水平推移纳米颗粒的典型操纵示意图
（a）操纵纳米颗粒前的成像模式；（b）水平推移纳米颗粒的操纵模式；（c）操纵后的成像模式

用部分。在原子力显微镜组件执行 AFM 位置控制的情况下，设置分辨率通用功能，例如放大、选择和设置扫描窗口，设置扫描速度，设置图像亮度和对比度，设置自由工作范围和自动聚焦；精密桌面控制单元执行 XY 方向的相对位置移动、XY 方向的绝对位置移动，并设置 XY 方向的步长和用户原点，返回用户的机械原点等，实时指示当前工作台位置；Micronano 操作臂控制面板实现多个操作臂的独立水平和垂直旋转以及线性扩展，并具有两种不同的粗调和精调模式；模型发生器控制单元实现图形数据的创建和转换以及图形生成器各个组件的控制（特别是硬件控制、对齐校正和曝光控制）。

　　3）接触模式操纵

　　1995 年，Junno 等人证实，由于吸附能力不足，基底上的纳米颗粒会移动甚至黏附在顶部。利用这一现象，可以通过原子力显微镜实现对表面气体颗粒的纳米操纵。首先在非接触模式下描绘表面，然后停止尖端振动，关闭扫描仪反馈，操纵指定粒子，再返回非接触模式以检查操纵结果。Reifenberger 等人使用类似策略操纵 HOPG（高定向热解石墨）表面上的金粒子。Baur 等人改进了纳米粒子的操作。在关闭反馈进行操作之前，操作路径的斜率对应于扫描图像，因此针尖沿样品表面垂直移动而无反馈，针尖位移由样品表面的斜率引起。此外还在 GaAs 表面上操纵 10 nm Fe 粒子。但是，由于当时没有传导模式，所有成像必须在无接触模式下进行。与 STM 相比，AFM 的操作突破了样品电导率的限制，显示出更广阔的应用前景。接触模式操纵策略如图 4-29 所示。

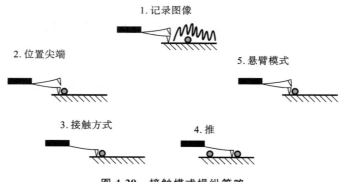

1.记录图像
2.位置尖端
5.悬臂模式
3.接触方式
4.推

图 4-29　接触模式操纵策略

4）非接触模式操纵

AFM 接触模式虽然可以获得原子图像,但很难直接操纵单个原子。因此,STM 长期以来成为直接操纵原子的唯一方法。然而,STM 通常需要高真空低温环境,且对样品有导电性要求,实验难度大。近年来,高分辨率非接触式原子力显微镜(NC-AFM)逐渐应用于单原子的操控。NC-AFM 具有 STM 的高分辨率,不受样品电导率的限制,可以在室温下进行实验(但仍需要高真空环境)。例如,Sugimoto 利用 NC-AFM 将嵌入在 Ge(111)-c(2×8)衬底上的 19 个 Sn 原子排放成了字母"Sn"的图形,图 4-30 所示为其操纵单原子的示意图。随着 NC-AFM 技术的发展,可以预见单原子的操纵将更加方便,样品的选择将更加广泛,其应用前景十分广阔[88]。

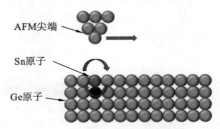

图 4-30　非接触模式操纵单原子

4.6.2　基于扫描隧道显微镜探针的纳米加工

扫描隧道显微镜(STM)是一种基于量子积分效应的高分辨率显微镜。它可以实现量子级的分辨率,同时还可以进行原子和分子的置换、去除和添加,实现纳米级甚至原子级的超细加工。STM 在工作状态下,探针尖端与工件表面之间保持小于 1 nm 的极小距离。尖端和基底之间的张力导致高压并产生隧道电流。这就是 STM 在成像中具有非常高的空间分辨率的原因。与一般聚焦电子束一样,这种高度空间受限的电子束也会引起诸如结构缺陷、相变,在针尖对应的样品表面微生物区发生化学反应和吸附位移,导致化学沉积和腐蚀,这是 STM 用于微加工的客观依据。在纳米量级上,产生的电流总是流入样品表面直径为纳米量级的区域,产生的主要干扰区域将更小。因此,STM 纳米加工工艺的表面处理必须在纳米尺度上进行,换句话说,STM 纳米加工工艺的表面处理是纳米处理,STM 纳米加工工艺甚至可以操作表面上的单个原子[89]。

1. 沉积和刻蚀

利用 STM 技术进行沉积和刻蚀也受到了特别的关注。如图 4-31 所示,STM 沉积和刻蚀操作的原理如下:聚焦电子束在很小的区域内进行能量分解连接,分解产物可能含有金属零件并沉积在表面上,或含有腐蚀成分参与刻蚀反应,导致表面局部刻蚀。所使用的衬底包括硅/砷化镓、石墨/金属等半导体。STM 设备在液体条件下工作,可以为实验提供必要的液体环境。STM 针尖也可用作沉积物,产生局部法拉第电流,然后利用该电流诱导沉积或腐蚀。目前,STM 针尖的结构分辨率低于直接使用隧道电流(或场发射)的分辨率,还无法达到纳米级。气体环境通常是通过将金属-有机混合气体引入真空室来实现的。真空室背景压强为 $10^{-5} \sim 10^{-6}$ Pa。输入的气体压强通常为几个帕斯卡。使用的气体包括二甲基镉(DMCD)、$W(CO)_6$ 和 WF_6Au 的有机化合物,它们随金属沉积的需要而变化。有三种可能的机制来解释这些有机化合物的分解:一是针尖与样品之间的非弹性隧道电子直接降解吸附在基底表面的分子;二是高电流密度使上表面微区温度升高,导致吸附分子热解;三是针尖和样品之间的高电场发射溶解了气体分子,建立了微区等离子体,并在表面沉积和分解了金属原子。无论何种机制,化学键都必须被破坏。这些能量来自针尖和样品之间的电子。STM 目前主要在场发射模式下工作。

使用稀释的腐蚀性液体作为电解液,STM 也可以使用适当的隧道电流、偏置电压和扫

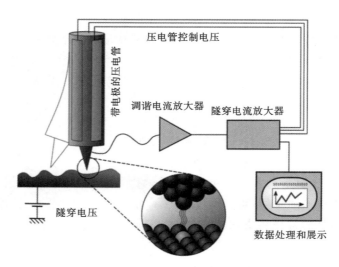

图 4-31　STM 沉积和刻蚀原理示意图

描速度在样品表面直接刻蚀。例如,使用稀释 HF 溶液(质量分数为 0.05%)作为电解液,STM 的隧道电流设置为 1 nA,针尖预加载电压为 1.4 V(此时泄漏电流最小)。通过控制扫描面积和扫描速度,可以在 Si 和 GaAs 表面上实现标记和成像。如果按照适当的加工标准和条件使用含有金属的电解液,则在与针尖相对应的局部微区会产生金属离子的电化学沉积,形成纳米级和高微观结构。STM 可提供能量聚焦电子束,在计算机控制下进行扫描运动,可直接写入涂有电阻膜的样品表面。这种低能电子束的束径非常小,通过电阻膜处理等一系列过程,可以实现非常小的线性图案。STM 在纳米刻蚀中的性能已引起了人们的广泛关注[90]。

2. 单原子操纵

STM 纳米加工工艺不仅可以诱导沉积和刻蚀不同的样品表面,而且表面上的吸附物,如金属颗粒、原子团簇和单个原子,也可以从一个地方移动到另一个地方。STM 在这些方面的应用为研究不同材料小颗粒器件的结构提供了有用的工具。它还可以用来研究粒子之间或粒子与基质之间的相互作用。借助 STM,甚至可以通过原子构造分子或将分子分解成原子。

表面上最简单的吸附质是单个原子。通过 STM,这些单个原子可以根据人们的意愿移动。使用 STM 设备,针尖和样品之间总是存在一定的力,包括范德华力和静电力。针尖的位置和倾角可以改变这种力的大小和方向,使单个原子沿表面移动所需的力小于原子离开表面所需的力,移动吸附在表面上的原子而不将其与表面分离。移动操作的最终结果必须使原子根据特定规律吸附在表面上。

改变一些参数,如磁场厚度,针尖下的样品会发生物理和化学变化。由于电子束的影响,这些变化,如化学反应、相变、吸附、化学沉淀和腐蚀,可以用于微加工。由于隧道电流非常窄,受影响的反应表面很小,直径通常为纳米级。在如此小的面积内发生的一些反应和变化意味着纳米微结构和纳米加工的产生。自 1981 年开发 STM 以来,研究人员对处理技术进行了大量研究,涉及粒子尺度操作、表面矫正、光刻、沉积和刻蚀等,也呈现了较多的处理示例和报告[91]。

4.7　集成电路制造流程

自 1947 年以来,半导体工业在新工艺和工艺改进方面持续发展。技术的进步使集成电路具有更高的集成度和可靠性,相关改进分为工艺和结构两类。工艺改进是指生产更小尺寸、更高密度的器件和电路,结构改进是指发明了新的器件设计方案,提高了电路的性能。集成电路中器件的尺寸和数量是集成电路发展的两个常见标志。器件的尺寸用最小设计尺寸表示,称为特征样本尺寸。半导体元件更专业的标志是栅极宽度。晶体管由三部分组成,其中一部分是电流通路。目前最常见的晶体管是金属氧化物半导体(MOS)结构,其控制部分称为栅极,更小的栅极宽度促进了工业发展。

集成电路作为现代工业的代表性产物,是最能体现复合纳米加工的产品。下面以芯片的制造为例,说明现代工业中是如何把多种微纳加工方式结合的。集成电路制造的主要步骤如下:

1. 晶圆生产

首先从矿物中分离出硅,然后将硅块切割成薄硅片,最后根据不同的定位和污染值生产不同规格的硅片(晶圆)。

2. 芯片制造

当裸露的硅片到达硅片厂后,通过清洗、成膜、光刻、掺杂等步骤进行集成电路刻蚀。刻蚀完的硅片被送到测试和挑选区,进行检测和电气测试,选择合格产品并标记缺陷产品。

3. 装配与封装

在测试和分类之后,芯片进入装配和封装过程,将单个芯片封装在保护壳中。芯片的背面必须打磨以减小基板的厚度,然后在芯片的背面贴上背面塑料膜。塑料膜可以防止芯片掉落。

4. 终测

为确保芯片的功能,需要对每一个被封装的集成电路进行测试,以满足制造商对特性参数的要求。

4.7.1　晶圆加工

1. 晶体生长

晶体生长是将多晶硅块从半导体转变为单晶硅块的过程,多晶硅块由半导体硅生长而来,半导体器件对硅的晶体结构有着非常严格的要求。只有近乎完美的晶体结构才能避免会对器件性能造成严重损害的电气、机械缺陷。

晶体硅的生长方法主要包括直拉法(CZ)和区熔法(见图 4-32)。直拉法采用单晶硅籽晶来生长硅锭。首先在一个巨大的非晶体石英坩埚中加热半导体类多晶硅,然后在熔化表面上放置一个完美的籽晶,并在旋转过程中缓慢拉动,它的旋转方向与坩埚的旋转方向相反。当籽晶在直拉过程中离开熔体时,熔体上的液体会因为表面张力而增加。籽晶表面向熔体辐射热量并向下固化。生长的单晶硅块就像籽晶的复制品。目前,超过 85% 的单晶硅是根据直拉法培养的。

生长单晶硅的另一种方法是区熔法。区熔法是在 20 世纪 50 年代发展起来的。这是目前生长单晶硅纯度最高的技术。在熔化区,多晶硅棒放置在一个模型中,然后放入一个籽晶,再

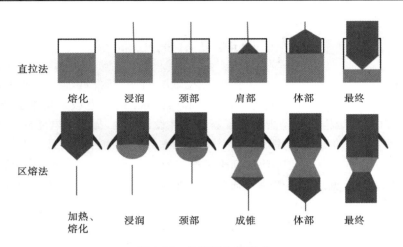

图 4-32　晶体硅生长方式

用射频线圈加热籽晶与多晶硅的接触区域来生长单晶硅。由于区熔法不使用坩埚,其生长的单晶硅氧含量低,纯度较高。

2. 硅锭整型

单晶硅块在晶体生长炉中生长后,必须对其进行整体加工,以生产成片的单晶硅。如图 4-33 所示,整体加工主要分为三步。

图 4-33　硅锭整型示意图

第一步是拆除两端。硅锭的两端通常称为籽晶端(籽晶所在的位置)和非籽晶端(籽晶的另一侧)。拆下两端后,可使用四个探针检查电阻,以确定整个硅锭达到合适的杂质均匀度。

第二步是径向磨削。由于晶体生长中直径和圆度的控制不可能非常精确,因此用于径向磨削的硅块需要稍大一些。

第三步是加工硅锭定位边和锁紧。在传统的半导体工艺中,会在硅锭上制作一个显示晶体结构和硅片晶体方向的定位边缘,以及一个二次定位边缘。为了指示硅片方向和导电类型,美国 200 mm 以上的定位边缘已被定位螺母取代。通常,有关硅片的信息用激光刻在硅片上。

3. 切片

硅锭整型处理完后就是切片环节。对于 200 mm 及以下硅片,切片一般使用金刚石切割边缘的内圆切割机来完成,对于 300 mm 的硅片,由于直径较大一般都是用金刚线切割,如图 4-34 所示。

对于硅锭,由于使用线锯比内圆切割机得到的切片更薄,因此线锯可以比传统内圆切割机产生更多的硅片。早期的线锯使用空白金属丝和游离磨料。在加工过程中,在金属丝和加工零件之间添加研磨剂,以达到切割效果。以砂浆为研磨剂的切割称为砂浆切割。与砂浆切割相比,新的钻石线切割工艺在切割速度、成本和单个耗材方面具有明显优势,成品厚度均匀,产

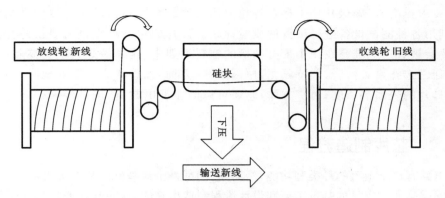

图 4-34　金刚线切割硅片示意图

品收率显著提高。

4. 磨片、倒角和刻蚀

切割后,需要对硅片进行磨片、倒角和刻蚀。

首先是磨片工艺。对硅片进行双面机械研磨以去除切割时留下的损伤,使硅片两侧高度平行和平坦。研磨盘带有密封件和研磨剂。典型的研磨剂是氧化硅、硅碳化合物和甘油。

倒角就是对硅片边缘的抛光和修整。硅片边缘的裂纹和小裂缝会对硅片产生机械应力,特别是在硅片制备的高温过程中,这些小裂缝成为生产过程中有害污垢和颗粒物的聚集点。因此,光滑的边缘对于硅片的制备非常重要。

刻蚀的目的是消除硅片的表面损伤。在硅片的成型过程中,硅片的表面和边缘都会受到损伤和污染。损坏程度取决于制造商的工艺水平,一般为几微米深。硅片刻蚀采用化学刻蚀,选择性地去除表面材料,并在大约 $20~\mu m$ 范围内消除硅片表面的损坏。酸或碱化品可用于刻蚀,不同的化学品可用于刻蚀不同的零件。

5. 抛光

抛光主要是采用化学机械抛光(CMP)技术,得到高平整度的光滑硅片表面。

CMP 是一种在硅片制备过程中常用的关键步骤,它能有效地对硅片表面进行平整和抛光。在微电子和纳米科技中,CMP 技术已成为制造高密度、高性能集成电路的标准过程。

CMP 的基本原理是,通过旋转的抛光盘(也叫抛光垫)和含有特定化学物质的抛光浆料的组合作用,实现对硅片表面的物理剥离和化学反应。这个过程能够使硅片表面非常光滑且平整。

在具体过程中,硅片被固定在抛光头上,然后向抛光盘施加一定的压力使其以特定速度旋转。同时,抛光浆料被分布在抛光盘上,其主要成分是氧化铝或氧化硅,这些成分有助于物理剥离。此外,抛光浆料中还含有一定的化学物质,如氧化剂、酸或碱,这些物质能够在硅片表面发生化学反应,从而消除硅片表面的微小不规则部分。

需要注意的是,CMP 过程需要非常精确的控制,涉及压力、旋转速度、抛光浆料的组成和供应速率等方面,以确保硅片表面的平整度和光滑度。由于这个过程包含机械剥离和化学反应的协同作用,所以被称为化学机械抛光。

6. 清洗、评估和包装

在抛光过程结束后,硅片需要经过深度清洗以达到超清洁的状态,这一步骤对硅片表面的纯度要求极高,以确保几乎不存在颗粒或污染物。为了确保硅片的质量满足客户的标准,需要利用各种测试设备进行细致的质量评估。硅片的包装过程也需要格外注意。一般来说,硅片会被有序地堆叠在一个带有细槽的塑料框架中,这样做是为了支撑和保护硅片。包装材料通常选择氟碳树脂,如特氟龙,原因是:一方面,氟碳树脂能有效地降低颗粒产生,从而保护硅片的表面清洁度;另一方面,它还可以防止静电放电,进一步保护硅片的稳定性和安全性。

4.7.2　芯片制造流程

集成电路有成千上万的种类和功能,然而,它们都是由最基础的基本结构及生产工艺组成的。芯片同样是通过大量的基本工艺和设计流程制造出来的,这些基本工艺和流程主要如下:

1. 薄膜沉积

薄膜工艺(layering)是在晶圆表面形成薄膜的加工工艺。这些薄膜可以是绝缘体、半导体或导体。它们由不同的材料组成,是使用多种工艺生长或沉积形成的,如化学气相沉积、物理气相沉积。常见的有氧化硅薄膜、氮化硅薄膜、多晶硅薄膜和铝金属薄膜等。

针对不同的薄膜,有不同的薄膜生长方式。热氧化常用于在无氧化层的表面生长氧化层,比如在硅片的表面生长氧化硅。化学气相沉积适合在已有氧化层的晶圆表面生长薄膜。

2. 图形化

图形化工艺(patterning)是通过一系列生产步骤将晶圆表面薄膜的特定部分除去的工艺,包括光刻、刻蚀等工艺。先通过光刻机将设计好的图案(掩膜)投影到硅片上,再通过显影将图案暴露出来,并通过刻蚀去除不需要的材料,实现图案向硅片的转移。在此之后,晶圆表面会留下带有微图形结构的薄膜。图 4-35 所示为常见的图形化过程。

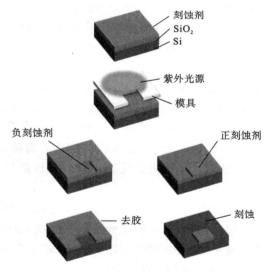

图 4-35　常见的图形化过程

3. 掺杂

掺杂是打开薄膜并将一定量的杂质引入晶圆表面的过程(见图 4-36),有热扩散和离子注入两种工艺。热扩散是一种化学反应,在 $1000 \sim 8451$ ℃的高温下,将晶圆暴露于某些元素的气相状态下。气态原子通过扩散化学反应迁移到暴露的晶圆表面并形成薄膜。在芯片应用中,热扩散也称为固体扩散,因为晶圆材料是固体。离子注入是一个物理反应过程。晶圆位于离子注入机的一端,掺杂离子源(通常为气体)位于另一端。在离子源的一端,掺杂体原子被电离(带有特定电荷),并通过电场以超快的速度穿过晶圆表面。原子脉冲将掺杂原子注入晶圆表面,就像子弹射到墙上一样。

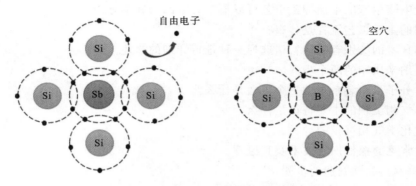

图 4-36　N 型和 P 型半导体原理示意图

4. 退火

在半导体制造中,退火工艺是一种非常重要的精确且复杂的热处理过程。退火工艺是将晶圆加热到一定的温度,并在该温度下保温一段时间,然后在一个可控的降温速度下进行冷却。退火工艺有助于材料中的原子进行移动和重新排列,消除晶格缺陷、改变晶粒大小,改变材料的性质或激活掺杂物。

5. 金属化

金属化工艺也称为金属成形过程或金属布线过程,是连接芯片与外部电路的重要手段,也可以提高芯片器件的可靠性和电学性能。可使用物理溅射法、化学气相沉积工艺和电镀法等方法,在硅片上沉积导电金属层,用于连接不同的电子元件。

6. 绝缘层沉积

绝缘层沉积是芯片制造过程中的关键步骤之一,用于在芯片的不同层之间沉积绝缘性材料,以隔离电子元件、减少干扰和确保电路之间的隔离。这种绝缘层通常由二氧化硅(SiO_2)或氮化硅(Si_3N_4)等材料制成。有很多方法可以用于沉积绝缘层,如化学气相沉积、物理气相沉积、原子层沉积等。

7. 抛光

抛光是一种关键的表面加工工艺,用于使加工表面平坦化、光洁化和去除不均匀化,以获得平坦且高质量的硅片表面,确保各个层次的平整和一致性,使得不同层次的电子元件能够可靠地互相连接和操作。抛光对半导体制造、集成电路制造和微电子设备的性能至关重要。

8. 封装和测试

经过电测之后,每个芯片仍然是晶圆整体中的一部分。在应用于电路或电子产品之前,必须将单个芯片从晶圆整体中分离出来,并放置在保护性的封装体中。这些芯片也可以直接安装在陶瓷衬底的表面作为混合电路的一部分,或者与其他芯片一起安装在大型封装体中,作为多芯片模块的一部分,或者直接安装在印刷电路板上。多年来,由于工艺复杂性和生产需求的影响,半导体封装业一直落后于芯片制造业。随着超大规模集成电路(VLSI)/特大规模集成电路(ULSI)时代的到来,封装技术和自动化生产得到了极大的改善和提高。

习　　题

1. 微纳加工可分为哪两种方式？请分别简单描述这两种方式各自的特点。
2. 集成电路生产的平面加工工艺可以概括为哪四个基本方面？
3. 光刻的主要工艺流程是什么？
4. 光刻技术的类别有哪些？请选择一种进行详细的描述。
5. 简述纳米压印的两个步骤。
6. 构建分子自组装系统的三个步骤是什么？
7. 化学气相沉积的主要特征是什么？
8. 简述化学气相沉积的种类。
9. 简述常见的探针加工技术及其原理。
10. 简单罗列晶圆制造的步骤。
11. 芯片制造工艺可以分为哪些？请简述。
12. 原子层刻蚀方法一般有哪两种？
13. 构成自组装单分子层（SAM）的每个分子可分为哪三个不同的部分？
14. 简单绘制 AFM 原理示意图。

本章参考文献

[1] JAVIES B R, BARRON C C, SNIEGOWSKI J J, et al. Sandia agile MEMS prototyping, layout tools, and education[J]. SPIE,1997,3226：1-11.

[2] VAN ZANT P. Microchip fabrication：a practical guide to semiconductor processing [M]. McGraw-Hill, 1997.

[3] TOBEY A C. Wafer stepper steps up yield and resolution in IC lithography[M]. Electronics, 1979, 2：109.

[4] FRITZ M, ASLOLFI D K, YOST D W, et al. Chromeless phase-shift masks used for sub-100nm SOI CMOS transistors[J]. Solid State Technology, 2000, 43(7)：116.

[5] MCCOY J H, LEE W, VARNELL G L. Optical lithography requirements in the early 1990s[J]. Solid State Technology, 1994：87.

[6] DEJULE R. Wafer stepper trends[J]. Semiconductor International, 1975.

[7] CUI Z, PREWETT P O, MARTIN B. Partial rim：a new design of rim phase shift mask for submicron contact holes[J]. SPIE, 1995, 2440：541.

[8] PREWETT P, CUI Z, MARTIN B. Prinmability of defects in rim and attenuated phase shift masks[J]. SPIE, 1995, 2439：221.

[9] LEVENSON M D. Extending the lifetime of optical lithography by wavefront engineering[J]. Japanese Journal of Applied Physics, 1994,33(12B)：6765-6773.

[10] ZHANG H, MORROW J, SCHELLENBERG F M. Optical proximity correction：a detail comparison of techniques and their effectiveness[J]. Microelectronic Engineering,1998(41-42)：79-82.

[11] MARCO C D, EATON S M, SURIANO R, et al. Surface properties of femtosecond laser ablated PMMA [J]. ACS Applied Materials & Interfaces, 2010, 2 (8): 2377-2384.

[12] ZHANG Y L, TIAN Y, WANG H, et al. Dual-3D femtosecond laser nanofabrication enables dynamic actuation[J]. ACS Nano, 2019, 13 (4): 4041-4048.

[13] KIM K, BUGEUN K, KEOROCK C, et al. Anodic imprint lithography: direct imprinting of single crystalline GaAs with anodic stamp[J]. ACS Nano, 2019, 13 (11): 13465-13473.

[14] RASSAEI L, PRADYUMNA S S, LEMAY S G. Lithography-based nanoelectrochemistry[J]. Analytical Chemistry, 2011, 83 (11): 3974-3980.

[15] FRITZE M, TYRRELL B, ASTOLFI D V, et al. 100-nm node lithography with KrF [J]. Proc. SPIE , Optical Microlithography XIV, 2001, 4346: 191.

[16] SHIRAISHI N, OWA S, OHMURA Y, et al. Current status of Nikon's F_2 exposure tool development[J]. Proc. SPIE, Optical Microlithography XIV, 2001, 4346: 81.

[17] DANIELSEN D R, LYKSBORG-ANDERSEN A, NIELSEN KIRSTINE E S, et al. Super-resolution nanolithography of two-dimensional materials by anisotropic etching [J]. ACS Applied Materials & Interfaces, 2021,13 (35): 41886-41894.

[18] YUSUF M, HERRING G K, NEUSTOCK L T, et al. Optimized deep reactive-ion etching of nanostructured black silicon for high-contrast optical alignment marks[J]. ACS Applied Nano Materials, 2021, 4 (7):7047-7061.

[19] XIANG X P, HE Z Y, RAO J J, et al. Applications of ion beam irradiation in multifunctional oxide thin films: a review[J]. ACS Applied Electronic Materials, 2021, 3 (3): 1031-1042.

[20] DUNIEL J H, MOORE D F. A microaccelerometer structure fabricated in silicon-on-insulator using a focused ion beam process[J]. Sensors and Actuators A: Physical, 1999, 73(3): 201-209.

[21] PUERS R, REYNTJENSAND S. Fabrication and testing of custom vacuum encapsulations deposited by focused ion beam direct-write CVD [J]. Sensors and Actuators A: Physical, 2001, 92(1-3): 249-256.

[22] MATSUT S, MORI K, SAIGO K. Lithography approach for 100 nm fabrication by focused ion beam[J]. Journal of Vacuum Science & Technology B: Microelectronics Processing and Phenomena, 1986, 4: 845.

[23] MELNGAILIS J. Focused ion beam lithography[J]. Nuclear Instruments and Methods in Physics Research Section B: Beam Interactions with Materials and Atoms, 1993, 80-81: 1271-1280.

[24] KUESNMAIER R, LASCHNER H. Ion projection lithography: progress of european MEDEA international program [J]. Microelectronic Engineering, 2000, 53 (1-4): 37-45.

[25] VERICAT C, VELA M E, BENITEZ G, et al. Self-assembled monolayers of thiols and dithiols on gold: new challenges for a well-known system[J]. Chemical Society Re-

views, 2010, 39(5): 1805-1834.

[26] RAGESH KUMAR T P, ILYAS U, SVEN B, et al. Electron induced surface reactions of $HFeCo_3(CO)_{12}$, a bimetallic precursor for focused electron beam induced deposition (FEBID)[J]. The Journal of Physical Chemistry C, 2018, 122 (5): 2648-2660.

[27] STANFORD M G, MAHADY K, LEWIS B B, et al. Laser-assisted focused He^+ ion beam induced etching with and without XeF_2 gas assist[J]. ACS Applied Materials & Interfaces, 2016, 8 (42): 29155-29162.

[28] PETERS L. Speeding the transition to 0. 18 μm[J]. Semiconductor International, 1998, 3: 66-73.

[29] WOLF S, TAUBER S. Silicon processing for the VLSI era[M]. Sunset Beach, CA: Lattice Press,1986.

[30] RILEY P E, PENG S S, FANG L, et al. Plasma etching of aluminum for ULSI circuits[J]. Solid State Technology, 1993:47.

[31] FERRIS A, BENJAMIN R, EDDARIR A, et al. Atypical properties of FIB-patterned RuO_x nanosupercapacitors[J]. ACS Energy Letters, 2017, 2 (8): 1734-1739.

[32] SEMPLE M, HRYCIW A C, LI P, et al. Patterning of complex, nanometer-scale features in wide-area gold nanoplasmonic structures using helium focused ion beam milling [J]. ACS Applied Materials & Interfaces, 2021, 13 (36): 43209-43220.

[33] PAN Y, ZHAO Y, TAN P K, MAI Z, et al. Problems of and solutions for coating techniques for TEM sample preparation on ultra low-k dielectric devices after progressive-FIB cross-section analysis[C]//2018 IEEE International Symposium on the Physical and Failure Analysis of Integrated Circuits (IPFA), 2018: 1-5.

[34] SZE S M. VLSI technology [M]. New York:McGraw-Hill, 1983.

[35] SINGER P. New interconnect materials: chasing the promise of faster chips[M]. Semiconductor International, 1994.

[36] SINGER P. Copper goes mainstream: low k to follow[J]. Semiconductor International, 1997.

[37] BROWN D M. CMOS contacts and interconnects[J]. Semiconductor International, 1988.

[38] PRAMANIKM D, JAIN V. Barrier metals for ULSI[J]. Solid State Technology, 1993.

[39] BRAUN A. ECP Technology[J]. Semiconductor Technology, 2000.

[40] PAULEAU Y. Interconnect materials for VLSI circuits[J]. Solid State Technology, 1987.

[41] TISDALE G, OFFERLE J A, BOTHELL R, et al. Next-generation aluminum vacuum systems[J]. Solid State Technology, 1998, 41(5): 79-83.

[42] GRIFFIN P B, PLUMMER J D. Advanced diffusion models for VLSI[J]. Solid State Technology, 1988, 171.

[43] LEE K Y. Correlation of the growth rate for selective epitaxial growth of silicon and oxide thickness and oxide coverage in a reduced pressure chemical vapor deposition pancake reactor[J]. Journal Vacuum Science & Technology B, 2008, 26(5): 1712-1717.

[44] IKUTA T, FUJITA S, IWAMOTO H, et al. Suppression of surface segregation and heavy arsenic doping into silicon during selective epitaxial chemical vapor deposition un-

der atmospheric pressure[J]. Applied Physics Letters, 2007, 91(9): 092115.

[45] IKUTA T, MIYANAMI Y, FUJITA S, et al. Heavy arsenic doping of silicon grown by atmospheric pressure selective epitaxial chemical vapor deposition[J]. Science & Technology Advanced Materials, 2007, 8(3): 142-145.

[46] DELHOUGNE R, ENEMAN G, CAYMAX M, et al. Selective epitaxial deposition of strained silicon: a simple and effective method for fabricating high performance MOS-FET devices[J]. Solid-State Electronics, 2004, 48(8): 1307-1316.

[47] LUO Q, HOU C X, BAI Y S, et al. Protein assembly: versatile approaches to construct highly ordered nanostructures [J]. Chemical Reviews, 2016, 116 (22): 13571-13632.

[48] JIANG X, BENT S F. Area-selective ALD with soft lithographic methods: using self-assembled monolayers to direct film deposition[J]. The Journal of Physical Chemistry C, 2009, 113(41): 17613-17625.

[49] ZHANG W, ENGSTROM J R. Effect of substrate composition on atomic layer deposition using self-assembled monolayers as blocking layers[J]. Journal of Vacuum Science & Technology A: Vacuum, Surfaces, and Films, 2016, 34(1): 01A107.

[50] LOVE J C, ESTROFF L A, KRIEBEL J K, et al. Self-assembled monolayers of thiolates on metals as a form of nanotechnology[J]. Chemical Reviews, 2005, 105(4): 1103-1169.

[51] ARIGA K, YAMAUCHI Y, RYDZEK G, et al. Layer-by-layer nanoarchitectonics: invention, innovation, and evolution[J]. Chemistry Letters, 2014, 43(1): 36-68.

[52] 焦体峰, 陈凯月, 张乐欣. 纳米自组装薄膜制备及应用研究进展[J]. 燕山大学学报, 2017, 41(05): 377-386.

[53] FANG C, YOON I, HUBBLE D, et al. Recent applications of Langmuir-Blodgett technique in battery research[J]. ACS Applied Materials & Interfaces, 2022, 14 (2): 2431-2439.

[54] TENG X W, LIANG X Y, RAHMAN S, et al. Porous nanoparticle membranes: synthesis and application as fuel-cell catalysts[J]. Advanced Material, 2005, 17(18): 2237-2241.

[55] ZHAN X, TAMHANE K, BERA T, et al. Transcription of pH-sensitive supramolecular assemblies into silica: from straight, coiled, and helical tubes to single and double fan-like bundles[J]. Journal of Materials Chemistry, 2011, 21(36): 13973-13977.

[56] YUN Y H, SHANOV V, TU Y, et al. Growth mechanism of long aligned multiwall carbon nanotube arrays by water-assisted chemical vapor deposition[J]. The Journal of Physical Chemistry B, 2006, 110 (47): 23920-23925.

[57] ROBERTSON J, ZHONG G F, ESCONJAUREGUI C S, et al. Applications of carbon nanotubes grown by chemical vapor deposition[J]. Japanese Journal of Applied Physics, 2012, 51(1): 01AH01.

[58] OHTOMO A, HWANG H Y. A high-mobility electron gas at the $LaAlO_3$/$SrTiO_3$ heterointerface[J]. Nature, 2004, 427(6973): 423-426.

[59] KUMAR M, ANDO Y. Chemical vapor deposition of carbon nanotubes: a review on growth mechanism and mass production[J]. Journal of Nanoscience & Nanotechnology, 2010, 10(6): 3739-3758.

[60] RECHES M, GAZIT E. Casting metal nanowires within discrete self-assembled peptide nanotubes[J]. Science, 2003, 300(5619): 625-627.

[61] BONG D T, CLARK T D, GRANJA J R, et al. Self-assembling organic nanotubes[J]. Angew Chem Int Edit, 2001, 40(6): 988-1011.

[62] HAN Y, YONG Y, ZAI Y, et al. Self-assembling branched and hyperbranched nanostructures of poly(3-hexylthiophene) by a solution process[J]. The Journal of Physical Chemistry C, 2011, 115(8): 3257-3262.

[63] MA H, JIANG Z, XIE X J, et al. Multiplexed biomolecular arrays generated via parallel dip-pen nanolithography[J]. ACS Applied Materials & Interfaces, 2018, 10(30): 25121-25126.

[64] LENHERT S, MIRKIN C A, FUCHS H. In situ lipid dip-pen nanolithography under water[J]. Scanning, 2010, 32(1): 15-23.

[65] 蒋洪奎, 姚汤伟, 胡礼广, 等. 蘸水笔刻蚀技术(DPN)的机理与进展[J]. 中国工程科学, 2008, 10(07): 173-179.

[66] GINGER D S, ZHANG H, MIRKIN C A. The evolution of dip-pen nanolithography [J]. Angewandte Chemie International Edition, 2004, 43(1): 30-45.

[67] CHEN L, WEI X L, ZHOU X C, et al. Large-area patterning of metal nanostructures by dip-pen nanodisplacement lithography for optical applications[J]. Small, 2017, 13 (43).

[68] LIU G Q, PETROSKO S H, ZHENG Z J, et al. Evolution of dip-pen nanolithography (DPN): from molecular patterning to materials discovery[J]. Chemical Reviews, 2020, 120 (13): 6009-6047.

[69] GEORGE S M. Atomic layer deposition: an overview[J]. Chemical Reviews, 2010, 110(1): 111-131.

[70] GEORGE S M, OTT A W, KLAUS J W. Surface chemistry for atomic layer growth [J]. Journal of Physics Chemical, 1996, 100(31): 13121-13131.

[71] KNEZ M, NIESCH K, NIINISTO L. Synthesis and surface engineering of complex nanostructures by atomic layer deposition[J]. Advanced Material, 2007, 19(21): 3425-3438.

[72] JOHNSON R W, HULTQVIST A, BENT S F. A brief review of atomic layer deposition: from fundamentals to applications[J]. Material Today, 2014, 17(5): 236-246.

[73] 秦利军, 龚婷, 闫宁. 原子层沉积技术在含能材料表面修饰中的应用研究进展[J]. 火炸药学报, 2019, 42(5): 425-431.

[74] MERCKLING C, WALDRON N, JIANG S, et al. Selective area growth of InP in shallow trench isolation on large scale Si (001) wafer using defect confinement technique[J]. Journal of Applied Physics, 2013, 114(3): 033708.

[75] MINJAUW M M, RIJCKAERT H, DRIESSCHE V I, et al. Nucleation enhancement

and area-selective atomic layer deposition of ruthenium using RuO_4 and H_2 gas[J].
Chemistry of Materials, 2019, 31(5): 1491-1499.

[76] LU J L, LOW K B, LEI Y, et al. Toward atomically-precise synthesis of supported bi-
metallic nanoparticles using atomic layer deposition[J]. Nature Communications, 2014,
5: 3264.

[77] WEBER M J, MACKUS A J M, VERHEIJEN M A, et al. Supported core/shell bime-
tallic nanoparticles synthesis by atomic layer deposition[J]. Chemistry of Materials,
2012, 24(15): 2973-2977.

[78] JIANG X R, BENT S F. Area-selective ALD with soft lithographic methods: using
self-assembled monolayers to direct film deposition[J]. Journal of Physical Chemistry
C, 2009, 113(41): 17613-17625.

[79] CAO K, SHI L, GONG M, et al. Nanofence stabilized platinum nanoparticles catalyst
via facet—selective atomic layer deposition[J]. Small, 2017, 13(32): 1700648.

[80] WANG G, HSIEH C S, TSAI D S, et al. Area-selective growth of ruthenium dioxide
nanorods on $LiNbO_3$ (100) and Zn/Si substrates[J]. Journal of Materials Chemistry,
2004, 14(24): 3503.

[81] WINTER C, WECKENMANN U, FISCHER R A, et al. Selective nucleation and
area-selective OMCVD of gold on patterned self-assembled organic monolayers studied
by AFM and XPS: a comparison of OMCVD and PVD[J]. Chemical Vapor Deposition,
2000, 6(4): 199-205.

[82] VALLAT R, GASSILLOUD R, EYCHENNE B, et al. Selective deposition of Ta_2O_5
by adding plasma etching super-cycles in plasma enhanced atomic layer deposition steps
[J]. Journal of Vacuum Science & Technology A: Vacuum, Surfaces, and Films,
2017, 35(1): 01B104.

[83] FANG C, CAO Y, WU D, et al. Thermal atomic layer etching: mechanism, materials
and prospects[J]. Progress in Natural Science: Materials International, 2018, 28(6):
667-675.

[84] HERTEL T, RICHARD MARTEL A, AVOURIS P. Manipulation of individual carbon
nanotubes and their interaction with surfaces[J]. Journal of Physical Chemistry B,
1998, 102(6): 910-915.

[85] POSTMA H W C, SELLMEIJER A, DEKKER C. Manipulation and imaging of indi-
vidual single-walled carbon nanotubes with an atomic force microscope[J]. Advanced
Materials, 2000, 12(17): 1299-1302.

[86] HU J, ZHANG Y, GAO H, et al. Artificial DNA patterns by mechanical nanomanipu-
lation[J]. Nano Letters, 2002, 2(1): 55-57.

[87] JUNNO T, DEPPERT K, MONTELIUS L, et al. Controlled manipulation of nanop-
articles with an atomic force microscope[J]. Applied Physics Letters, 1995, 66: 3267.

[88] SCHAEFER D M, REIFENBERGER R, PATIL A, et al. Fabrication of two-dimen-
sional arrays of nanometer-size clusters with the atomic force microscope[J]. Applied
Physics Letters, 1995, 66: 1012.

[89] ROSCHIER L, PENTTILA J, MARTIN M, et al. Single-electron transistor made of multiwalled carbon nanotube using scanning probe manipulation[J]. Applied Physics Letters, 1999, 75(5): 728-730.

[90] BAUR C, GAZEN B C, KOEL B, et al. Robotic nanomanipulation with a scanning probe microscope in a networked computing environment[J]. Journal of Vacuum Science & Technology B, 1997, 15(4): 1577-1580.

[91] BAUR C, BUGACOV A, KOEL B E, et al. Nanoparticle manipulation by mechanical pushing: underlying phenomena and real-time monitoring[J]. Nanotechnology, 1998, 9(4): 360-364.

第 5 章

微纳表征

5.1 引　　言

　　表征技术在现代科学中占有极其重要的地位。现代科学的发展离不开表征技术的进步，同时又会促进表征技术的进步，所以可以说两者是相辅相成、共同进步的[1]。表征是指对未知材料或已知材料进行认知或结构特性探索的过程。通过表征，我们才能对一种材料、一个实物建立科学的理解，才能真正地认识其本质。表征的本质是让我们更加科学地认知一个事物或理解某个原理，从而更好地利用大自然的奥秘来为人类服务。具有科学的观念和掌握准确的表征方法是进行科学研究的前提，我们要了解表征技术背后的科学原理和适用范围，从而为我们对科学的探索提供帮助。

　　表征技术在漫长的科学发展史中占有重要的篇幅。俗话说眼见为实，表征技术的一个重要分支就是结构和形貌的表征，也就是让人眼无法直接观测到的微观结构通过各种信号转换放大，再以图像或者其他形式表现出来。同时，结构与形貌表征作为与人类社会关系最密切的表征手段，其发展历史也可以看作其他门类表征技术的缩影。人类通过观察来理解世界，而人类观察的唯一工具就是眼睛，但是人的眼睛是有极限的。当结构达到微米级甚至更小时，人眼就无法进行清楚的观测。而对于微观世界的认知决定着人类科学的边界，所以需要借用测试工具突破人眼对于科学的限制。从几个世纪前的光学显微镜到现在的电子显微镜，人类的观察极限从微米级向着纳米级不断扩展，能够观察的事物也从细胞层面向构成物质的原子层面发展，这一过程极大地促进了人类对自然的理解，并且完善和验证了诸多科学理论。

　　在微纳制造领域，表征技术也同样重要。微纳表征技术是微纳制造的基础和前提。精密的表征技术可以在微纳器件的设计制造和集成中对各种参量进行实时监测，保证测量精度和微结构的几何、机械和力学特性。例如，在半导体领域可以获得涉及尺寸测量的参数，如特征尺寸或线宽、重合度、薄膜的厚度和表面粗糙度等。目前，微纳表征技术正实现从二维到三维、从单变量到多变量、从结构外到结构内、从静态到动态的多方向发展。表征技术的发展对于微纳加工技术的发展具有重要的作用。

　　不同的微纳表征技术可以表征器件不同层次的结构和功能。现在可以采用各种现代分析技术对微纳器件进行表征。本章将对表征微纳器件的各种现代分析技术进行详细介绍，包括原理、结构、测试过程，并辅以一些实例来帮助读者更好地理解表征技术的实质。其中结构表征部分，主要对光学显微镜、扫描电子显微镜、透射电子显微镜、原子力显微镜、扫描隧道显微镜等进行详细介绍，这些仪器主要是用于对微纳器件结构、表面形貌、器件尺寸等进行直接观察和测量。我们也将向读者介绍目前实验室常用的表征技术，包括俄歇电子能谱、电子微探针、离子束、X射线光电子能谱技术等。电学表征部分我们将详细展示各种器件的电学性能测试，主要对器件的电学特性进行深入的表征。光力磁表征部分基于使微纳器件兼具优异的电、磁、光和力学等方面综合性能这一出发点，详细阐述所需表征的技术特点。

5.2 显微技术

本节主要介绍各种结构表征技术的原理、方法和应用，对光学显微镜和主要的电子显微镜进行了详细介绍。根据分辨率和测试样品的情况，选择合适的表征手段来获得我们需要的结构信息。

5.2.1 光学显微镜

最早的复式显微镜是在欧洲制造出来的，并且随着制镜手段的不断精进，光学显微镜逐渐走向各个领域。其中被称为微生物学之父的荷兰科学家列文虎克对显微镜进行了改进，并且将其用在对单细胞生物的观察中，从而引起了生物学家的关注。目前，光学显微镜已经应用到各个领域（见图5-1），包括国防科技、科学研究、环境保护、农业发展等领域，而且因为光学显微镜成本低、操作简单，所以是科学研究中必不可少且应用广泛的仪器设备。

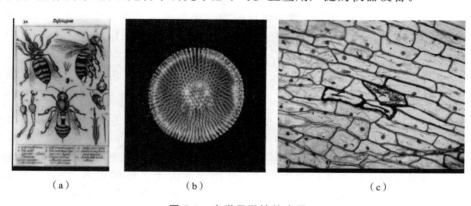

（a）　　　　　　　　（b）　　　　　　　　（c）

图5-1　光学显微镜的应用

（a）已知最早的用显微镜制作的图像；（b）对微生物进行观察；（c）对洋葱组织进行观察

光学显微镜在工业生产中同样也是常用的检测设备，广泛应用于电子、化工等领域。它可以用来观察不透明的物质和透明的物质，如金属、陶瓷、集成电路、电子芯片、印刷电路板、液晶板、薄膜、粉末、线材、纤维、镀涂层等。相较于接触式测量，光学显微镜非接触式测量可以不损害样品，这一特点使其成为微纳制造中一种很有用的表征手段。经过几百年的发展，光学显微镜已基本实现自动化，而且有些仪器还可以进行高灵敏度测量，在微纳制造领域发挥着重要作用。复式光学显微镜是半导体实验室中功能最多、用途最广的光学仪器。利用光学显微镜能够从总体上全面观察各种微纳器件和集成电路的特征。典型的光学显微镜测量特征尺寸的最小精度为 $0.5~\mu m$。在这个尺度范围内，光学显微镜不仅可以用来观察集成电路的特征，而且对分析集成电路上的颗粒也非常有用。但随着特征尺寸不断向亚微米区域缩小，光学显微镜逐渐不能满足实际要求。虽然可以通过增加相位或者微分干涉差以及极化滤波提高性能，但其所能观察的极限尺寸也达不到电子显微镜的水平。

光学显微镜利用光学放大的原理实现对微小器件的放大观察。一般光学显微镜由两个凸透镜组成,它们分别是目镜和物镜,两者共同起到放大物体实像的作用。光学显微镜的工作原理如图 5-2 所示:物镜是靠近物体的凸透镜,主要作用是产生一个物体的放大像,然后通过靠近人眼的凸透镜(目镜)去观察这个放大的像,从而实现双重放大。放大倍率由目镜的放大倍率和物镜的放大倍率相乘得到。一般光学显微镜的放大倍数在几千倍左右,分辨极限在微米量级。

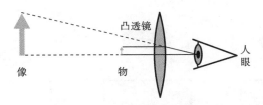

图 5-2　光学显微镜原理

常见的光学显微镜有明视野显微镜、暗视野显微镜、荧光显微镜、偏光显微镜和共聚焦显微镜等。图 5-3 显示了不同显微镜得到的图像。

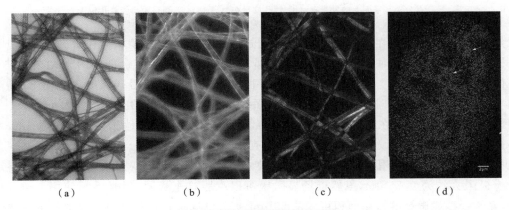

（a）　　　　　　（b）　　　　　　（c）　　　　　　（d）

图 5-3　不同显微镜得到的图像

（a）明视野显微镜对薄纸样本的观察图像;（b）暗视野显微镜对薄纸样本的观察图像;
（c）偏光显微镜对薄纸样本的观察图像;（d）荧光显微镜对细胞内蛋白质的观察图像

暗视野显微镜的照明方式不同于明视野显微镜,这种显微镜是通过斜射光来照射标本的,这样照射光就不能直接进入物镜。因此,作为背景的图像并不像明视野显微镜得到的图像那样是亮的,而是暗的。标本上的表面反射或者衍射光将进入物镜,因此我们能够观察到反射光形成的明亮图像。

荧光显微镜通过向被检样品照射特定波长的光,使之发出荧光。荧光显微镜主要应用在生物领域。

偏光显微镜主要应用于矿物学观察,这类显微镜能够以类似于明场照明的方式,提供不同折射率的矿物之间的吸收颜色和光路边界的信息,还可以区分各向同性和各向异性物质。此外,其采用的对比度增强技术利用了各向异性特征所具有的光学特性,可揭示有关材料的结构和组成的详细信息。

共聚焦光学显微镜可以用于观察物体的三维图像,并且很好地提高了显微图像的对比度。与传统显微镜比起来,共聚焦显微镜通过限制被观察物体的体积来保留被探测信号的近场散射信号。其工作原理如图 5-4 所示。

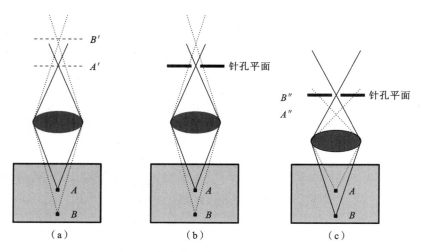

图 5-4　共聚焦光学显微镜的工作原理
(a) A、B 点分别是平面上的发光点；(b) 针孔放置在 A' 平面；(c) 调整距离使针孔位于 B'' 平面

　　点 A、B 分别被聚焦在焦平面 A'、B' 上，通过调整显微镜的物镜从而在针孔平面上成像。当针孔放置在平面 A' 上时，点 A 发出的光大部分都能够通过，而其余部分的光无法通过。如果要使点 B 发出的光通过，则需要调整针孔平面的位置。为了获得样品的三维图像，需要对样品不断地进行扫描，同时调整针孔到样品的距离，直到获得样品的三维图像为止。

　　光学显微镜的优点在于它的原理简单、容易搭建而且采用的是非接触式测量方法。光学显微镜在微纳制造领域主要应用于缺陷检查和 IC 检查中。微分干涉差显微镜、共聚焦显微镜和近场显微镜的应用，使得光学显微镜技术的应用进一步拓展。这项技术的主要缺点是分辨极限大约为 $0.25~\mu\mathrm{m}$，虽然近场显微镜可以克服这个极限，但是不易使用。通过更换物镜，光学干涉显微镜的探测面积可以从 $50~\mu\mathrm{m}^2$ 扩大到 $5~\mathrm{mm}^2$。但其可探测的高度取决于反射相移。探测单一材料没有问题，但是当测量具有不同光学特性的样品时就会得出错误的结果。可以给样品涂上一层反射材料来解决这一问题。

5.2.2　扫描电子显微镜

　　扫描电子显微镜(scanning electron microscope，SEM)是利用电子束与样品内不同深度的原子相互作用之后产生各种类型的信号，包括二次电子(SE)、反射或背散射电子(BSE)、特征 X 射线和阴极发光(CL)、吸收电流(样品电流)和透射电子信号，然后将这些信号探测并接收转换成人眼可见的图案来反映显微结构的信息。扫描电子显微镜放大倍数可以达到数十万倍，而且相较于光学显微镜，其景深也更大，因此应用更加广泛和深入。随着扫描电子显微镜的发展，这项表征技术的应用范围不断扩展，目前在材料设计、半导体制造工业和集成电路检查等领域应用广泛。

　　在扫描电子显微镜收集的信号中，不同信号反映着固体样本不同的信息，我们可以通过仪器检测所需信号的强度来获得我们想要得知的固体样品的信息，如图 5-5 所示。

1. 背散射电子

　　背散射电子是入射电子束与样品中的原子核碰撞，发生弹性散射和非弹性散射，反射回来的部分高能电子。发生弹性散射的电子被称为弹性背散射电子,这部分电子没有能量损失。发生非弹性散射的电子被称为非弹性背散射电子,产生了能量损失,这部分电子相较于弹性背散射电子数量更少。原子序数大的元素,其原子核较大,相较于原子序数小的元素更容易散射入射电子,因此在扫描图像中,背散射电子的产额随着元素原子序数的增大而增大。原子序数更大的元素在图像中显示更加明亮,产生原子序数衬度,利用这一特性,可以对样品表面元素种类进行定性分析。背散射电子同样可以用于形貌分析,因为信号强度和表面形貌有一定的对应关系,但是分辨率远比二次电子低。

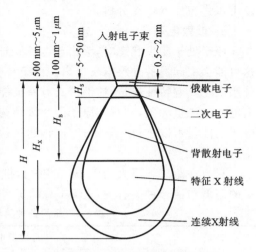

图 5-5　电子束与样品作用产生的各种信号示意图

2. 二次电子

二次电子是指被入射电子束轰击出样品表面的核外电子。二次电子被激发的距离在样品表面以下 $5\sim10\ \text{nm}$。二次电子能量较低,一般小于 $50\ \text{eV}$。表面形貌对二次电子的产额有很大影响,因此可以通过收集二次电子的信号来获得表面形貌。二次电子的产额与原子序数的关系不大,一般不用于成分分析。

3. 吸收电子

入射电子束不是全部都会被反射。一部分入射电子束在样品内部经过多次非弹性散射,每次非弹性散射都会损失一部分能量,当能量为 0 时,这部分电子被样品吸收,故称之为吸收电子。吸收电子、背散射电子和二次电子之间有一定的关系。一般来说,反射出的电子越少,被吸收的电子越多,也就是吸收电子的信号越强。利用吸收电子、背散射电子和二次电子三者之间的关系,可以很明显地知晓通过吸收电子信号调制的图像的衬度将与二次电子和背散射电子得到的衬度相反。因此,吸收电子的信号常常可以用于定性的元素成分分析。

4. 透射电子

如果样品的厚度很小,部分入射电子可能会透过样品而转变成透射电子。透射电子的信号强度与样品的厚度、密度和表面形貌有关。通过透射电子成像,可以获得明暗不同的图像。基于这一原理,研究人员发明了透射电子显微镜。

综上,如果样品保持电中性,则以上电子信号强度和入射电子信号强度会满足一种关系,即

$$i_b + i_s + i_a + i_t = i_0 \qquad (5\text{-}1)$$

式中:i_b 是背散电子信号强度;i_s 是二次电子信号强度;i_a 是吸收电子信号强度;i_t 是透射电子信号强度;i_0 是入射电子信号强度。

5. 特征 X 射线

特征 X 射线产生的过程描述如下:样品原子的内层电子经入射电子束轰击后,原子处于高能的激发态,原子内部会发生外层电子向内层电子的跃迁,原子能量降低;由于特定元素的内外层电子的能量差是固定的,跃迁过程中产生的电子释放能量也是固定的,则这部分固定的能量转化成特定波长的 X 射线。通过检测特定波长的 X 射线就可以得到跃迁信息,然后根据莫塞莱定律(原子的电子层受激发产生的 X 射线的频率的平方根与元素的原子序数成正比),

就可以进行元素定性分析。

6. 俄歇电子

原子处于激发状态时,会出现电子跃迁的能量不足以以 X 射线的形式发射出去的情况,这可能会引起另一外层电子电离。由于每一种原子具有独有的特征壳层能量,因此电离出的外层电子具有特征能量,这部分具有特征能量的电子被称为俄歇电子。俄歇电子的能量与入射电子的能量无关,它只与原子的能级结构和电子发射所处的能级位置有关。因此,根据俄歇电子的能量可以进行元素定性分析,通过检测俄歇电子信号强度,可以确定元素含量,进行定量分析。

只有在距离表层大约 1 nm 范围内,俄歇电子才具有特征能量。扫描电子显微镜的分辨率的高低与信号种类有关,表 5-1 总结了采用不同信号成像时的分辨率和激发深度。

表 5-1　采用各种信号成像时的分辨率和激发深度

信号	二次电子	背散射电子	吸收电子	特征 X 射线	俄歇电子
分辨率/nm	5～10	50～200	100～1000	100～1000	5～10
激发深度/nm	5～10	50～200	100～1000	500～5000	0.5～2

从表 5-1 中可以看出,不同信号成像的分辨率差别很大,而这与各种信号被激发的深度有关。被激发的位置离样品表面越远,横向扩展的范围就会越大,导致观察的分辨率随之降低,因此激发深度较浅的二次电子和俄歇电子成像具有更高的分辨率。

7. 扫描电子显微镜的成像原理

在扫描电子显微镜工作过程中,电子束中的电子能量一般是 10～30 keV,对于绝缘样品电子能量可以在几百电子伏特左右。相较于光学显微镜,扫描电子显微镜具有两个突出的特点,即放大倍数更大和景深更高。

1923 年,德布罗意发现粒子也具有波属性。根据德布罗意公式,电子波长取决于加速电压:

$$\lambda_e = \frac{h}{mv} = \frac{h}{\sqrt{2qmV}} = \frac{1.22}{\sqrt{V}} \ (\text{nm}) \tag{5-2}$$

当加速电压为 10000 V 时,可以得到电子波长为 0.012 nm,远远小于可见光波长。因此,SEM 具有更高的分辨率。

当电子束作用到样品上时,电子束中的电子会和样品发生交互作用而在样品内部产生散射、反射、吸收、透射等一系列现象。那么如何获取样品的 SEM 图像呢? 一般扫描电子显微镜中的图像是通过聚焦电子束扫描样品,并检测二次电子和背散射电子而产生的。电子和光子在每个波束位置发射,然后被探测到。二次电子形成常规的 SEM 图像,背散射电子也可以形成图像。电子微探头使用 X 射线,发射的光称为阴极发光,吸收的电子测量为电子束感应电流。所有这些信号都可以被检测和放大,从而控制扫描阴极射线管(CRT)的亮度,使其与 SEM 中的样品扫描保持同步。这样,在显示器上的每个点和样品上的每个点之间就建立了一一对应关系。根据扫描阴极射线管的尺寸与扫描样品的尺寸之比,在映射过程中产生放大结果。

SEM 有两种成像原理。一种是表面形貌衬度,主要依赖的是对二次电子信号的检测。二次电子的产生主要依赖于微区表面几何形状,与原子序数的关系不大,因此可以进行表面形貌分析。

图 5-6 说明了样品表面与电子束相对位置对二次电子产额的影响。进入样品相同深度，入射电子束与样品法线的夹角不同会导致电子束的有效深度不同，因而激发二次电子的深度也不同。有效深度增加，二次电子的深度也增加。例如，如果入射电子束与表面法线的夹角为 $45°$，那么有效深度为实际深度的 $\sqrt{2}$ 倍；如果入射电子束进入了较深的位置，那么虽然能激发出二次电子，但是因为距表面较远，二次电子无法逸出表面。因此，通过图 5-6 我们可以建立入射电子束能量不变时，二次电子产率 δ 和法线夹角 θ 的关系：

$$\delta \propto 1/\cos\theta \tag{5-3}$$

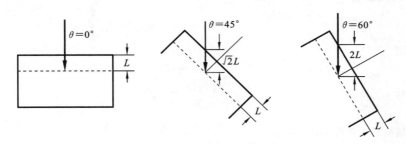

图 5-6 二次电子成像原理图

根据该关系式，θ 越大，δ 越高，反映到显像管荧光屏上就越亮。值得注意的是，由于凹槽底部产生的二次电子不易收集，因此在荧光屏上亮度较低。

另一种成像原理是原子序数衬度，利用对原子序数变化敏感的信号，得到显示微区元素成分差别的衬度。当原子序数小于 40 时，背散射电子的产生对原子序数比较敏感，背散射系数 η 随原子序数 Z 变化的公式如下：

$$\eta = \frac{\ln Z}{6} - \frac{1}{4} (Z \geqslant 10) \tag{5-4}$$

但是样品各部分往往由复杂元素所构成，这时的背散射系数由各元素的背散射系数 η_i 加权平均得到，可计算如下：

$$\bar{\eta} = \sum_{i=1}^{n} C_i \eta_i \tag{5-5}$$

在原子序数普遍较高的区域，可以收集到更多的背散射电子束，因此在荧光屏上显示的图像更亮。据此我们可以获得原子序数衬度，对样品进行定性的成分分析。图像中的亮区是原子序数大的区域，暗区是原子序数小的区域。为了避免形貌衬度对原子序数衬度的影响，需要对样品进行抛光处理。

8. 扫描电子显微镜的结构组成

样品台是 SEM 的重要组成部分，它必须允许精确的运动、倾斜和旋转，以便以适当的角度查看样品。角效应决定了扫描电镜图像的三维性，但完美的 SEM 图像也依赖于更好的信号采集，以使二次电子能够被吸引和采集。在扫描电镜中不存在真像，一般依靠收集构成常规 SEM 图像的二次电子，将其密度放大并在阴极射线管（CRT）上显示。图像的形成是通过映射产生的，它将信息从样本空间转换到 CRT 空间。

图 5-7 为扫描电子显微镜的结构示意图，具体组成主要包含四部分：真空系统、电子光学系统、样品室以及成像系统。

（1）真空系统。真空系统包括一个密封的容器（真空柱）和用于降低真空度的真空泵。真

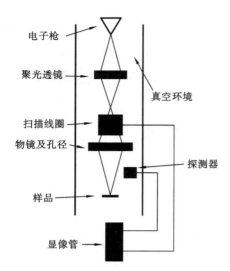

图 5-7 扫描电子显微镜结构示意图

空柱用于容纳系统其他部分,实现整个系统的真空化。使系统维持高真空度的目的:一方面是减少入射电子束的平均自由程,使成像的电子能更多地到达样品表面;另一方面是防止用于产生电子束的电子枪的灯丝被氧化而失效。

(2)电子光学系统。电子光学系统的主要组成部分是电子枪、电磁透镜、扫描线圈等。电子枪用于产生一束能量一定的电子束打在样品上实现成像。

电子枪主要包括场致发射效应电子枪和热发射效应电子枪两种。两者的区别在于场致发射效应电子枪价格高昂、寿命长、真空度要求低、不需要电磁透镜;而热发射效应电子枪价格较为便宜、真空度要求高、寿命短,易出现过度饱和热激发问题。

电磁透镜系统通过多个透镜使电子束光斑从微米级缩小到纳米级,提高分辨率。透镜一般有三个,其中两个是使电子束光斑缩小的强磁透镜,另一个是具有较长焦距的弱磁透镜。电磁透镜系统的作用是使样品室和透镜之间留有足够的空间,从而可以装入各种探测器,包括二次电子探测器和背散射电子探测器。扫描电子显微镜中照射到样品的电子束光斑直径越小,分辨率越高,相当于成像单元尺寸很小。采用普通的热阴极发射枪时,扫描电子束的直径可达到 6 nm。如果采用六硼化镧阴极和场发射电子枪,那么电子束光斑直径还可以进一步缩小。

扫描线圈使电子束在样品表面做有规则的运动。偏转线圈一般有上下两个,当电子束进入上偏转线圈时,方向会发生偏折,然后,下偏转线圈又会让电子束发生第二次偏折。发生两次偏折的电子束通过物镜的光心射到样品表面。当电子束发生偏转时,也会产生逐行扫描作用。在上下偏转线圈的作用下,电子束扫描样品表面的一个正方形区域,从而在样品上绘制出一帧图像。电子束轰击样品上各点所发射的信号将被信号检测器接收,并根据信号强度通过显示系统显示在荧光屏上。如果电子束被上偏转线圈偏转,未被下偏转线圈改变,而是被物镜直接折射到入射点的位置,则这种扫描方式称为角光栅扫描或摆动扫描。射向偏转线圈的入射电子束的转向角越大,电子束在入射点摆动的角度也越大。

(3)样品室。样品室内可以放置样品,也可以放置各类信号探测器。不同信号的采集强度与探测器放置的位置有关,所以探测器需要放置在合适的位置,不然探测器会收不到信号或者信号强度会很弱,影响成像质量。样品台可以进行多种复杂操作,如平移、倾斜或转动,以便对样品某一特定位置进行分析。样品台对样品大小有一定要求,所以需要对样品进行制样处理。

(4)成像系统。首先,信号电子进入闪烁计数器(检测二次电子、背散射电子等)电离出离子;然后电离的离子与信号电子结合,产生的可见光被光电倍增器放大,并转变为电信号输出;之后电信号再一次经过放大变成调制信号。因为样品的不同区域被激发的信号强度不同,所以调制信号的强度也不相同,最后就能得到一幅扫描电子显微图像。

闪烁计数器可以检测到二次电子、背散射电子和透射电子的信号。信号电子在进入闪烁体时会发生电离,电离的离子和电子结合产生可见光,可见光进入光电倍增管;光电倍增管使获得的光信号变强,然后将光信号转变为电信号输出;电信号经过视频放大器后会变成调制信号。另外,扫描电子束和显像管中的电子束是同步扫描的。由于荧光屏上各点的亮度是根据样品激发的信号强度调制的,样品各点的状态不同,接收到的信号也不同,因此,可以确定样品每个点的扫描电子显微照片。

在微纳制造领域,SEM 最常见的应用就是观察设备表面、进行故障分析等,例如测量 MOSFET 的通道长度、结深度等。SEM 还用于晶圆加工生产线的在线检测和线宽测量。在检查集成电路时,重要的是通过在表面上覆盖一层薄的导电层来减少或消除表面电荷,减少电子束能量以使一次电子的数量大约等于二次电子和背散射电子的数量之和。电子束能量应足够低,使设备的损伤最小化。

5.2.3 透射电子显微镜

透射电子显微镜(TEM)具有极高的分辨率,可以达到纳米级,其基本工作原理是使用电磁透镜聚焦成像,主要特点是分辨率高和放大倍数高。

TEM 的不足之处在于其深度分辨率比较低。SEM 通常使用 15 kV 以上的加速电压,而 TEM 的加速电压通常需要设置在 60~300 kV。透射电镜一般可以将样品放大到 5000 万倍以上,比扫描电镜高几个数量级。然而,扫描电镜可实现的最大视场远大于透射电镜,所以透射电镜只能对样品的一部分进行成像。

TEM 的主要构成包括照明系统、成像系统、观察记录系统以及真空系统。图 5-8 所示为 TEM 结构图。

照明系统用于提供亮度高、平行度好和孔径小的照明源。电子枪作为电子源,最常用的是热阴极三级电子枪。其工作原理是:当灯丝加热到 2500 ℃以上时,自由电子逸出灯丝表面;加速电压使阳极表面聚集大量的正电荷,从而形成一个强大的正电场,在正电场的作用下,自由电子加速飞出电子枪;飞出的自由电子经过聚光镜的会聚照射在样品上。聚光镜包括两部分:第一部分是强激磁透镜,其作用是使束斑缩小;第二部分是弱激磁透镜,放大倍数为 2 倍左右,使样品表面获得一定大小的电子束光斑。

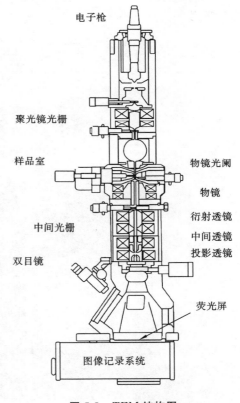

电子枪
聚光镜光栅
样品室
中间光栅
双目镜
物镜光阑
物镜
衍射透镜
中间透镜
投影透镜
荧光屏
图像记录系统

图 5-8　TEM 结构图

成像系统由物镜、中间镜和投影镜组成。透射电子显微镜的分辨率高低主要取决于物镜,因为物镜是用来形成第一个图像或衍射花样的透镜。因此,物镜需要尽可能减少像差。中间镜是一种弱激磁的长焦距变倍透镜,既可以用来放大物镜像也可以用来缩小物镜像。投影镜把像进一步放大,投射到荧光屏上。

观察记录系统包括荧光屏和照相机,主要是用于得到清晰的图像,可以配置电磁快门使曝光均匀,图像清晰。

透射电子显微镜既可以选择特定的像区进行电子衍射,也可以选择成像的电子束。

　　电子束和样品发生相互作用,产生两种类型的电子,分别是发生直射的电子和发生散射的电子。在成像模式下,成像电子的选择是通过在物镜的背焦面上插入物镜光阑来实现的。将物镜光阑插入物镜背焦面,如果物镜光阑仅仅选择通过直射电子,那么只有透射的电子会通过光圈,其他的电子被阻挡,从而获得明场像。这种由样品厚度不同所导致的明暗差异称为质厚衬度。如果允许通过来自散射电子的信号,那么衍射束形成暗场像,这种由衍射强度不同导致的明暗差异称为衍射衬度。明场像较清晰,暗场像稍有畸变,分辨率也较低。不过,如果入射电子束以一定倾斜角度射向样品,则得到的暗场像不会发生畸变,而且分辨率高。一般来说,观察形貌通常使用的是明场像,因为成像衬度好,形变度小;当观察缺陷如孪晶位错时,通常用暗场像,因为暗场像来自选定的某个衍射束,对应晶体的某个特定的晶面,在有缺陷的地方,电子衍射的方向和完整地方的不同,从而可使缺陷处在暗场像中清楚地显示出来。图 5-9 所示的 TEM 图像展示了在 MoS_2 上的 Pt 颗粒从室温到 400 ℃ 的长大过程。TEM 给我们提供了一种很方便的直接观察形貌的方式。

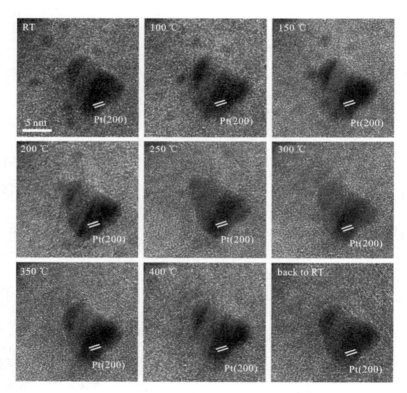

图 5-9　从室温到 400 ℃ 氢气还原下的 MoS_2 上的 Pt 颗粒团聚[2]

　　除了结构信息,通过 TEM 还可以获得衍射信息。这对晶体样品很重要,因为选区衍射不仅可以用来鉴定晶相、无定形区域、晶格方向,还可以用来探测位错和层错这样的缺陷。

　　选区电子衍射的主要工作原理是使选取的成像电子通过选区光阑,在荧光屏上形成选区的衍射花样。样品不同,观察到的衍射花样也不同,比如单晶、多晶、非晶的电子衍射花样均不相同。因此,可以获得样品微区的结构细节,例如有序相的电子衍射花样会具有其本身的特点。另外,二次衍射等会使电子衍射花样变得更加复杂。

　　要了解电子衍射的形成原理,我们首先需了解一下什么是 Fresnel(菲涅尔)衍射和 Fraunhofer(夫朗和费)衍射。菲涅尔衍射又称为近场衍射,而夫朗和费衍射又称为远场衍射。在透射电子显微分析中,既有菲涅尔衍射(近场衍射),同时也有夫朗和费衍射(远场衍射)。菲涅尔衍射现象主要在图像模式下出现,而夫朗和费衍射现象主要在衍射情况下出现。小孔的直接衍射成像(不加透镜)就是一个典型的菲涅尔衍射现象。在电镜的图像模式下,经常可以观察到圆孔的菲涅尔环。夫朗和费衍射是远场衍射,它是平面波在与障碍物相互作用后发生的衍射。电子衍射是有透镜参与的夫朗和费衍射。以图 5-10 为例,图中表征的样品是 g-C_3N_4 晶体,图 5-10(a)是在 TEM 成像模式下获得的;图 5-10(b)是在 TEM 衍射模式下获得的。可以看出晶体呈现多晶衍射花样,并且和计算得到的衍射图谱相符。

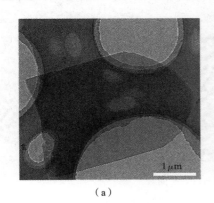

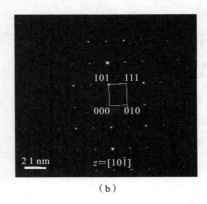

(a)   (b)

图 5-10 g-C_3N_4 的 TEM 图与选取电子衍射[3]

高分辨率 TEM(HRTEM)在科研中应用也十分广泛。高分辨率透射电子显微术始于 20 世纪 50 年代,可以给出原子数量级的结构信息。1956 年 Menter 用分辨率为 8 Å 的 TEM 直接观察到酞菁铜间距为 12 Å 的平行条纹,开启了高分辨率电子显微术的大门。20 世纪 70 年代初,Iijima 利用分辨率为 3.5 Å 的 TEM 拍到 $Ti_2Nb_{10}O_{29}$ 的相位衬度图像,并在该图像上直接观察到了原子团沿入射电子束方向的投影。同时高分辨率成像理论和分析技术的研究也取得了重要进展。20 世纪 70—80 年代,电镜技术不断完善,电子显微镜分辨率得到了大幅度的提高。HRTEM 成像又被称为晶格成像,是界面分析的重要手段。HRTEM 比普通 TEM 的分辨率更高,采用一般的 TEM 无法看到的内部结构,如晶面间距、原子排布,采用 HRTEM 可以看到。图 5-11 所示为 TDC(构造变形煤)的不同碳物种,我们可以从 HRTEM 图像中清楚地看到碳的形态分布。

样品的制备对于 TEM 十分重要,因为样品的制备质量直接影响到样品的观察和分析结果。样品制备的基本要求如下:

(1)由于是"透射"电子显微镜,电子能否穿透样品是关键;为了让电子能够穿透样品,需要控制样品厚度,一般是几十纳米,从而保证有足够的电子能够穿透样品参与成像。如果想获得更高的分辨率,还需要更薄的样品(厚度小于 10 nm)。

(2)样品放置必须足够稳定,一方面要能够经受电子束的轰击,另一方面也要防止样品在装卸过程中受损。易碎的块状样品可以固定在铜网上;粉末样品可以分散在具有支持膜的铜网上。

(3)样品必须导电,否则电子会聚,影响观察。

由于 TEM 观察用的样品必须非常薄,因此样品制备一直是使用 TEM 的难点。传统上常

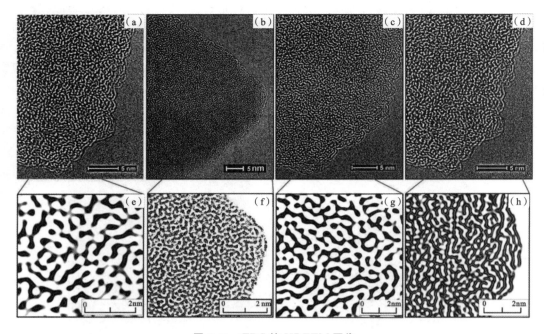

图 5-11　TDC 的 HRTEM 图像

(a)(b)(c)(d)不同类型的碳物种；(e)(f)(g)(h)相应区域的放大图[4]

常使用机械研磨抛光和离子研磨的方法来制样。为了进一步获得可用于测试的合格样品,人们新开发了一种制样方法,即使用聚焦离子束(FIB)制样。聚焦离子束利用镓离子在很高的空间分辨率下切割去除材料。这样可以在样品特殊的位置制作剖面。因此,聚焦离子束已经慢慢发展成为一种常规的 TEM 样品制备技术。

5.2.4　原子力显微镜

原子力显微镜(AFM)是一种利用原子间作用力来实现高分辨率成像的探针显微镜,优于光学衍射极限 1000 倍,被广泛用于电子、半导体、材料制造、生物学等领域。在金属表面和微观结构的研究中,AFM 可提供可靠的纳米级测量,相对于其他微观方法,如扫描电子显微镜和透射电子显微镜,具有独特功能和优势。如图 5-12 所示,可以使用 AFM 观察表面薄膜的沉积均匀性和厚度。

如图 5-13 所示,原子力显微镜的组成部分一般包括悬臂探针及光电探测器。悬臂探针的作用是扫描样品表面,然后通过能够检测反射激光束的光电探测器来获得表面信息。光电二极管信号的反馈通过计算机的软件控制,使吸头能够在样品上方保持恒定的力或恒定的高度。在恒力模式下,压电传感器监视实时高度偏差;在恒定高度模式下,记录样品上的偏转力。

AFM 主要的工作模式有三种,分别是接触式、非接触式和轻敲式。在这三种模式下,尖端与样品之间的相互作用力可以在力-位移曲线上清楚地表示出来,如图 5-14 所示。当原子间距离很大时,尖端和样品之间会产生弱的吸引力。随着原子逐渐彼此靠近,吸引力增大,直到原子变得非常接近,电子云之间开始互相排斥。然后随着原子间距离的减小,原子之间的排斥力增强,吸引力逐渐减弱。当原子之间的距离达到某个特定值,大约几埃时,原子之间的吸引力变为零,当原子再进一步接触时,相互作用力变为完全排斥。与接触模式相比,轻敲击模

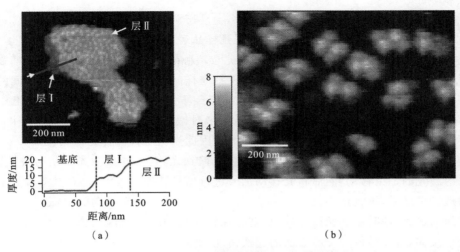

图 5-12 AFM 检测镀膜厚度与均匀性[5]

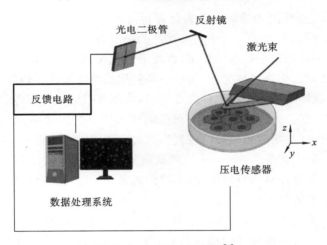

图 5-13 AFM 工作原理[6]

式和非接触模式在更大程度上揭示了样品的表面形貌。同样,由于探针尖端施加的侧向拖拉力,AFM 在接触模式下的操作也会损坏样品表面。每种模式的具体特点将在下文进行阐述。

在接触模式下主要是利用 AFM 探针与平面样品间的排斥力,将探针偏转作为反馈信号来得到平面样品的形貌。具体的工作过程是:将微悬臂的一端固定,使对力敏感的针尖与平面样品表面接触。由于探针尖端与样品间距离接触过近,两者之间会存在微弱的排斥力。探针扫描样品表面,由于表面不是绝对的平面,因此会使微悬臂发生偏移变化,而这种变化反馈到光路,使得反射到位置检测器的激光光电发生移动。检测器会将这种位移信号转变为电信号并放大,通过计算激光束在检测器四个象限的强度差可以获得微悬臂形变量。将该形变信号反馈到压电扫描器,扫

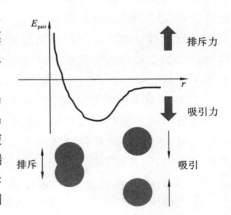

图 5-14 AFM 探针与样品距离的
受力关系曲线

描器为了使探针和样品之间的作用力保持一致,会动态调整针尖与样品之间的距离。因此,记录垂直方向的位移,扫描样品的全表面,即可得到样品表面完整的形貌结构。

在接触模式下,反馈信号由静态探针偏转获得。此外,低硬度的探针可以用来增强这一偏转信号,信号的强度与探针的偏移成正比。当探针与样品表面的距离过小时,原子间的吸引力将导致探针进入样品表面,此时工作模式利用的原子间作用力是排斥力。具体的工作过程如下:利用一端固定,而另一端与样品接触的微悬臂来对微弱力进行感知。前面已经说过,由于在接触模式下利用的原子间作用力主要是排斥力,因此当微悬臂探针在样品表面移动时,起伏的样品表面会导致微悬臂发生形变,这种变化会反馈到光路上,导致激光的信号发生变化,通过检测反射激光的上下移动,然后将光移动信号进行信号转换并放大,得到微悬臂的形变量大小。获得形变量之后,再将这个信号反馈给压电扫描器,调节垂直方向的电压,从而调整针尖与样品之间的距离,使其始终保持一致,也就是保持探针与样品之间的作用力一定,这样记录探针的上下位移,就能够得知样品表面的起伏情况,通过多次来回扫描即可获得完整的样品表面形貌。

在非接触模式下,探针的尖端与样品表面保持一定的距离不变,大约 100 Å,检测探针与样品表面原子之间的作用力大小。由于来自样品的吸引力比采用接触模式时所使用的力要弱得多,因此必须给针尖施加较小的振动作用,以便通过测量摆动悬臂的幅度、相位或频率的变化来检测这些较小的力。在许多情况下,流体污染物层的厚度要比范德华力的范围大得多,因此,当振动探针陷入流体层或悬停在流体层之外时,使用非接触模式成像会失败。这是非接触模式技术的主要缺点,它会大大降低生成的图像的分辨率。在实际中,对于这种情况,一般使用接触模式确定设定点(尖端接触样品的位置),然后在该设定点附近,采用反馈回路来控制样品相对尖端的位置。非接触模式的另一个主要缺陷是缺乏对样品表面和微悬臂尖端之间距离的测量。有时候为了获得最高的分辨率,测量该距离是必需的,这可以提高对相互作用力估计的精度以及增强表面形貌显示效果。

自从非接触模式被发明以来,已越来越多地用于对各种材料进行成像,从金属到半导体,从聚合物到生物材料。与其他现代扫描探针技术(如接触式 AFM 和扫描隧道显微镜)相比,非接触模式具有独特的优势。与 STM 和接触式 AFM 不同,非接触模式中不存在排斥力,因此可以对"软"样品进行成像,从而提供形貌图像,尖端与样品之间几乎没有接触。同时,使用非接触模式对平面半导体表面上的原子序列、台阶或空位成像的能力几乎与 STM 相当。非接触模式是非常合适的测量手段,因为它提供了一种在尖端与样品之间几乎没有接触的情况下测量样品形貌的方法。在非接触状态下,针尖与样品之间的作用力非常小,通常约为 10^{-12} pN。这种力对于研究柔软或弹性的样品是非常有利的。

轻敲模式主要是利用共振原理来推断出表面的形貌起伏。具体的工作过程如下:利用小压电陶瓷元件驱动微悬臂以略高于探针的最低共振频率振动,探针和样品表面之间的吸引力虽然很微弱,但是这种吸引力也会使探针的共振频率发生变化;当驱动频率和共振频率的差距变大时,探针的振幅就会变小,通过激光探测器检测振幅的变化,可以获得样品表面形貌的信息。在这种模式下,探针只会和样品短暂接触,可以有效避免探针与样品间产生的摩擦力、黏滞力等的影响,同时也可避免划伤样品。

AFM 可用于制造复合半导体纳米级结构和金属基单电子器件。AFM 本质上在三维空间具有纳米级分辨率,数据中包含了芯片或材料表面纳米结构的主要信息。通过对 AFM 输出数据的深度处理,完全可以将 AFM 发展为测量半导体纳米结构的好工具。

　　SEM 无法获得半导体加工所需要的高纵横比结构,而 AFM 能够弥补这一缺点,实现无损测量,通过扫描半导体表面获得高度信息。AFM 不仅可以用于直观地观察光栅的形貌,而且可以定量测量光栅的宽度以及刻槽的深度。

5.2.5　扫描隧道显微镜

　　扫描隧道显微镜(STM)利用隧道效应来实现表面成像。隧道效应是:当两个物体的距离足够近时,在外加电场作用下,一个物体上的电子将克服势垒流向另外一个物体。利用隧道效应中距离和电流大小的函数关系,我们可以获得样品的表面形貌。如图 5-15 所示为使用扫描隧道显微镜对 Ag(100) 基板上自组装的亚酞菁(SubPc)分子进行观察得到的图像。

图 5-15　Ag(100) 基板上自组装的亚酞菁(SubPc)分子图像[7]

　　隧道电流与两物体之间的距离 d 及平均功函数之间的关系如下:

$$I \propto U_b \exp(-A\phi^{1/2}d) \tag{5-6}$$

式中:U_b 为针尖与样品之间的电压;ϕ 为针尖与样品的平均功函数;A 为常数,在真空条件下,A 近似为 1。从式(5-6)中可以看出,当 d 发生微弱变化时,隧道电流会发生指数型变化,两者之间的关系非常敏感。

　　STM 有恒电流模式和恒高度模式。恒电流模式就是通过反馈系统,动态地调节针尖位置,使样品与针尖之间的距离不变,从而使针尖的运动轨迹与样品表面的起伏一致。从针尖的运动轨迹能够得出样品表面态密度的分布,而表面态密度又与样品表面的高低起伏有关,这样最终可以得到样品的表面信息。恒电流模式是 STM 仪器最常用的模式。

　　恒高度模式就是让探针在一定高度上移动,因为探针高度不变,所以样品表面的凹凸不平将导致隧道电流发生变化。从隧道电流与距离之间的转换关系,我们就可以获得表面形貌信息。所得到的 STM 图像不仅勾画出了样品表面原子的几何结构,而且还反映了原子的电子结构特征。

　　恒电流模式和恒高度模式都有各自的适用范围。其中,由于恒电流模式能够使探针与样品表面距离保持一致,因此探针不会因为样品高度差过大而划伤样品。恒电流模式一般应用于表面起伏较大的样品,恒高度模式则用于表面起伏不大的样品。在恒高度模式下 STM 能较快获取 STM 图像,且能有效地减少噪声和热漂移对隧道电流的干扰,提高分辨率。

　　STM 的技术特点如下:

　　(1) 结构简单,原理清楚。

　　(2) 可在多种环境下进行操作,在大气、溶液或者真空中均可。

　　(3) 工作温度范围比较宽,低温、中温或者高温均可。

　　(4) 分辨率高,横向分辨率达 0.1 nm,纵向分辨率达 0.01 nm,可直接观察原子。

　　(5) 在观察材料表面结构的同时,可得到材料表面的扫描隧道谱,进而可以用于研究材料表面化学结构和电子状态。

（6）检测深度很浅，只有 1～2 个原子层，无法直接观察绝缘体。

STM 与 TEM 和 SEM 的对比见表 5-2。

表 5-2　STM 与 TEM 和 SEM 的对比

分析技术	分辨率	工作环境	对样品的破坏程度	检测深度
TEM	0.3～0.5 nm	高真空	中	等于样品厚度，小于 100 nm
STM	原子级横向分辨率 0.1 nm，纵向分辨率 0.01 nm	大气、溶液、真空均可	无	1～2 个原子层
SEM	1～3 nm	高真空	小	1 μm

5.3　谱 学 技 术

谱学技术通常用于研究物质的结构、组成和性质，通过分析物质与不同类型的辐射（如光、电磁波、质子、中子等）的相互作用来获取样品信息。能谱学的核心原理是测量粒子的能量分布。能谱学可用于分析材料的电子结构、表面化学和物理性质。此外，生物物理学家和生物化学家使用能谱学技术来研究蛋白质、DNA 和其他生物分子的结构和相互作用。

在检测领域，有四大类谱学测试，分别为质谱、色谱、光谱、波谱，它们在检测特色和适用范围上各有不同。质谱可以分析分子、原子或原子团的质量，推测物质组成。色谱是一种兼顾分离与定量分析的手段，可分辨样品中的不同物质。光谱主要用于确定样品中的主要基团和物质类别。从红外光到 X 射线，光谱的应用范围差别很大，但都是对分子或原子的光谱性质进行分析或解析的。常用的四大波谱是核磁共振（NMR）波谱、物质粒子的质量谱-质谱（MS）、振动光谱-红外/拉曼（IR/Raman）谱和电子跃迁-紫外（UV）谱。

能谱学涵盖多种不同技术，下面简单介绍几种常用检测材料组分的能谱方法。

（1）俄歇电子能谱（Auger electron spectroscopy，AES），也称为光电子能谱学，是一种表征物质表面的分析技术。它是用具有一定能量的电子束（或 X 射线）激发样品产生俄歇效应，通过检测俄歇电子的能量和强度，从而获得有关材料表面化学成分和结构信息的方法。

（2）X 射线光电子能谱（X-ray photoelectron spectroscopy，XPS），也被称为 X 射线光电子能谱学或 X 射线电子能谱，是一种高分辨率的表征技术，用于研究物质的表面成分、电子结构和化学状态。XPS 利用 X 射线照射样品表面，使表面的电子从内层轨道激发到高能级，然后测量逸出的光电子的能量和强度，从而提供有关材料的详细信息。

（3）质谱学（mass spectrometry，MS）一般用于测量分子和离子的质量，可以提供化学成分和分子结构的信息。

能谱学技术的不断发展和改进使其在科学研究和工程应用中发挥着重要作用，为科学家和研究人员提供了深入探索物质世界的强大工具。

5.3.1　俄歇电子能谱

俄歇电子能谱（AES）法是利用检测俄歇效应发射出的俄歇电子的信号强度，来获得样品表面化学成分（结构）的谱学方法。

Auger 在 1923 年发现了俄歇效应。AES 法已经成为研究材料化学特性和组分特性的有效表征方法。它可以检测几乎所有元素,除了氢和氦。不同元素之间的能谱不会产生干扰,而且元素的化学结合态也可以从俄歇跃迁能量的变化中得到。虽然不同元素之间可能有干扰,但是这种干扰可以通过测量不同能量时不同电子的俄歇峰值来消除。俄歇电子能谱的探测深度一般是 0.5~5 nm,通过溅射刻蚀样品可以进行深度信息测量。

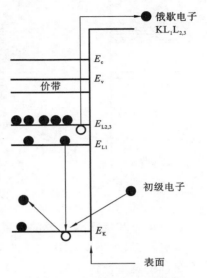

图 5-16　俄歇电子产生机理

　　为了进一步了解俄歇电子能谱的原理,我们先来介绍一下俄歇电子产生的机理。图 5-16 所示为某种半导体的俄歇电子发射过程。我们假定材料具有一个能量为 E_K 的 K 能级以及能量分别为 E_{L1} 和 E_{L2} 的两个 L 能级。因为从电子枪中射出的初级电子能量一般是 3~5 keV,所以 K 层的电子可以被激发,被激发的 K 层中会出现一个空穴,这个空穴可以被一个外层电子或被一个价带上的电子填充。然后,大小为 $E=E_{L1}-E_K$ 的能量会转移给第三个电子,也就是俄歇电子,从图 5-16 中可以看出它产生在 $L_{2,3}$ 能级上。这个能量除了可以促使俄歇电子产生,还有可能导致 X 射线的发射。对于原子序数低的元素,俄歇电子发射占据主要地位。

　　这个过程中原子保持双电离状态,整个过程标记为 KLL($KL_1L_{2,3}$)。在 KLL 跃迁过程中,L 层中形成两个空穴,这两个空穴能被价带中的电子填充,从而形成 LVV 俄歇电子。俄歇过程是一个有三个电子参与的过程,因为氢和氦中的电子少于 3 个,所以对这两种元素的检测产生了限制。对于原子序数在 3~14 范围内的元素,俄歇电子产生的能量转移是 KLL 转移;对于原子序数在 14~40 之间的元素,俄歇电子产生的能量转移是 LMM 转移;对于原子序数为 40~82 的元素,俄歇电子产生的能量转移是 MMN 转移。在价带和 K 层间的转移称为 KVV,在价带和 L 层间的转移称为 LVV。

　　对于 KLL 转移,原子序数为 Z 的发射原子的俄歇能量为

$$E_{ABC}=E_A(Z)-E_B(Z)-E_C(Z+\Delta)-q\phi \tag{5-7}$$

式中末项代表样品的功函数。这个等式的含义是,当一个电子从 A 能级发射后,它产生的空穴被 B 能级的电子填充,这将导致 C 能级的一个电子被激发,而产生俄歇电子动能。这里引入公式是为了解释为什么同一能级的双电离态的总能量要大于两个单电离态的能量之和。从式(5-7)我们可以看出俄歇电子具有特征值,其能量大小只与发射前俄歇电子所处的能级结构有关,而与入射电子能量没有关系。因此通过俄歇电子的特征值能量,我们可以确定原子和元素的种类。此外,俄歇电子能量强度与样品表面的原子浓度有密切关系。通过对能量强度的检测,能够获得某一元素在样品表面的原子浓度;根据俄歇电子信号强度,可以确定元素含量,进行定量分析。

　　当具有一定能量的入射电子束轰击表面时,部分入射电子会导致表面原子的内层电子发生跃迁,进而离开表面,这样原子本身将处于一个高能态。为了让能量降低,会发生能量较高的外层电子向内层跃迁的情况,在这个过程中释放的能量以两种方式存在:一种是发射出特征 X 射线;另外一种是激发原子的外层电子电离,而这部分被电离的电子就是俄歇电子。图 5-17 显示了俄歇电子与特征 X 射线产生机理的区别。

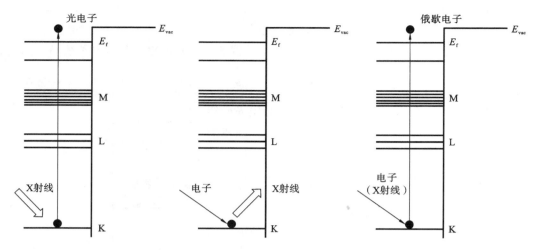

图 5-17　俄歇电子与特征 X 射线产生机理的区别

　　俄歇电子和特征 X 射线的关系：一方面，两者的产额具有定量关系 $P_X + P_A = 1$，其中 P_X 代表荧光产额，P_A 代表俄歇电子产额；另一方面，两者互相竞争，对于原子序数 Z 不同的元素会有不同的竞争模式。对于 $Z < 19$ 的原子，产生俄歇电子的概率更大，达 90% 以上。而随着原子序数的增加，X 射线荧光产额会增加，但只要 $Z < 33$，俄歇电子都占主要优势。

　　俄歇电子谱测量仪器由电子枪、电子束控制装置、电子能量分析仪和电子数据分析仪组成。入射电子束的能量一般在 1～5 keV。一般入射电子束的能量不能过高，否则将会使样品更深处产生俄歇电子，但这部分俄歇电子由于形成的位置过深，逸出的机会很小。聚焦电子束光斑的直径取决于电子源、电子束能量、电子光学和束电流，一般直径在 200 μm 以下，场发射电子源的电子束在束电流为 1 nA 的时候，直径可以达到 10 nm。发射出的俄歇电子可以通过一个阻挡电势分析器，即一个筒镜分析器，或者一个半球分析器。同时电子枪和镜筒的同轴结构能够减少阴影的形成，并且允许给清洁用的溅射离子枪预留出空间。

　　俄歇电子能谱的主要特点如下：

　　(1) 空间分辨率取决于入射电子束的光斑直径和俄歇电子的发射深度。

　　(2) 俄歇电子发射位置大约在 2 nm 以内，发射深度主要与入射电子束能量和材料有关。

　　(3) 由于发射位置很浅，电子束的横向扩展很有限，因此空间分辨率只与光斑直径有关。

　　AES 在半导体成分、氧化膜成分、掺杂磷的玻璃、硅化物、金属化、引线架故障和表面清洁效果检测以及粒子分析等方面都有应用。由于其灵敏度在 0.1%～1% 范围内，因此不适合用于微量元素分析。最初仅用原子发射光谱法检测元素，但现在的原子发射光谱法系统允许获得化学信息。当元素结合形成化合物时，俄歇光谱发生能量转移和形状变化。

　　图 5-18 所示为常见高分子的俄歇电子能谱，可以看出，不同的高分子的俄歇电子能谱位置和强度均有差别，因此可以使用这种差别对物质种类进行分析。

5.3.2　电子微探针

　　电子探针显微分析仪（electron probe microanalyzer，EPMA）也称电子微探针分析仪（electron micro probe analyzer，EMPA），是一种用于非破坏性检测少量固体材料化学成分的分析工具。电子微探针（EMP）分析是用聚焦光斑直径小于 1 μm 的电子束轰击待分析试样的

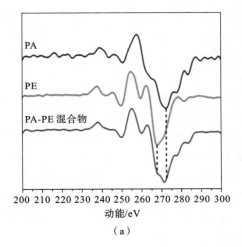 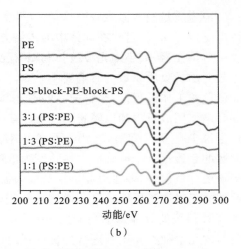

图 5-18　常见高分子(PA,PE,PA-PE 混合物)的俄歇电子能谱[8]

微小区域,对激发出的特征 X 射线、二次电子、二次离子、背散射电子、俄歇电子、透射电子、吸收电子、阴极荧光等进行探测和信息处理的现代仪器分析方法,是电子光学技术与 X 射线光谱分析技术交汇的产物。通过电子探针获取的背散射电子图像(BSE)、二次电子图像(SEI)或阴极射线发光(CL)图像,能够直观地显示样品的表面形貌及成分分布特征。

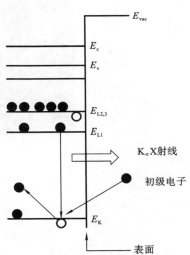

图 5-19　电子微探针的检测机理解释

EMP 技术本质上并不是表面技术,因为 X 射线是从样品内部发射出来的,可以用以下能带理论进行解释。用特征能量在 5～20 eV 的电子束轰击样品,电子束能量大约是 X 射线能量的 3 倍。X 射线是由电子轰击靶的两个截然不同的过程产生的:① 电子在原子核附近库仑场中的减速导致 X 射线形成,它是能量在 0 到入射电子能量之间的连续光谱,这称为 X 射线连续辐射;② 初级电子和内壳电子相互作用,入射电子从原子的一个内壳中激发出电子,与此同时接近此内壳的外壳电子跃迁到激发电子留下的空穴中,这就促使波长与物理和化学态无关的激发原子的特征 X 射线形成。图 5-19 是对电子微探针的检测机理的解释。

X 射线的能量 E(keV)和波长 λ 的关系为

$$\lambda = \frac{hc}{E} = \frac{1.24}{E} \ (nm) \qquad (5-8)$$

为了使一台仪器同时具备形貌分析和成分分析两个功能,往往把扫描电子显微镜和电子微探针结合在一起。电子微探针信号检测系统是 X 射线谱仪。用来测定特征波长的谱仪叫作波长分散谱仪或者波谱仪,用来测定 X 射线特征能量的谱仪叫作能量分散谱仪或者能谱仪。波谱仪和能谱仪相互补充,能谱仪一般常用于样品快速分析,而波谱仪常用于高分辨测量。

能谱仪的 X 射线探测仪通常是反向偏转半导体(Si 或者 Ge)探针或肖特基二极管。固体中 X 射线的吸收方程式如下:

$$I(x) = I_0 \exp[-(\mu/\rho)\rho_x] \qquad (5-9)$$

式中:(μ/ρ)为质量吸收系数;ρ为探测材料密度;$I(x)$代表探测器中 X 射线强度;I_0代表入射 X 射线强度;x 表示 X 射线在固体中的传播方向(x 轴)。质量吸收系数可以在指定 X 射线能量处表征所给元素,大小随光波波长和靶材元素的原子数目变化而变化,但与能量变化相比,原子序数对质量吸收系数的影响要小一点。

能谱仪的工作过程是:来自样品的 X 射线穿过一个薄铍窗后射在 Li 漂移 Si 探测器上,Si 探测器必须使用液氮冷却以阻止 Li 扩散,减少二极管的漏导电流;每个被吸收的 X 射线光子都会产生很多电子-空穴对,这些电子-空穴对会在高电场作用下扫过二极管空间电荷区,产生的电荷脉冲会通过一个电感放大器转变为电位脉冲;信号经过进一步放大和整形,之后被传到一个多通道分析仪中,多通道分析仪对放大器传来的脉冲进行测量和分类,最终将这些脉冲放在显示端的正确通道里面。这些通道具有记忆功能,且每个通道对应着 X 射线的不同能量,每个吸收 X 射线的脉冲都不会干扰下一个吸收 X 射线的脉冲。图 5-20 所示为使用能谱仪对样品表面的元素种类和比例进行分析得到的结果。

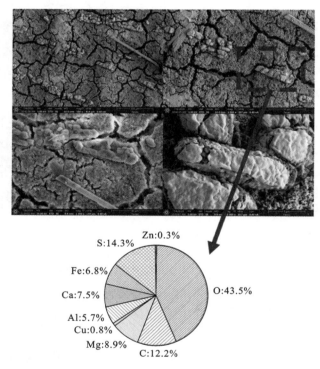

图 5-20　使用能谱仪分析表面元素构成[9]

波谱仪的工作过程是:由样品产生的 X 射线直射到已知的分析晶体中,X 射线衍射条件服从布拉格定律,只有与晶体成适合角度的 X 射线才能发生衍射,并通过聚丙烯窗口照射到探测器上。由于晶体管管口很难密封,所以要一直向内部输送保护气体(一般是氩气和甲烷的混合气体)。晶体吸收 X 射线会产生大量电子和正离子。电子会吸附在钨线上从而产生电子脉冲,同时产生很多电子-空穴对,这些电子-空穴对会被半导体探测器接收。探测信号被放大后,由单沟道分析仪转换成标准脉冲,然后被计数或显示在终端上。分析晶体需保持弯曲以便将 X 射线聚焦在探测器上,因此对于已知波长范围的测量就需要多块晶体。具有变化的晶格常数的常见晶体有 α 石英、LiF、PET 等。因为波谱仪探测器的收集范围更大,同时具有离样品越远收集率越低的特点,对于单个元素可以得到较大的峰-背比以及计数率,因此波谱仪具有更高的能量分辨率。

表 5-3 所示为波谱仪和能谱仪的各项特征之间的比较。

表 5-3　波谱仪和能谱仪的各项特征之间的比较

谱仪	元素检测	分辨率	采集数据时间	灵敏度
波谱仪	原子序数>4	大约 5 eV	几分钟到几小时	0.01%~0.1%
能谱仪	原子序数>10(Be 窗); 原子序数>3(无窗或超薄窗口)	150 eV~5.9 keV	几分钟	0.1%~1%

电子微探针分析常用于单个元素的快速鉴定和空间元素分布成像。通过将 EDS 谱或者 WDS 谱的实验谱和已知 X 射线能量对照,就能辨别出杂质成分。电子微探针分析不是痕量分析方法,这是因为其灵敏度太差,特别是它对重元素材料中的轻元素的测试不灵敏。电子微探针具有极强的高空间分辨率特性,在加速电压(1~30 kV)下产生的电子可以通过物镜会聚成直径为 1 μm 的光束。用这种高度聚焦的电子束撞击样品表面,可以获得较小的作用量。其次,与 SIMS 和 LA-ICP-MS 相比,电子微探针的无损检测特性是另一个优势。以石英为例,SIMS 和 LA-ICP-MS 检测的石英样品有明显的烧蚀凹坑,凹坑的直径约为 50 μm,溅射区域的尺寸可达 150 μm。然而,电子微探针在传统测试条件下不会损坏石英样品。即使在特殊测试条件下(如增大加速度、电压和束流),对石英样品的损坏也可达到与 SIMS 和 LA-ICP-MS 相当的程度。基于以上两个明显的优势,电子微探针尤其适用于测试细小、宝贵、多阶段演化的研究样品。

5.3.3　二次离子质谱

入射离子经过吸收、发射、散射或者反射会产生光、电子或 X 射线发射。除了用于表征外,离子束还可以用于离子注入。这里主要介绍二次离子质谱(SIMS)技术。

因为荧光产额低,特征 X 射线光子能量小,使轻元素检测灵敏度和定量精度都较差,所以电子微探针对于原子序数小于 11 的轻元素的分析存在困难。二次离子质谱技术是一种用于分析固体表面和薄膜成分的技术。采用聚焦的一次离子束溅射样品表面,样品表面经过轰击会向外溅射出二次离子,收集和用质谱分析这些二次离子,可以确定表面成分,分析的深度为 1~2 nm。

二次离子质谱法是一种元素区分方法,它能够探测所有元素及其同位素以及分子类型。在所有的探束技术中,二次离子质谱技术是最灵敏的探束技术。

SIMS 法的基本原理(见图 5-21):用聚集的离子束轰击样品表面,一部分离子会进入一定深度,在这个过程中会发生弹性碰撞和非弹性碰撞;碰撞产生能量传递,一部分晶格原子得到能量向表面运动,并将一部分能量传递给表面离子,从而出现粒子溅射;电离出的二次粒子质荷比不同,可以通过质谱分离,得知样品表面和内部的元素组成。质谱分析仪除了可以提供表面的多元素分析数据,还可以提供某一元素的二次离子图像。

用能量为 1~20 eV 的 Cs^+、O_2^+、O^- 和 Ar^+ 进行 SIMS 测量的离子产率范围是 1~20。但是对于表征,重要的不是总产率,而是二次离子的产率,因为只有这些离子才是可以被探测到的。SIMS 法不仅在不同元素之间有很宽的二次离子产率变化,即使对于相同的元素,当它们

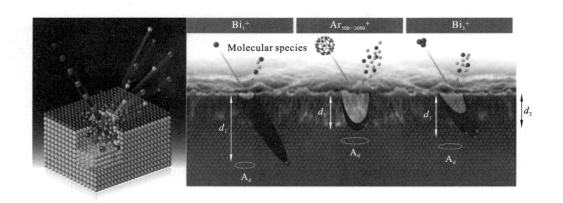

图 5-21　SIMS 法原理[10]

在不同的样品或者基质中时二次离子产率也有较大的变化,这就是基体效应。比如,氧化表面的二次离子产率可以比光滑表面高 1000 倍。在固定深度记录的表面分析质谱模式是静态 SIMS,另一种模式为动态 SIMS,会生成一个深度分布图。此外还有第三种结果,是将某一个峰值强度用二维图像表示出来。

定量深度分析时 SIMS 法用二次离子产率随溅射时间变化的曲线作为选定质量分布曲线。这些关系曲线必须转换成浓度和深度的关系曲线。从原理上讲,信号强度到浓度的转变可以通过已知的初级离子束电流、溅射量、电离效率和被分析离子的原子构造,以及仪器参数来计算得到。这里面的参数有些很难获得,一般使用带有未知物的混合物和相同的或相似的基体材料的标样。图 5-22 所示为使用 SIMS 分析锂箔表面配体种类得到的结果。

SIMS 系统主要由三部分组成:离子发射系统、质谱仪、二次离子记录观察系统。离子发射系统由离子枪和透镜组成。离子枪的作用是使用高压电子束轰击惰性气体,使气体分子电离,产生一次离子。透镜主要是电磁透镜,作用是使离子枪产生的离子束聚焦,然后发射到样品表面,激发出二次离子。SIMS 系统的离子源一般分为气体放电源、表面电离源和液态金属场离子发射源。

质谱仪的作用是使具有不同质荷比的二次离子分离,其主要基于离子在电场中的轨道半径不同。

二次离子的平均初始能量为 10 eV 数量级,不过也有不少能量达几百电子伏的。考虑到二次离子能量的非单一性,质谱仪往往采用双聚焦系统。由 1 kV 左右的加速电压从表面引出的二次离子首先进入圆筒形电容器式静电半分析器,径向电场 E 产生的向心力为

$$Eq = mv^2/r \qquad (5\text{-}10)$$

式中:q 和 m 分别是离子的电荷和质量;v 为离子的运动速度;r 为离子的轨道半径。由式(5-10)可以得出离子的轨道半径 r。这样,电荷和动能相同、质量不一定相同的离子将有相同的偏转半径。接着在扇形磁场中,把离子按 q/m 进行分类,引出二次离子的加速电压为 U,则

$$qU = \frac{1}{2}mv^2 \qquad (5\text{-}11)$$

而磁场产生的偏转力为

$$Bqv = mv^2/r' \qquad (5\text{-}12)$$

其中 r' 是磁场中离子轨道的半径。由式(5-11)、式(5-12)整理可得

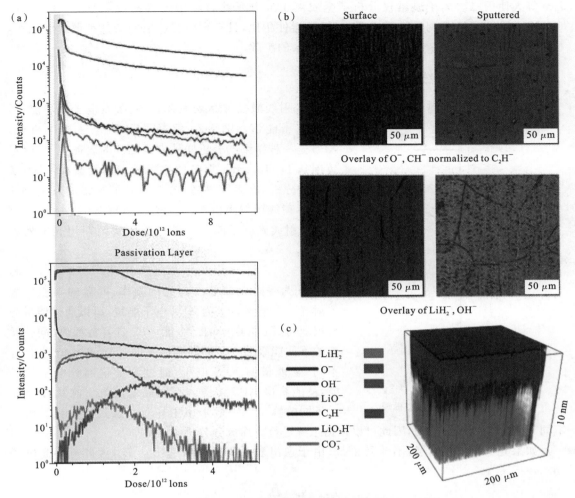

图 5-22　使用 SIMS 分析锂箔表面配体种类得到的结果[11]

$$r' = \sqrt{\frac{2Um}{qB^2}} \propto \frac{1}{\sqrt{q/m}} \tag{5-13}$$

因此,不同质荷比的离子聚焦在成像面的不同点上。

离子探测器通过二次离子与电子倍增管中的初级电极碰撞,发射二次电子,产生的二次电子再次被二级电极吸引而加速,撞击产生更多的二次电子。通过这种逐步倍增方法,获得足够强的信号。二次离子记录观察系统类似于电子探针,在阴极射线管上显示二次离子图像,显示特定元素的表面分布图,绘制所有元素的二次离子质谱图。

阻碍 SIMS 灵敏度的主要原因是大部分被溅射的材料是中性的,不能被检测。在二次中性粒子质谱仪(SNMS)或共振电离质谱仪(RIMS)中,中性原子被激光或电子气电离,然后被探测,因此通常可获得比 SIMS 大得多的灵敏度增强。

SIMS 在器件表征中已经得到了广泛应用,特别是对于掺杂分析。SIMS 测量非常适合用于半导体材料,这是因为基体效应很弱,并且离子产率可以假定是与密度成正比例的。对 SIMS 来说,高真空条件很重要,从真空分析室出来的气体种类的到达率应该小于初级离子束的到达率,否则测量的就是真空污染程度而不是样品,这对于低质量气体如氢气尤为重要。

Lee 等人使用二次离子质谱仪分析了金属离子或分子在材料中迁移的现象[8]。不同 Alq₃-OLED 设备的 SIMS 测量结果表明,与标准器件相比,具有阳极缓冲层的器件扩散深度较小,因此,插入 K_2CO_3 掺杂的 NiO 可能会减轻 In 的扩散。

5.3.4 X 射线光电子能谱

X 射线光电子能谱(XPS)的原理是,用 X 射线激发样品表面,测量被激发电子的动能,得到光电子能谱。图 5-23 解释了 XPS 电子产生机理。XPS 是一种精细的分析样品表面元素的表征技术,测量范围是 $1\sim10$ nm。XPS 的主要优点是无损检测,可实现定量分析,检测极限高(与俄歇电子谱相近);主要缺点是 X 射线照射面积大,不适合做微区分析。

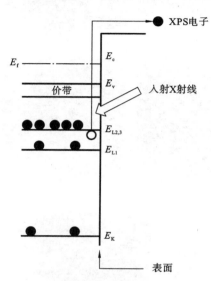

图 5-23　XPS 电子产生机理

X 射线光电子能谱的原理基于爱因斯坦光电发射定律:

$$E_K = h\nu - E_b \tag{5-14}$$

式中:h 为普朗克常量,ν 为光的频率,两者的乘积代表入射光子的能量;E_K 为 XPS 电子能量,可以通过能量分析仪获得;E_b 为电子的结合能。E_b 具有特征值,同一元素的不同能级的电子的结合能不同,因此就会产生具有不同 E_K 能量的 XPS 电子,通过测量这部分电子的动能,就能获得 XPS 谱图。不同能量的电子在谱图上显示不同的峰位。一般采用主峰对元素进行分析。由于不同元素的主峰峰位不同,因此可以根据主峰进行表面成分分析。

如果光电子出自内层,不涉及价带,由于逸出表面需要克服逸出功 E_s,因此可得光电子动能:

$$E_K = h\nu - E_b - E_s \tag{5-15}$$

XPS 谱峰的峰强不仅与元素的种类有关,而且与元素的含量有关,因此有时候会出现一个含量较多的元素的非主峰与含量较少的元素的主峰重叠的情况,这样就无法准确地识别出所有的元素种类。在这种情况下,就不能仅依靠主峰位置来识别元素,可以利用自旋-轨道耦合双线来识别。这种识别方式是利用多个峰的位置来判断元素种类。因为同一元素的两峰之间的化学位移是固定的,所以结合多个峰就可以准确地判断出元素种类。XPS 分析的一般过程是,先进行全谱扫描,确定存在的元素,然后进行窄扫描,对元素的化学态进行确定。全谱扫描分析元素时首先将最明显的谱峰分辨出来,然后由强到弱逐一对元素进行识别,最后用自旋-轨道耦合双线来核对。

定量分析的主要依据可以是峰的高度或者峰的面积。根据峰的面积计算更精确,计算峰的面积时要去除背底。元素的相对含量既可以是表面元素的原子数之比,也可以是某种元素在表面的原子浓度。

定量分析时首先求光电子谱峰所包含的电流 I,I 的一般表达式为

$$I = qAfn\sigma y\lambda\theta T \tag{5-16}$$

式中:q 为电子电荷;A 为被检测光电子的发射面积;f 为每秒单位面积通过的光电子数,即 X 射线的通量;n 为单位体积原子数;σ 为一个原子特定能级的光电离截面;λ 为光电子平均自由

程;θ 为角度因子,与 X 射线入射方向和接收光电子方向有关;y 为产生额定能量光电子的光电过程的效率;T 为谱仪检测出自样品的光电子的检测效率。

然后计算灵敏度因子,定义灵敏度因子 S,表达式为

$$S = qAf\sigma y\lambda\theta T \tag{5-17}$$

假设 i 元素的强度用 I_i 表示,j 元素的强度用 I_j 表示,那么从式(5-16)和式(5-17)可以得出两种元素的相对含量为

$$\frac{n_i}{n_j} = \frac{I_i}{I_j} \cdot \frac{S_j}{S_i} \tag{5-18}$$

i 元素的原子浓度 C_i 为

$$C_i = \frac{n_i}{\sum_j n_j} = \frac{I_i/S_i}{\sum_j I_j/S_j} = \frac{1}{\sum_j \frac{I_j}{I_i} \cdot \frac{S_i}{S_j}} \tag{5-19}$$

其中 I_i/I_j 可以测量得到,只要求得 S_i/S_j 即可。

$$\frac{S_i}{S_j} = \frac{\sigma_i}{\sigma_j}\frac{\lambda(E_i)}{\lambda(E_j)}\frac{T(E_i)}{T(E_j)} \tag{5-20}$$

其中 λ 和 T 是光电子动能的函数。等式右边三项均可通过已有的公式和经验得出。有些 X 射线光电子能谱仪,其灵敏度因子已经算好,可以直接查阅产品说明书获取。

原子的价态越高,电子的结合能就越大。当与其他原子结合时,元素的电负性越高,电子的结合能就越大。电负性反映了原子在键合时吸引电子能力的相对强度。例如在 MgO 和 MgF_2 中,Mg 都是正二价,但是反映在谱图上,由于 F 的电负性比 O 高,MgF_2 中的 Mg 的 1s 电子结合能就大一点。至于不同化合物的化学位移究竟是多少,这个问题基本上靠实验解决,已收集到的实验数据可在 X 射线光电子能谱手册中查阅。从 Li 开始各种元素都有这样的一张化学位移表。

XPS 是一种表面灵敏技术,因为激发光电子产生于样品表面上层 0.5~5 nm 处。穿透深度由电子逃逸速度或相关电子的平均自由程决定。在样品深处激发的电子是不能从样品表面逸出的。XPS 的主要应用是利用样品原子化学结构改变引起的能量移动来鉴定化合物,并常用于化学表面信息分析,特别适合用于分析有机物、聚合物和氧化物。它还被应用于解决树脂和金属黏附问题,以及镍在金中的内部扩散问题[12]。

5.4　X 射线衍射

X 射线衍射(XRD)方法是利用 X 射线在晶体中的衍射现象来获得衍射图谱,从衍射图谱中可以确定物相,还可以探测晶体内部的缺陷。XRD 是一种非常常见而有效的表征手段。

1912 年,X 射线衍射被三位科学家发现,且衍射波被证明是一种波长较短的电磁波,同时也证明晶体是具有周期结构的。X 射线对晶体结构的证明是极其充分的。证明过程的理论基础如下:因为 X 射线波长很短,当波的波长与被观测对象的尺寸在同一量级时,就可以利用波的衍射来分析对象的周期结构,而 X 射线波长的尺寸与晶体中的原子间距在同一量级,因此可以借助 X 射线来获得晶体的原子周期性结构。这一发现是划时代的,因为在此之前,受可见光的波长限制,无法直接获得晶体的周期性结构,晶体被认为是一种具有各向异性的连续媒介。利用 X 射线波长远小于可见光波长的特性,人们成功证明了晶体是一种具有周期性排列的原子集合。

晶体的原子是规则排列的,并且X射线可以视为电磁辐射波。撞击电子的X射线会从电子处产生二次球面波或弹性散射。电子被称为散射体,散射体的法线阵列产生法线球面阵列。由于相消干涉,这些波在大多数方向上相互抵消,但在由布拉格定律确定的特定方向上会发生相长干涉。布拉格方程为

$$2d\sin\theta = n\lambda \tag{5-21}$$

式中:d为衍射面之间的距离;θ为入射角;n为任意整数;λ为光束的波长。因此特定的衍射面距离会在特定的入射角处产生干涉图像,借此可以确定晶面间距,进而确定晶体类型。方程的推导考虑了晶体中由原子组成的一系列原子平面,它直接将衍射斑点与原子间平面距离d联系起来。在数学上可以证明布拉格方程等价于劳厄方程,二者是对同一自然规律的不同表达,但前者更直观。图5-24所示为XRD原理。

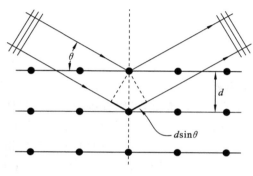

图 5-24　XRD 原理

此处介绍一下什么是K系激发和K系辐射。原子处于激发态后,外层电子向内层跃迁,同时会辐射出特征X射线。把K层电子被激发出的过程称为K系激发,而随后的电子跃迁过程所引起的辐射称为K系辐射。同理还有L系激发和L系辐射。由于同一壳层还有精细结构,且能量差固定,因此同一壳层的电子还分属于不同亚能级,不同亚能级上的电子跃迁会引起特征波长的微小差别。按照电子跃迁时跨越的能级数目不同把同一谱线系分为几类,并对跨越了1、2、3……能级所引起的辐射分别标以α、β、γ等符号。将电子从L到K层的跃迁和从M到K层的跃迁所引起的K系辐射分别定义为K_α和K_β。实验证明,K_α是由$L_{\mathbb{I}}$亚能级上的4个电子和$L_{\mathbb{I}}$亚能级上的3个电子向K壳层跃迁时辐射出来的两条谱线,称为$K_{\alpha 1}$和$K_{\alpha 2}$,K_α的波长取双线波长的加权平均值。因为$L_{\mathbb{I}}$向K层的跃迁概率比$L_{\mathbb{I}}$向K层跃迁的概率大一倍,所以组成K_α的两条谱线的强度比是2:1。特征X射线的频率和波长只取决于阳极靶物质的原子能级结构,与外界因素无关。莫塞莱发现了这一规律并予以总结,给出了如下关系式:

$$\sqrt{v} = K(Z - \gamma) \tag{5-22}$$

式中:K为与靶材物质主量子数有关的常数;γ为屏蔽常数,与电子所在壳层有关。莫塞莱公式成为X射线荧光光谱分析和电子探针微区成分分析的理论基础。分析思路是使未知物质发出特征X射线,并通过已知晶体衍射来确定波长,然后利用标准样品测出K和γ,再根据公式得出未知物质的原子序数Z。

X射线衍射仪由三个基本部分组成:X射线管、样品架和X射线检测器。X射线衍射仪加热灯丝产生电子,通过施加电压使电子加速到达靶材,电子与靶材碰撞,在阴极射线管中

产生 X 射线。如果电子有足够的能量来转移目标材料的内壳电子,就会产生特征 X 射线光谱。光谱由数条谱线组成,其中最常见的是 K_α 和 K_β。K_α 又分为 $K_{\alpha1}$ 和 $K_{\alpha2}$,$K_{\alpha1}$ 与 $K_{\alpha2}$ 相比波长更短,但是强度是后者的两倍。铜是单晶衍射最常见的目标材料,Cu 的 K_α 射线波长等于 1.5418 Å。这些 X 射线被准直并定向到样品上,随着样品和检测器一起旋转,反射的 X 射线的强度被记录下来。当撞击样品的入射 X 射线的几何形状满足布拉格方程时,就会发生相长干涉并出现强度峰值。探测器记录 X 射线信号,对其进行处理,将信号转换为计数率,然后输出到打印机或计算机显示器等设备上。多色(粉末)样品用一束单色 X 射线照射,X 射线管和探测器以相同的角速度围绕测角仪的圆轴旋转。如果平行于样品表面的特定折射率的晶面之间的角度满足布拉格方程,就会发生衍射。用于保持角度和旋转样品的设备称为测角仪。

图 5-25 所示为使用 X 射线衍射对不同大小的立方 Cu 纳米颗粒进行表征得到的图谱,图中 a 表示晶胞参数,$a=3.6149$ Å。从图中可以看出,衍射峰的位置基本一致,但是由于纳米颗粒的大小不同,峰宽和峰高有差别。

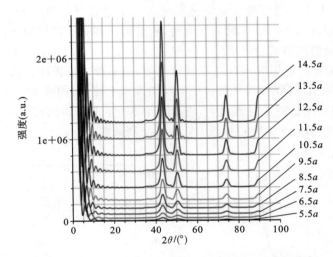

图 5-25　不同大小的立方 Cu 纳米颗粒的 XRD 图谱[13]

X 射线衍射可以用来检查材料的晶体结构以及阐明新结构,同时还可以对器件的结构稳定性做一定的评估。在科研上 X 射线主要用于物相的定性和半定量分析。定性分析是通过将测得的衍射数据与标准物相的衍射数据进行比较来确定物相的种类,而半定量分析则是通过衍射峰的峰强来确定材料中各物相的相对含量。

5.5　电学及光学测试表征

5.5.1　电学性质表征

材料的电学性能是指材料在外电场等物理作用下的行为特性,及其所表现出来的各种物理性能。按对外电场的响应方式,材料的电学性能可分为导电性能和介电性能。材料的导电性能是指以电荷长程迁移,即传导的方式对外电场做出的响应;对材料来说,只要其内部有电荷的迁移就意味着有带电粒子的定向运动,这些带电粒子称为"载流子"。载流子可以是电子、空穴,也可以是离子、离子空位。材料所具有的载流子种类不同,其导电性能也有较大的差异。金属与合金的载流子为电子,半导体的载流子为电子和空穴,离子类导体的载流子为离子、离子空位,而超导体的导电性能则是由于库柏电子对的贡献。材料的介电性能表现为以感应方式对外电场等物理作用产生响应,即产生电偶极矩或电偶极矩的改变;材料的介电性能主要包括电介质的极化性质、铁电性、热释电性、压电性等。许多半导体纳米材料具有优异的电学性能,在纳米电子器件等领域具有广泛的应用前景。

电学测量是半导体等领域中一项至关重要的技术,涵盖了多个关键概念和方法,包括 I-V 测试、C-V 测试、电导和电子迁移率等,下面对其进行简单介绍。

1. I-V 测试

I-V(电流-电压)测试是一种用于研究电子器件的电流-电压关系的基本技术。在 I-V 测试中,通过施加不同的电压并测量相应的电流,可以获得电子器件的 I-V 曲线,从而了解其电导率、电阻、截止电压和饱和电流等关键参数。I-V 测试常用的实验方法包括四线法和双线法。四线法通过在测量电路中引入两个电流电极和两个电压电极,可以消除电阻线路中的电压降,提供更准确的电流测量结果。双线法则使用两个电极进行电压和电流的测量。I-V 测试得到的是器件在被施加不同电压时的电流特性,进而得到关于器件输运性质的参数,如电阻率、载流子浓度、二极管的整流特性等。

在 PN 结上施加正向电压时,PN 结呈现低电阻,具有较大的正向扩散电流;在 PN 结上施加反向电压时,PN 结呈现高电阻,具有很小的反向漂移电流,当加在 PN 结上的反向电压增加到一定数值时,反向电流会突然急剧增大,将 PN 结击穿。I-V 测试就是利用 PN 结的击穿特性设计的。图 5-26 所示为 PN 结的典型 I-V 曲线及测试图。

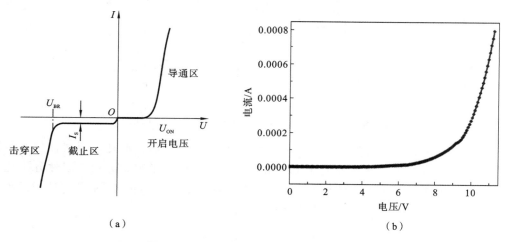

图 5-26　PN 结的典型 I-V 曲线及测试图

I-V 测试通常在电子元件(如二极管、晶体管等)或材料(如绝缘体、半导体等)上进行。当 I-V 曲线上的电压超过了某个值,电流急剧增加,这表示产生了击穿现象。在击穿之前,I-V 曲线通常呈线性或指数增长。漏电是指 I-V 曲线上的电流在零电压附近不为零,漏电通常是由材料或元件的微小电导引起的。击穿特性曲线显示了电压和击穿电流之间的关系。击穿电流是当元件或材料处于击穿状态时通过的最大电流。图 5-26(b)中的漏电特性曲线显示了电压和漏电流之间的关系。漏电流通常是指在非激活击穿之前或元件操作在亚击穿状态下的电流。漏电流一般用于评估电子元件或材料的性能,以确保它们能够在安全和可靠的工作范围内操作,同时避免击穿和不必要的漏电。

在半导体器件研究中,I-V 测试用于研究和测试晶体管、二极管、光电二极管等半导体器件的性能,以评估其在电子电路中的适用性。在电池测试中,电池的 I-V 特性可用于评估其电荷和放电性能,有助于电池设计和监测电池状态。

2. C-V 测试

C-V(电容-电压)测试是一种用于研究半导体材料和器件的载流子浓度和能带结构的关键技术。在 C-V 测试中,通过测量电容器的电容随电压的变化,可以获得半导体材料中的掺杂浓度、禁带宽度和载流子浓度等信息。C-V 测试在半导体工艺开发和材料研究中具有重要作用。C-V 测试常用的方法是通过施加一定幅度和频率的交变电压来引起电容器内部的载流子浓度变化,通过测量电容的响应,可以获得与载流子浓度相关的电容-电压曲线。P 型衬底上形成的 MOSCAP 结构的 C-V 测试图如图 5-27 所示,该结构的整体电容 C 是介电薄膜电容 C_{ox} 和硅基半导体空间电荷电容 C_{sc} 串联之后的计算值,串联等效模型如图 5-27(b)所示。于是有:

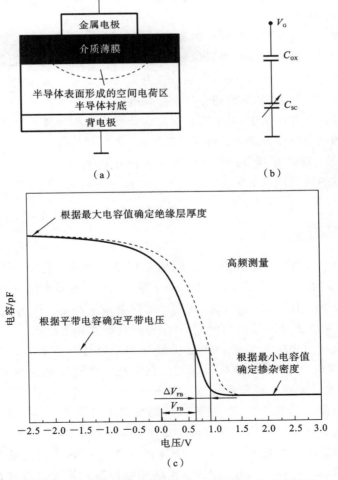

（a）　　　　　　（b）

（c）

图 5-27　P 型衬底上形成的 MOSCAP 结构的 C-V 测试图

$$\frac{1}{C}=\frac{1}{C_{OX}}+\frac{1}{C_{SC}} \quad 或 \quad C=\frac{C_{OX}}{1+\dfrac{C_{OX}}{C_{SC}}} \tag{5-23}$$

式中介电薄膜的电容 C_{OX} 由其厚度 t_{OX} 确定，即

$$C=C_{max}=C_{OX}=\frac{A \cdot \varepsilon_0 \cdot \varepsilon_{OX}}{t_{OX}} \tag{5-24}$$

由测试曲线可以得到薄膜在某一频率下的最大电容，结合介电薄膜的厚度和硅基半导体的薄膜厚度，计算可得到相应的介电薄膜的等效氧化物厚度以及介电常数 ε_{OX}。

在半导体工艺开发中，C-V 测试用于确定半导体器件中的掺杂浓度分布，以确保器件性能和稳定性。在材料研究中，C-V 测试可用于表征新型半导体材料的电学性质，从而帮助材料科学家设计更好的材料。在光电探测器性能评估中，C-V 测试用于评估光电探测器中的载流子浓度，从而确定其响应速度和灵敏度。

3. 电导及电子迁移率测试

电导是描述材料电子导电性能的关键参数，它表示单位长度内单位横截面积上的电流。电导与材料的电阻性能直接相关，可以通过测量电流和电压来计算。电导的计算公式为：电导＝电流/电压。电导是衡量材料导电能力的重要指标之一。高电导的材料具有较低的电阻，有利于电子在材料中的传输和导电。

电子迁移率是一个与半导体材料中载流子运动速度相关的参数。它表示电子在外加电场下的迁移速率。电子迁移率是衡量半导体材料电子运动情况和导电性能的重要指标。电子迁移率可以通过多种方法进行测量，包括霍尔效应测量法和瞬态电流测量法等。通过测量电子在材料中的运动性质，可以评估材料的导电性能和适用性。

在半导体器件设计和优化中，电子迁移率是设计和优化半导体器件的关键参数之一。了解半导体中电子的运动特性有助于改善器件的性能、速度和功耗。高电子迁移率材料通常用于制造高频率、高速度的电子器件。在纳米电子学和量子器件中，对电子迁移率的精确控制非常重要。这些领域的研究侧重于探索电子在极小尺度下的行为，因此需要精确测量和调控电子迁移率。

5.5.2　光敏器件测试

光敏二极管是一种类似于半导体二极管、内部存在一个具有光敏特征 PN 结的器件。它的主要特点是：在不同的光照条件下，会产生不一样的电流。主要有暗电流和光电流两种电流形式。暗电流是很小的饱和反向漏电流，在无光照的条件下产生。因为饱和反向漏电流在受到光照时会随着入射光强度的增大而增大，其增加的电流就是光电流。

光敏二极管也称为光电二极管。光电二极管和半导体二极管在结构上相似。管芯是光敏 PN 结，单向导电，所以工作时必须施加反向电压。在没有光的情况下，饱和反向漏电流或暗电流很小，此时光电二极管截止。当曝光时，饱和反向漏电流显著增加，形成随入射光强度变化的光电流。当光照射 PN 结时，PN 结会产生电子-空穴对，从而增加少数载流子的密度。这些载流子在反向电压下漂移，增加了反向电流。因此，可以利用光强来改变电路中的电流。光敏二极管和普通二极管一样具有一个 PN 结，不同之处是在光敏二极管的外壳上有一个透明的窗口以接收光线照射，实现光电转换。光敏二极管是电子电路中广泛采用的光敏器件。

（1）光敏二极管暗电流的测试。

暗电流是指在无光照条件下、在被测管两端加规定反向工作电压时，二极管中流过的电流。暗电流的测试原理如图 5-28（a）所示，测试步骤：调节稳压电源，使直流电压表读数为规定值，这时电流表所显示的读数即所测暗电流。

（2）光敏二极管光电流的测试。

光电流是指在规定光照条件下并加一定的工作电压时，流过二极管的电流。光电流的测试原理如图 5-28（b）所示，测试步骤：加上被测管，使其轴线与入射光平行，调节光源和稳压源至规定值，这时电流表所显示的读数即所测的光电流。

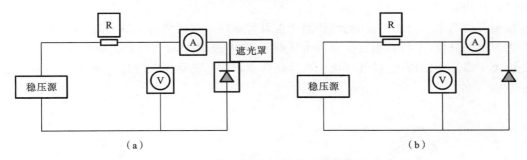

图 5-28　光敏二极管光电性能测试原理图
(a) 暗电流测试；(b) 光电流测试

（3）光敏三极管暗电流的测试。

在无光照、基极开路情况下，集电极-发射极间的电压为规定值时，流过集电极的电流为暗电流。测试步骤：调节集电极与发射极间的稳压源的电压至规定值，这时电流表所显示的读数即所测的暗电流。

（4）光敏三极管光电流的测试。

在规定的光照条件下，集电极与发射集间加一定的工作电压（基极开路）时，流过三极管的电流即光电流。测试步骤：加上被测管，使其轴线与入射光平行，调节光源和稳压源至规定值，这时电流表所显示的读数即所测的光电流。

5.5.3　光学测试

光学仪器常使用的分析方法是光谱分析法。光谱分析法可分为吸收光谱分析法和发射光谱分析法，而吸收光谱分析法又是目前应用最广泛的一种光谱分析方法，所采用的光谱包括核磁共振光谱、X 射线吸收光谱、紫外-可见吸收光谱、红外吸收光谱、微波谱、原子吸收光谱等。其中最常用的则是原子吸收光谱、紫外-可见吸收光谱和红外吸收光谱，这些方法的最基本原理是物质（这里说的物质都是指物质中的分子或原子，下同）对电磁辐射的吸收。此外拉曼光谱和荧光光谱也是比较常用的手段，它们都是基于物质发射或散射电磁辐射。其实物质与电磁辐射的作用还有偏振、干涉、衍射等，由此发展而成的是另外一系列的仪器，如椭圆偏振仪（简称椭偏仪）、偏光显微镜、X 射线衍射仪等。

1. 椭圆偏振测试

近些年来，薄膜技术逐渐在各个领域得到了广泛的应用，不仅在光学领域，还在材料科学、生物工程、通信工程等多个领域发挥着重要作用。随着材料科学和真空技术的发展，如何正确而无损地获得样品表面薄膜的厚度成为科研领域重要的课题。表面薄膜的厚度对薄膜的力学性能、光学性能、电学性能都有直接的影响,因此需要对薄膜厚度的表征手段进行深入研究。

传统测试薄膜的仪器是台阶仪,这种测试方法的主要缺点是会对测试的薄膜产生破坏,并且测试精度受仪器的影响较大。因此找到一种无破坏的测试方法是薄膜和薄膜器件大规模应用的需求。目前常用的测试方法主要有光学方法和非光学方法。非光学方法只能对薄膜厚度进行测试,主要有电阻法、电容法、电磁法等。而光学方法既可以测试薄膜的厚度也可以测量薄膜的光学参数,主要有棱镜耦合导模法、光切法、多光束干涉法、椭圆偏振法等。其中椭圆偏振法是最常用的方法。

椭偏仪的基本原理如下:用椭圆偏振光束以特定的入射角照射样品,样品以不同的方式反射和透射电场分量(平行和垂直分量);由于参数不同,反射光和入射光会随之发生变化,这种变化取决于样品的结构,这样就可以获得样品薄膜厚度和光学参数信息。图 5-29 所示为椭偏仪示意图。

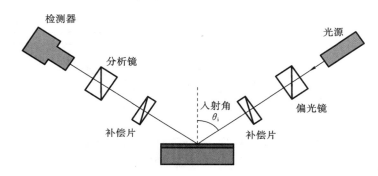

图 5-29　椭偏仪示意图

光在材料中传播时,其复合折射率为

$$n^* = n + \mathrm{i}k \tag{5-25}$$

式中:n 为折射率;k 为消光系数,受材料的分子和原子与光之间的相互作用影响,由材料本身的一些特性决定。

常用的薄膜光学测量法受到基底表面及薄膜的本征特性影响,而椭圆偏振法则有如下优势:① 只需测量经样品表面反射光的偏振状态的改变(由振幅比和相位差描述);② 直接测量材料的介电常数;③ 不需要参考样品;④ 测量不受光强影响;⑤ 入射角通常为基底的布鲁斯特角(例如对硅基底为 70°～75°);⑥ 适用于透明基底和不透明基底。

根据基本的折射定律有:

$$E_{\mathrm{rp}} = \frac{r_{1\mathrm{p}} + r_{2\mathrm{p}} \mathrm{e}^{-\mathrm{i}2\delta}}{1 + r_{1\mathrm{p}} r_{2\mathrm{p}} \mathrm{e}^{-\mathrm{i}2\delta}} E_{\mathrm{ip}} \tag{5-26}$$

$$E_{\mathrm{rs}} = \frac{r_{1\mathrm{s}} + r_{2\mathrm{s}} \mathrm{e}^{-\mathrm{i}2\delta}}{1 + r_{1\mathrm{s}} r_{2\mathrm{s}} \mathrm{e}^{-\mathrm{i}2\delta}} E_{\mathrm{is}} \tag{5-27}$$

式中:$r_{1\mathrm{p}}$(或 $r_{1\mathrm{s}}$)和 $r_{2\mathrm{p}}$(或 $r_{2\mathrm{s}}$)分别为 p(或 s)分量在界面 1 和界面 2 上一次反射的反射系数;2δ 为任意相邻两束反射光之间的相位差。

根据菲涅尔反射系数公式:

$$r_{1\mathrm{p}} = \tan(\phi_1 - \phi_2)/\tan(\phi_1 + \phi_2), \quad r_{1\mathrm{s}} = -\sin(\phi_1 - \phi_2)/\sin(\phi_1 + \phi_2) \tag{5-28}$$

$$r_{2p}=\tan(\phi_2-\phi_3)/\tan(\phi_2+\phi_3), \quad r_{2s}=-\sin(\phi_2-\phi_3)/\sin(\phi_2+\phi_3) \tag{5-29}$$

可以推出

$$2\delta=\frac{4\pi d}{\lambda}n_2\cos\phi_2=\frac{4\pi d}{\lambda}\sqrt{n_2^2-n_1^2\sin^2\phi_1} \tag{5-30}$$

式中：λ 为光在真空中的波长；d 和 n_2 分别为介质膜的厚度和折射率。

2. 红外测试

傅里叶变换红外光谱(Fourier transform infrared spectroscopy,FTIR)是一种非常重要的分析技术,广泛应用于化学、材料科学、生物医药等领域。傅里叶变换红外光谱是通过测量物质在红外光谱范围内的吸收和散射来获取信息的。它利用了物质分子的振动、转动和缩短等运动与红外辐射之间的相互作用,通过分析样品的光谱特征,可以确定物质的化学成分、结构和功能团等信息。

傅里叶变换红外光谱仪器通常由连续光源、干涉仪、样品室和检测器等部分组成,其工作原理如图 5-30 所示。光源发出的光经过分束器后,一部分通过参比通道,另一部分通过样品通道。通过样品的光被检测器接收并转化为电信号。从样品通道接收到的光信号经过放大和调制处理后,使用傅里叶变换算法将其从时域转换为频域。这样可以得到光谱的强度和波数之间的关系,从而获得样品的傅里叶变换红外光谱图。

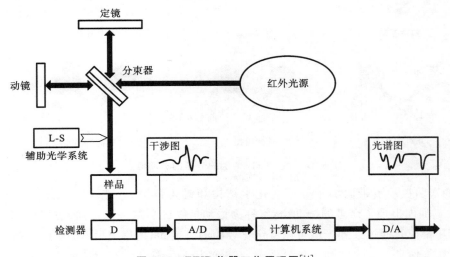

图 5-30　FTIR 仪器工作原理图[14]

红外光谱是通过测量物质对红外光的吸收或散射来获取信息的,这种吸收或散射与分子的振动和旋转运动有关,主要用于测试分子的振动信息。分子振动是指分子内原子之间的相对运动,包括伸缩振动和变形振动,以—CH_2 为例,如图 5-31 所示。

振动光谱分为红外光谱和拉曼光谱,二者得到的物质信息可以互补。如果振动时分子的偶极矩发生变化,则该振动是红外活性的;如果振动时分子的极化率发生变化,则该振动是拉曼活性的;如果振动时分子的偶极矩和极化率都发生变化,则该振动既是红外活性的,也是拉曼活性的。通过分析红外光谱图谱可以得到有关分子结构和成分的信息。常见的红外光谱图谱特征包括：① 伸缩振动,通常在 4000～1400 cm^{-1} 波数范围内出现,可以提供关于化学键类型和取代基团的信息,例如,C—H、O—H 和 C═O 键的伸缩振动在红外光谱中表现出特定的谱带;② 弯曲振动,弯曲振动通常在 1500～400 cm^{-1} 波数范围内出现,对应于分子内的角度变

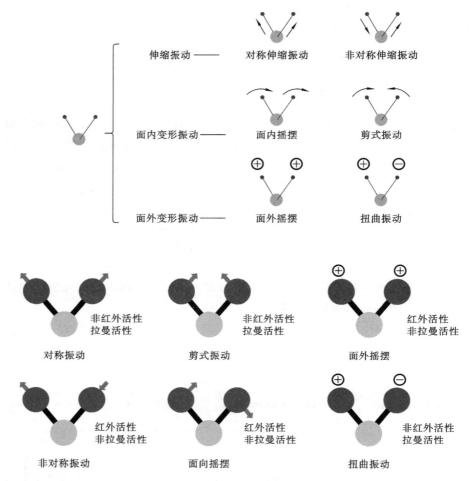

图 5-31　以—CH$_2$ 为例的分子的振动信息[15]

化,具体的弯曲振动谱带取决于分子的化学结构和键角情况;③ 振动指纹区,在 1500～600 cm^{-1} 波数范围内出现了众多的振动谱带(称为振动指纹区),这些谱带通常可用于分析分子的整体结构和特征。通过红外光谱可以鉴定化合物的官能团、结构类型,确认化学键的位置和取代基的存在等信息。在定性和定量分析中,红外光谱是一种非常有价值的工具。

进行傅里叶变换红外光谱测量的一般步骤包括:

(1)样品制备。将待测样品制备成适当的形式,如固体样品可制成片状或粉末状,液体样品可用透明的盖片固定。

(2)基线扫描。在进行样品测量前,需要进行基线扫描,获取背景信号,这是为了去除仪器和环境因素对光谱信号的影响。

(3)样品扫描。将样品放入样品室,进行红外光谱扫描,通过控制光源和移动分析仪器的光栅等,获取并记录样品在不同波数下的光谱特征。

(4)数据处理。得到样品的光谱数据后,需要进行数据处理,如傅里叶变换、平滑处理、峰位修正等,以获得更准确的光谱信息。

(5)结果分析。根据光谱特征,分析样品中各种键的振动情况、化学成分和结构特征。

傅里叶变换红外光谱的谱图解析是对光谱数据进行峰识别、峰位赋予和峰强度分析等。

通过谱图解析,可以确定样品中不同键的振动特征,进而推断化学成分和分子结构。通过谱图中的吸收峰,可以确定分子中不同键的振动频率。根据吸收峰的出现位置和特征,可以推断峰对应的化学键类型。对谱图中的吸收峰进行峰位赋予,即将波数与振动频率相对应。通过峰位的特征,可以推断样品中的化学键类型和键的强度。根据吸收峰的强度,可以分析样品中不同键的含量和相对丰度。不同官能团或化学键对应的峰强度通常具有不同的强度范围和相对强度。

傅里叶变换红外光谱是一种基于物质分子振动与红外辐射相互作用的分析技术。通过测量样品在红外光谱范围内的吸收和散射,可以获得关于其化学成分和结构的信息。通过仪器和相关操作,可以测量样品的红外光谱,进行谱图解析和结果分析,为相关领域的研究和应用提供有价值的数据和信息。

3. 拉曼光谱分析

光照射在透明物体(样品)上,虽然大部分会穿过样品,但是会有一小部分光向四面八方散射,这部分光的散射又可以分为瑞利散射和拉曼散射。如果光子和样品分子发生的是弹性碰撞,那么能量就没有发生交换,光子的能量仍然是碰撞前的能量,只是光的传播方向发生了变化。当光子和样品分子发生非弹性碰撞时,散射光能量和入射光能量的大小不同,也就是说反射光的频率和方向与入射光的不同,那么这种散射就称为拉曼散射。拉曼散射最突出的特点是光子和分子之间发生能量交换,改变了入射光的能量。

拉曼散射过程中发生的能量交换可以使用能级跃迁现象来解释,如图 5-32 所示。当入射光子的能量并没有高到可以使分子激发到激发态能级,但是会使分子发生振动跃迁时,就会使分子的能量处在一个不稳定的状态。当样品分子激发到虚态后又回到低能级的振动激发态时,激发光能量大于散射光能量,散射光频率小于入射光频率。这时在瑞利散射线较低频率侧就会出现一根拉曼散射线,这条线称为斯托克斯线。当入射光子的能量照射在本就处于高激发态的分子时,会使分子激发到更高能级,此时如果分子从不稳定高能态回到低能态,那么释放的散射光能量就大于入射光能量,在瑞利散射线高频率侧会出现一根拉曼散射线,这条线称为反斯托克斯线。

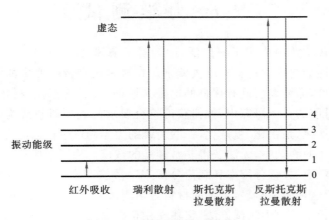

图 5-32　拉曼散射机制图示

斯托克斯和反斯托克斯散射光的频率与激发光频率之间的差值 $\Delta\nu$ 称为拉曼位移。拉曼光谱分析的主要光线是斯托克斯散射光线。因为不同的分子结构对应着不同的振动状态,振动状态决定了振动能级的能量变化,而拉曼位移是由振动能级的变化决定的,所以拉曼光谱可

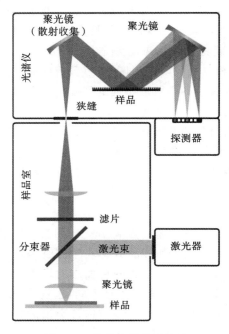

图 5-33　拉曼光谱仪的结构

以用于对分子结构进行分析。

　　拉曼光谱仪一般由光源、外光路、色散系统、信息处理与显示系统等部分组成,其仪器结构如图 5-33 所示。

　　拉曼光谱的峰高和被检测物的浓度成正比,利用这种关系,拉曼光谱常常用来进行定量分析。拉曼光谱是非接触表征方式,可以通过透明容器或者窗口收集拉曼信息。在实际测试中,因为拉曼光谱不需要对测试样品进行预处理,所以大大简化了表征步骤,测试费用也更低。

　　拉曼散射光的强度在各个方向并不是完全相同的,因为这种光强的差异性,当进行拉曼光谱表征时,需要指定入射光的发射方向以及入射角度。由于直角散射和背散射的存在,因此一般在与入射角成 90° 和 180° 的方向上检测拉曼散射光。

　　温度和压力对拉曼峰会产生影响。凝聚相试样的拉曼光谱的峰宽通常有 $5\sim20\ \mathrm{cm}^{-1}$,气相拉曼峰比较窄。

　　使用拉曼光谱进行定量分析的基础是,测得的拉曼峰强与分析物浓度有线性对应关系。峰的面积和浓度之间成一次函数关系,由这个一次函数得到的曲线表示标定曲线。根据标定曲线,就可以由获得的峰面积来求得分析物的浓度。但是,影响拉曼峰高度和面积的因素不仅仅是浓度,其他因素如分析物的透明程度等,也会在一定程度上影响峰面积。因此在使用拉曼光谱进行定量分析之前,也就是在建立标定曲线之前,需要使用某种类型的内标,来尽可能消除这些非样品因素对结果造成的影响。

5.6　力 学 测 试

　　表面技术在现代工业中应用十分广泛,因为对于薄膜、涂层或者经过其他特殊处理的表面,其物理、化学特性会与内部材料有巨大差别。在对表层有特殊要求的场景下,例如计算机磁盘等精密电子器件,需要表层既有优良的电磁光性能,又有耐磨损、耐化学腐蚀和优良的力学性能。因此,在目前的科学研究中,如何获得符合要求的表层材料成为研究热点。另外,随着器件逐渐走向微量化、精密化、复杂化,一些传统的力学测试手段已经无法满足需求,在对薄膜材料的强度和寿命的测试中,无法获得非常精准的数值。为了适应这一行业变化,测试仪器要有更高的位置分辨率、位移分辨率和载荷分辨率。目前,薄膜材料的厚度逐渐减小,有的甚至到了纳米级,对于这种薄膜材料,传统的材料力学测试方法已经无法获得有效信息。纳米压痕试验方法是一种新型的力学测试方法,它建立在布氏和维氏硬度测试基础上,通过对样品上载荷和位移数据进行连续控制和记录,可以获得材料的许多力学性能特征。它的主要特点是可以将压痕深度控制在纳米级。目前纳米压痕试验方法已经成为薄膜、涂层和表面处理材料力学测试的首选测试方法。

　　力学性能决定了材料质量的好坏,在过去一个多世纪,人们做了很多尝试,建立了不同的标准试验来获得材料的力学性能。目前的力学性能试验主要分为两类：一类是关于简单应力的试验，比如拉伸、压缩、扭转试验等；另一类是关于复杂应力的接触试验，如硬度测试等。两者的目的不同，前者是为了获得材料的应力-应变数据，而后者是为了检验产品的质量和探索更加合适的工艺。

近年来，由于新材料的合成和制造工艺的改进，特征尺寸越来越小。对于小于 100 μm 的样品，传统的拉伸和压缩测试存在一系列困难。制作、夹持和对准小样品（保持样品与载荷方向同轴），提高载荷和位移测量的分辨率，测试材料的力学性能的方法正在不断增加。最初的硬度测试主要用于工业质量检验。现在硬度测试通过简单的工作方法改进，可实现仅在材料表面的局部体积内产生轻微凹痕。接触试验在小规模测试材料的力学性能方面具有更显著的优势。例如，压缩测试可以提供硬度和模量数据，而评分测试可以提供定量信息，例如断裂开始时的断裂机制以及韧性和脆性断裂模式之间的区别。目前，接触试验正逐渐成为微纳米尺度力学测量的主要方式，该方式也在不断地完善和发展，人们正在解决诸如如何获得精确的载荷和位移，如何建立合适的力学模型以从复杂应力状态中获得可靠的力学参量等问题。

纳米测试技术的发展得益于材料制备技术的发展。对于显微压入测试，为了避免薄膜负载的影响，一般要将压入的深度控制在膜厚的 1/10，而随着制备的薄膜厚度越来越小，这种压入深度逐渐无法实现，因为显微硬度测量仪器无法提供这么小的载荷。

例如，用光学显微镜测量时：如果维氏残余压痕对角线为 5 μm，测量不确定度为 20%；如果维氏残余压痕对角线为 1 pm，测量不确定度高达 100%。显然，当残余压痕的尺寸在亚微米及其以下时，传统的光学显微镜因受放大倍数和分辨率的限制将难以适用。因此，出现了通过计算投影面积来确定压入深度的纳米压入测量方法。

传统的纳米压痕方法是以垂直压力将一个具有固定形状和尺寸的压头压进样品，卸载后，通过计算压痕的横截面面积，可以测得试样的硬度。但是这种方法有两个主要缺点：一是获得的材料性质有限，只能获得材料的塑性属性；二是使用范围有限，这种方法只适合较大尺寸的试样。新型的纳米压痕方法结合最新的计算机技术，通过计算机控制施加的载荷和传感器，可以实现纳米尺度的位移分辨率，因此可以实现极低的压入深度。新型纳米压痕方法特别适用于测量薄膜、涂层、微机电系统材料等的力学特性参数，包括弹性模量、硬度、断裂韧度等。

随着纳米压痕方法不断地发展与完善，压痕仪几乎可以获得材料的所有力学性能，包括材料的硬度和模量、脆性材料的断裂韧度、材料的残余应力，以及材料受压引起的相变问题。

硬度和弹性模量是最常用的两种力学参数。可以根据加载-卸载曲线获得载荷-位移图（见图 5-34），从而得到材料的最大载荷、最大位移和完全卸载后的剩余位移。根据这些参数和下面的关系式，可以获得材料的硬度和弹性模量。

$$H = \frac{F_{\max}}{A} \tag{5-31}$$

$$\frac{1}{E_r} = \frac{(1-\nu^2)}{E} + \frac{(1-\nu_i^2)}{E_i} \tag{5-32}$$

$$S = \frac{dP}{dh} = \frac{2}{\sqrt{\pi}} E_r \sqrt{A} \tag{5-33}$$

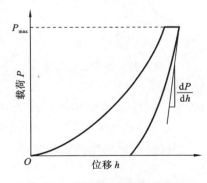

图 5-34 压入测试载荷-位移图

式中：$F_{\max}$ 为最大压入载荷；A 为压痕的投影面积；S 为卸载曲线上端部的斜率；E_r 为当量弹性

模量；E 和 ν 分别为被测材料的弹性模量和泊松比；E_i 和 ν_i 分别为压头材料的弹性模量和泊松比。

材料的弹性模量和硬度可以从纳米压痕测试曲线和经验公式计算。但是，对于少量的材料，仅知道弹性模量和硬度是不够的。材料的塑性特性或材料的完整应力-应变曲线对于结构设计和分析也很重要。纳米压痕测试基于压痕问题的弹性解决方案，因此只能从压力-压缩曲线计算有限的材料属性，例如弹性模量和硬度。但是塑性属性的分析是数学模型中的复杂问题，无法通过简单的分析解决方案获得结果，因为本构关系是非线性的，并且包含表示塑性属性（如屈服强度）的多个参数，多数塑性性能分析是通过有限元分析获得的。

纳米科技的发展也带动了各种纳米器件的迅猛发展，并且这些器件的应用也越来越广泛，因此对纳米器件相关性能的表征变得更加重要。而纳米力学性能是纳米材料的最基本性能，这个性能对器件能否长期使用和使用的稳定性具有重要影响。纳米器件的力学性能与宏观器件的有所不同，因为微观尺度和宏观尺度的材料的比表面积有很大的差别，微观尺度的材料的表面能增大，材料会变得不稳定。另外材料还可能存在临界尺寸效应，即当尺寸降低到某个尺度时，再缩小材料的性能就会发生比较大的变化。因此，为了对纳米器件的力学性能进行更加全面的表征，必须发展出与之匹配的纳米力学测试方法和表征方法。

5.7　磁　性　测　试

纳米技术是现代技术进步的一部分。纳米材料具有一些独特的基本性质，广泛应用于生化检测、医学工程、制造、航空航天、国防等诸多领域。磁性纳米粒子因其特殊的磁性而受到广泛关注。同时，磁性纳米薄膜和磁性液体等在微纳制造、光学通信、微电子等行业发挥着重要的作用。因此，对磁性材料的测量是物理性能表征的重要手段。

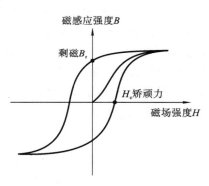

图 5-35　饱和磁化曲线

饱和磁化强度是铁磁性材料的一种特性参数，表示材料在外加磁场作用下能够达到的最大磁化强度。它也是永磁性材料的一个重要指标。铁磁体在外部磁场的作用下被磁化时，最初磁化强度会随着外部磁场强度的增加而增加，上升趋势逐渐趋于稳定。当外部磁场达到一定强度时，物质状态就变成了饱和磁化状态（见图 5-35）。这种稳定的磁化强度就是物质的饱和磁化强度，饱和磁化强度的大小与铁磁体的类型有关。

饱和磁化强度 M_s 除了与材料的种类有关外，还取决于材料的磁性原子数、原子磁矩和外场温度。磁化强度主要是通过测试样品周围的磁通量来确定的。磁介质中的磁感应强度 B 与磁场强变 H 及磁化强度 M 之间的普遍关系式为

$$B=\mu_0(H+M) \tag{5-34}$$

当样品磁化到饱和状态时，有：

$$B=\mu_0(H_m+M_s) \tag{5-35}$$

振动样品磁强计（VSM）就是根据以上原理制作的高灵敏度磁矩测量仪器。基本的振动样品磁强计由磁体及电源、振动头及驱动电源、探测线圈、锁相放大器和测量磁场强度的霍尔磁强计等部分组成，如图 5-36 所示。VSM 可以测量一组在线圈附近的以固定频率和振幅做

微振动的样品的磁矩。由于仪器体积小,一个微小样品在磁场中可视为一个磁矩为 m 的磁偶极子,样品在磁场中被磁化后,可以向特定方向轻微振动。一组串联反接的检测线圈用于感应样品周围磁偶极场的变化,检测线圈的感应电动势与样品的磁化强度成正比。我们可以用锁相放大器测量该电压,从而计算出待测样品的磁矩。由于检测线圈的感应信号是由周围磁化振动样品产生的周期性变化磁场产生的,因此空间中任意一点 P 在坐标原点 O 处的磁偶极子产生的磁场 H_r 为

$$H_r = -\frac{1}{4\pi}\left(\frac{M_m}{r^3} - \frac{3M_m r}{r^5}\right) \tag{5-36}$$

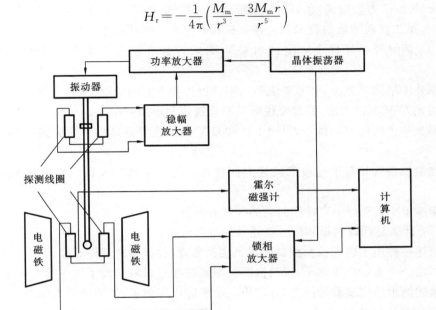

图 5-36 振动样品磁强计结构图

校准后,用质量为 m_x 的被测样品替换标准样品。在振动输出信号为 V_x 时,样品的比磁化强度 σ 为

$$\sigma = \frac{V_x}{kM_m} = \frac{m_{s0}\sigma_{s0}}{m_x V_s}V_x \tag{5-37}$$

以上两式中:M_m 为样品的磁矩;r 为空间任意一点 P 与坐标原点 O 的距离;k 为振动样品磁强计的灵敏度,可由比较法测定,又称为振动样品磁强计的校准或定标;m_{s0} 为标准样品的质量;σ_{s0} 为饱和磁化强度;V_s 为装入磁强计中的振动输出信号。

习 题

1. 电子和物质的相互作用可分为哪几种散射?电子和薄样品如何作用?电子和厚样品如何作用?非弹性散射和弹性散射的角度一般是多少?何种角度的弹性散射容易变为非相干的?样品变厚,前-背散射的份额如何变化?在对薄样品进行 TEM 成像时,假定最多只有几次散射发生?TEM 图像由何种电子形成?

2. 实验中选择 X 射线管以及滤波片的原则是什么?已知一个以 Fe 为主要成分的样品,试选择合适的 X 射线管和合适的滤波片。

3. 磁透镜的像差是怎样产生的?如何来消除和减小像差?

4. 分别从原理、衍射特点及应用方面比较 X 射线衍射和透射电镜中的电子衍射在材料结构分析中的异同点。

5. 举例说明电子探针的三种工作方式(点、线、面)在显微成分分析中的应用。

6. 什么是波谱和能谱? 它们有何不同?

7. 分别说明透射电子显微镜成像操作与衍射操作时各级透镜之间的相对位置关系。透射电镜中有哪些主要光阑? 在什么 6 位置? 其作用是什么?

8. AFM(原子力显微镜)和 STM(扫描隧道显微镜)的工作原理和应用有何不同?

9. 什么是二次离子质谱技术? 它在测试和研究中有哪些应用?

10.(1)请解释半导体 I-V 测试和 C-V 测试的基本原理及其在半导体器件研究中的应用。

(2)描述 I-V 测试方法,并简要说明其测量过程和得到的结果。

(3)描述 C-V 测试方法,并简要说明其测量过程和得到的结果。

(4)举出一个实际应用例子,说明 I-V 和 C-V 测试在半导体器件研究或半导体工业中的应用。

11. 光敏三极管相对于光敏二极管有何特殊之处? 请解释光敏三极管的测试方法及其应用。

12. 影响 PN 结理想 I-V 特性曲线的因素有哪些?

13.(1)什么是椭圆偏振测试? 描述其原理和应用。

(2)描述一种用于椭圆偏振测试的常见实验装置,并解释其工作原理。

(3)举出一个实际应用例子,说明椭圆偏振测试在材料科学或生物医学领域中的应用。

14. 描述纳米压痕试验的原理,并举出一个实际应用例子,说明纳米力学测试在材料科学或纳米技术领域中的应用。

15. 简要描述振动样品磁强计的工作原理和应用。

本章参考文献

[1] WANG Z J,WEINBERG G,ZHANG Q,et al. Direct observation of graphene growth and associated copper substrate dynamics by in situ scanning electron microscopy[J]. ACS Nano,2015,9(2):1506-1519.

[2] SONG B,YANG T T,YUAN Y,et al. Revealing sintering kinetics of MoS_2-supported metal nanocatalysts in atmospheric gas environments via operando transmission electron microscopy[J]. ACS Nano,2020,14(4):4074-4086.

[3] LIU F,TONG Y,LI C,et al. One-dimensional conjugated carbon nitrides:synthesis and structure determination by HRTEM and solid-state NMR[J]. The Journal of Physical Chemistry Letters,2021,12(42):10359-10365.

[4] LI Y,SONG D,LIU S,et al. Characterization of ultra micropores and analysis of their evolution in tectonically deformed coals by low-pressure CO_2 adsorption,XRD,and HR-TEM techniques[J]. Energy & Fuels,2020,34(8):9436-9449.

[5] TOKANO T,KATO Y,SUGIYAMA S,et al. Structural dynamics of a protein domain relevant to the water-oxidizing complex in photosystem Ⅱ as visualized by high-speed

atomic force microscopy[J]. The Journal of Physical Chemistry B, 2020, 124(28): 5847-5857.

[6] MÜLLER D J, DUMITRU A C, LO GIUDICE C, et al. Atomic force microscopy-based force spectroscopy and multiparametric imaging of biomolecular and cellular systems[J]. Chemical Reviews, 2020, 121(19): 11701-11725.

[7] WHITEMAN P J, SCHULTZ J F, PORACH Z D, et al. Dual binding configurations of subphthalocyanine on Ag(100) substrate characterized by scanning tunneling microscopy, tip-enhanced Raman spectroscopy, and density functional theory[J]. The Journal of Physical Chemistry C, 2018, 122(10): 5489-5495.

[8] LEE S Y, LYU J, KANG S, et al. Ascertaining the carbon hybridization states of synthetic polymers with X-ray induced Auger electron spectroscopy[J]. The Journal of Physical Chemistry C, 2018, 122(22): 11855-11861.

[9] BAENA-MORENO F M, RODRÍGUEZ-GALÁN M, ARROYO-TORRALVO F, et al. Low-energy method for water-mineral recovery from acid mine drainage based on membrane technology: evaluation of inorganic salts as draw solutions[J]. Environmental Science & Technology, 2020, 54(17): 10936-10943.

[10] HARVEY S P, ZHANG F, PALMSTROM A, et al. Mitigating measurement artifacts in TOF-SIMS analysis of perovskite solar cells[J]. ACS Applied Materials & Interfaces, 2019, 11(34): 30911-30918.

[11] OTTO S K, MORYSON Y, KRAUSKOPF T, et al. In-depth characterization of lithium-metal surfaces with XPS and ToF-SIMS: toward better understanding of the passivation layer[J]. Chemistry of Materials, 2021, 33(3): 859-867.

[12] WOOD K N, TEETER G. XPS on Li-battery-related compounds: analysis of inorganic SEI phases and a methodology for charge correction[J]. ACS Applied Energy Materials, 2018, 1(9): 4493-4504.

[13] VORONTSOV A V, TSYBULYA S V. Influence of nanoparticles size on XRD patterns for small monodisperse nanoparticles of CuO and TiO$_2$ anatase[J]. Industrial & Engineering Chemistry Research, 2018, 57(7): 2526-2536.

[14] DUTTA A. Fourier transform infrared spectroscopy[M]//THOMAS S, THOMAS R, ZACHARIAH A K, et al. Spectroscopic methods for nanomaterials characterization. Elsevier, 2017: 73-93.

[15] GUERREROCCÉREZ M O, PATIENCE G S. Experimental methods in chemical engineering: Fourier transform infrared spectroscopy—FTIR[J]. The Canadian Journal of Chemical Engineering, 2020, 98(1): 25-33.

第6章

微纳米器件

6.1 引　言

　　微纳技术是在微电子技术的基础上独立发展形成的一种加工尺度精度可达微米甚至纳米量级的技术的总称,通常包括微米/纳米级材料的设计、制造、测量、控制等技术,其共同特征是功能结构的尺寸在微米/纳米尺度范围内。微纳制造技术是指制造微米/纳米量级的三维结构、器件和系统的技术。微纳制造技术具有体积小、集成度高、质量轻、可靠性高以及智能化程度高等特点,可使得器件具有微型化、多功能化和便于携带等优势,近年来受到世界各国研究者的广泛关注。在微电子、大规模集成电路和信息科学等领域的发展过程中,微纳制造技术是关键的支撑。利用微纳制造技术研制出的众多微纳米器件及系统,不仅为高精尖领域技术带来了变革,而且赋予了器件更广泛的应用价值。

　　本章通过介绍微纳制造技术典型的应用案例,阐述了微电子、光电子和传感器等领域近年来最新的发展状态,进一步表明微纳制造技术在前沿新兴科技领域发挥着不可替代的作用。尽管本章不能穷尽所有类型的微器件内容,也无法预测未来高科技领域会出现的所有新兴功能器件,但可以通过列举一些经典且通俗易懂的案例来说明微纳制造技术在器件制造中应用的可行性。例如:在微电子领域,1947 年,美国贝尔实验室的三位科学家 Shockley、Bardeen 和 Brattain 合作研发出世界上首个晶体管,固态电子材料的诞生使得高效、低能耗的复杂数字电路得以实现,这是该领域的革命先声;尤其是 PN 结型晶体管的出现,开辟了现代电子元器件的新纪元,引起了一场电子技术的革命。2016 年,劳伦斯伯克利国家实验室的技术团队实现了计算技术界的一大突破,将当时最精尖的晶体管制程从 14 nm 缩减至 1 nm,打破了物理极限。微纳制造技术的不断发展,极大地加快了电子器件微型化、集成化的脚步。在光电子领域,随着微纳加工技术的出现,材料体系更新换代,显示技术的发展经历了三个阶段:阴极射线管、液晶显示器和有机电激光显示器。2002 年,Coe 等首次提出了一种基于量子点技术的电致发光器件——量子点发光二极管(quantum light emitting diode,QLED)。与传统显示器件相比,QLED 器件具有更加轻薄、柔软的优点,非常适合用于柔性显示器件中。同时量子点显示技术创造性地实现了显示屏幕的折叠、弯曲,这标志着显示设备跨入柔性显示时代。在传感器领域,1962 年,第一个硅微压力传感器问世,开辟了微电子机械系统(micro-electro-mechanical system,MEMS)技术研究的先河,微压力传感器也成为微小器件的先驱者;1994 年,博世公司发明硅高深宽比加工的深度反应离子刻蚀工艺(DRIE),该工艺现已成了微电子机械系统的主流工艺。此后,MEMS 技术发展迅速,为光学、声学、生物学等领域提供了各种多功能微器件。

6.2　微　电　子

十九世纪末到二十世纪初,电子技术迅速发展起来,与人类社会生活的关联日益紧密。随着微纳制造技术工艺的成熟、制造成本的降低,电子及通信设备的尺寸大幅度减小,功能集成度攀升,微纳制造技术见证了整个电子和通信领域的发展。随着电子技术一个多世纪的发展,整个半导体行业发生了翻天覆地的改变:1897 年,Thompson 在使用真空管研究阴极射线时发现了电子;1946 年,美国宾夕法尼亚大学的莫尔电机学院诞生了第一台现代计算机,这个庞然大物使用了 18000 个电子管,占地 170 平方米,重达 30 吨,耗电功率约 150 千瓦;1947 年,世界上首个晶体管研制成功。随着社会需求的不断增加,缩短电流反应时间、加快响应速度、减小电子元件尺寸就尤为关键。微纳制造技术的发展极大地加快了电子器件微型化和集成化的脚步。

依据著名的摩尔定律,每间隔 18~24 个月的周期,芯片上集成的元器件数量就会翻一番,器件的性能也将显著提升。随着集成电路集成度的不断提高,作为逻辑器件的金属氧化物半导体场效晶体管(metal-oxide-semiconductor field effect transistor,MOSFET)、存储器件的动态随机存储器(dynamic random access memory,DRAM)和闪存等器件的单元尺寸在不断缩小,直至缩小到纳米和原子量级并呈现空间分布结构。根据半导体行业协会公布的发展路线图(ITRS),半导体行业的技术节点已经进入深亚微米时代,甚至纳米时代,与半导体工艺相兼容的纳米薄膜与结构制备技术成为关注焦点。

6.2.1　晶体管

第二次世界大战结束后,美国贝尔实验室专门成立了"半导体小组",Shockley 担任组长,成员包括 Bardeen 和 Brattain。三位主要科学家开始对包括硅和锗在内的几种新材料进行研究与探索,希望深入了解其潜在的应用前景。在晶体管诞生之前,主要通过真空三极管来放大电信号,但真空三极管制作困难、体积大、能耗高且使用寿命短,"半导体小组"的科学家们预测固态半导体材料是替换真空三极管的较佳候选材料。在 1947 年年底,基于半导体材料锗,第一个具有放大功能的点接触式晶体管(见图 6-1)诞生了。晶体管(transistor)的名字取自"跨导"(transconductance)和"电阻器"(resistor)两个词,晶体管不仅具有与真空管同样的电功能,还兼具固态材料的显著优点,如无真空、尺寸小、质量轻、可靠性高、发热量小以及功耗低。二十世纪五六十年代,肖克利积极推动晶体管的商业化,成就了如今美国加州电子工业密布的硅谷地区。晶体管的发明造就了以固体材料及技术为基础的现代半导体产业。

晶体管是一种固体半导体器件,包括二极管、场效应管、三极管、晶闸管等不同类型,可以实现较多的功能,包括放大和调制信号、检波、整流、稳压、开关等功能。例如晶体管可以调控输入电压的大小,从而控制晶体管输出的电流大小,进而实现晶体管调变电流的功能;基于电信号实现开合功能的晶体管器件,开关速度远远高于普通的机械开关,切换速度高达 100 GHz 以上。

根据结构形式划分,半导体晶体三极管主要有 NPN 和 PNP 两种结构形式(见图 6-2),包含三层半导体,分别为发射区(相连电极称为发射极(emitter))、基区(相连电极称为基极(base))和集电区(相连电极称为集电极(collector))。半导体晶体三极管一般由以上三个电极组成,分别作为晶体管的电极,常称为源极(source)、栅极(gate)和漏极(drain)。

根据功能划分,三极管可分为场效应晶体管和双极型晶体管。由于晶体管存在三种极性,对应的连接方式也有三种类型,分别是基极接地、发射极接地和集电极接地。

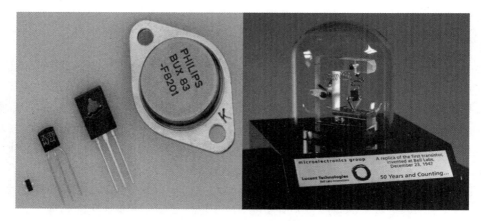

图 6-1　几个不同大小的晶体管(左)和 1947 年点接触式晶体管的复制品(右)

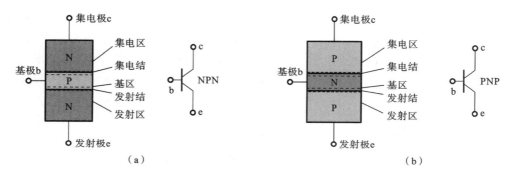

（a）　　　　　　　　　　　　　　（b）

图 6-2　半导体晶体三极管

(a) NPN 型；(b) PNP 型

随着真空二极管和真空三极管的面世,一门新兴的学科——电子学迅速发展起来,相应的技术研究和电子器件层出不穷。真正促使电子学实现革命性重大突破的是晶体管这种微小元件的发明。尤其是在成功设计 3D 结构晶体管并批量研发出代号为 Ivy Bridge 的 22 nm 英特尔芯片之后,摩尔定律的又一新时代开启了,为各类型设备的创新打下了坚实的基础。晶体管的主要分类如图 6-3 所示。

1. 按晶体管原理分类

晶体管类型主要包括双极型晶体管、场效应晶体管、隧穿晶体管、自旋电子晶体管、互补场效应晶体管、负电容场效应晶体管。

1) 双极型晶体管

双极型晶体管由三层掺杂半导体组成,每一层掺杂的浓度不同,载流子在 PN 结处的扩散作用和漂移运动使得晶体管中出现电荷流动和传导。以 NPN 结构的晶体管为例,高掺杂发射极区域的电子一般通过扩散作用运动到基极;在很薄的基极区域,电子为少数载流子,空穴为多数载流子;由于基极区域较薄,少数载流子电子能够通过漂移运动到达集电极,进而在集电极区域输出电流。因此,双极型晶体管也称作少数载流子元器件。双极型晶体管有两种类型。

一种为 NPN 型,它由两层 N 型掺杂区域(发射极和集电极)和介于二者之间的一层 P 型掺杂半导体(基极)组成。在外界电场作用下,发射极与基极之间产生的微小电流称为基

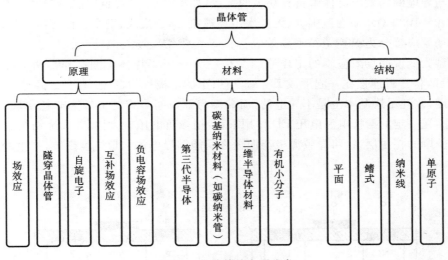

图 6-3　晶体管的主要分类

极电流,通过调控基极、发射极和集电极的电压实现基极电流的放大,进而产生较大的集电极-发射极之间的电流。对于 NPN 型晶体管,当基极电压高于发射极电压,同时维持基极电压低于集电极电压时,晶体管产生的电流将正向放大。从发射极注入基极区域的少数载流子电子,在电场的作用下迁移到集电极,从而产生电流的放大现象。电子的质量小且迁移速度比空穴高,因此,现有应用的双极型晶体管多数为 NPN 型结构。

另一种为 PNP 型晶体管,它由两层 P 型掺杂区域和一层 N 型掺杂区域组成。流经基极的微小电流会在发射极端得到放大。也就是说,当 PNP 型晶体管的基极电压高于集电极电压,基极电压低于发射极电压时,晶体管产生的电流将处于正向放大状态。

异质结双极型晶体管(heterojunction bipolar transistor,HBT)是一种特殊的双极型器件,一般是在基座上沉积两层及以上不同类型的半导体薄膜材料,同时保证基区所用半导体薄膜的能带间隙要低于发射区对应的半导体薄膜的能带间隙;通常集电区和基区选用的半导体材料为禁带宽度较小的物质,例如砷化镓或者硅-锗之类的半导体合金,而发射区常采用禁带宽度较大的半导体材料。采用化合物半导体材料制备的异质结双极型晶体管,兼具高电子迁移率和优异的电子饱和速率,可实现更高的截止频率和开关速度。研究发现,异质结双极型晶体管能够处理频率高达几百吉赫兹的超高频信号,因此它非常适合用于射频功率放大、激光驱动等对工作速度要求苛刻的场景。此外,基于半导体异质结结构的二极管与理想二极管的特性非常相近,通过进一步调节半导体材料的组成(掺杂元素种类与浓度)、宏观结构(膜材厚度)与微观电子结构(禁带宽度)等,可以很好地调控二极管电流与电压的响应参数。本质上,异质结双极型晶体管的高性能是由其双极特性决定的,其对半导体技术的发展具有深远影响,它是光电子器件和高频晶体管的关键组元。

2) 场效应晶体管

场效应晶体管(field effect transistor,FET)是一种可以由自由载流子控制的有源器件,主要依靠输入回路产生的电场效应来调节输出电流。FET 是一种集成电子器件,包含漏极、源极、栅极和沟道半导体。目前,根据设计结构的差异,场效应晶体管主要分为两大类型,分别为结型场效应管(junction FET,JFET)和金属氧化物半导体场效应管(MOSFET)。电压控制的载流子参与导电的场效应晶体管具有众多的优点,如噪声小、功耗低、热稳定性好、输入回路的内阻高(100~1020 Ω)、动态范围大、无二次击穿现象、易于集成、安全工作区域宽等。

结型场效应管分为 P 沟道结型场效应管和 N 沟道结型场效应管,如图 6-4 所示。下面以 N 沟道结型为例说明场效应管的工作原理。在一块 N 型半导体上面制作出两个高掺杂浓度的 P 型区域,将三者连接在一起形成 PN 结,所引出的电极称为栅极;由于 P 区与 N 区交界面形成耗尽层,该耗尽层基本上是不导电的,而漏极与源极间形成的区域为非耗尽层,属于导电通道,因此,在一定的漏极电源电压 ED 作用下,若栅极负电压较大,则在 PN 结接触的界面处可以形成较厚的耗尽层,这将导致漏极与源极之间能够导电的沟道宽度变窄,产生的漏极电流将变小。

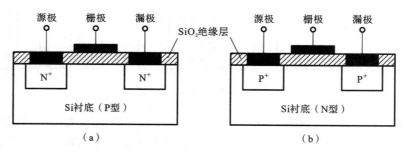

图 6-4 绝缘栅增强型场效应管沟道结构示意图

(a) P 沟道结型;(b) N 沟道结型[1]

金属氧化物半导体场效应晶体管具有功耗低的优点,非常适合用于逻辑运算的集成电路,是构成逻辑电路、微处理器及记忆元件的基本单元,它的体积直接关系到集成电路的集成度。硅基半导体集成电路在今后若干年内仍然会是集成电路的主流,而新型半导体沟道材料,如锗Ⅲ-Ⅴ族半导体、碳纳米管、石墨烯和二维半导体 MoS_2 等,已经成为工业界和学术界研究的重点。

在金属氧化物半导体场效应晶体管中,将一个从具有绝缘氧化屏障功能的半导体中分离出来的金属电极作为栅极。在低压情况下,栅极下面无法形成足够的载流子,因此在源极和漏极之间的电流较小。但是当栅极电压增加时,栅极下面会吸附更多的电子,从而使源极和漏极之间的电流迅速增加。

1965 年,Intel 创始人之一摩尔先生提出著名的摩尔定律。之后五十多年,半导体工业界一直遵循摩尔定律高速发展,这与传统的栅介质 SiO_2 和半导体 Si 材料系统优异稳定的界面性能密不可分。进入 21 世纪后,随着 SiO_2 栅介质膜厚度减至 1 nm 以下,量子隧穿效应造成的栅与硅片之间的漏电流已达到不相容的程度,同时在界面结构、硼渗透以及器件可靠性方面也出现了一系列问题。为了改善传统硅基器件的性能,集成电路制造工艺不断地引入更先进的工艺技术,例如 HKMG 技术、Si 技术、SOI 技术和 FinFET 技术等[2]。同时,寻找可以替代 SiO_2 且有高介电常数的高性能材料是目前科研人员的奋进目标。但是要实现等效氧化物厚度(equivalent oxide thickness,EOT)小于 1.0 nm,仍然是半导体工业迫在眉睫的重大挑战。目前,众多科研机构及高校,以将高介电常数的栅介质引入传统的硅基集成电路为课题,进行了深入、系统的研究,提出了栅介质材料的重要选择原则:一方面需要有合理的介电常数,较大的带隙和导带、价带偏移;另一方面与 Si 接触要有较好的热稳定性和界面质量,并具有 CMOS 工艺兼容性。当前最有希望取代 SiO_2 的高介电栅介质材料集中在 Hf 基氧化物系材料和稀土氧化物系材料上。

3）隧穿场效应晶体管

与 MOSFET 电荷载流子通过热注入穿过势垒的机制不同,隧穿场效应晶体管(tunneling field effect transistor,TFET)的主要注入机制是带间隧道,即在重掺杂 PN 结处,电荷载流子从一个能带转移到另一个能带,其本质是基于量子隧穿导通机制的一种场效应晶体管。与 MOSFET 热发射机制不同,TFET 通过自身的带隧穿导通机制,可实现功耗减少与电压降低的优势,理论上可以突破 60 mV/dec 的亚阈值摆幅极限[3,4]。Baba 于 1992 年发明了 TFET,它是传统 MOSFET 的一种极具前途的替代品。隧穿场效应晶体管的典型结构如图 6-5 所示[5],其源端与漏端具有不对称结构。左图是 N 型隧穿场效应晶体管,其漏端为 N 型重掺杂区域,源端为 P 型重掺杂区域,衬底为本征区或 N 型掺杂区域;右图是 P 型隧穿场效应晶体管,其漏端为 P 型重掺杂区域,源端为 N 型重掺杂区域,衬底一般为本征区或 P 型轻掺杂区域。

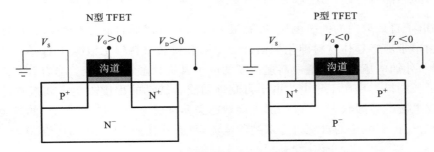

图 6-5 N 型和 P 型隧穿场效应晶体管结构示意图

TFET 通过栅极偏压控制沟道区域的带宽弯曲,可实现带间隧道的突然开启和关闭[6]。目前,TFET 是最有前途的候选陡坡开关,它有望在远低于 0.5 V 的电源电压下实现开关功能,从而显著节省功耗,十分适合中等频率(几百兆赫)的低功耗和低待机功率的逻辑应用场景。在其他领域,TFET 也有相当大的应用潜力和优势,例如具有改进温度稳定性的超低功耗专用模拟集成电路和低功耗 SRAM。同时,TFET 面临的最大挑战是实现高性能(高离子输出降低 IOFF)和满足不断减小的漏电流要求。因此,需要对互补异质结构 TFET 的众多技术助推器进行加性组合,并使人们能够在先进的 SOICMOS 平台上使用这些助推器或者开展研究。

碳纳米管和石墨烯等低维碳材料具有超薄的体厚和优异的电学特性,例如高导电性、超低的开启和关闭电压,非常适合用于制备高性能的 TFET。然而,在实现碳纳米管和石墨烯超薄片的可控制备方面,碳基 TFET 器件还有很多工艺的难点需要克服。为了进一步改善 TFET 器件的性能,不仅可以从材料工程出发,还可以从器件结构上实现优化——提高开态电流并有效抑制双极效应。例如,Ning 等[7]通过采用异质栅材料的隧穿场效应晶体管结构(见图 6-6),选用不同金属功函数的栅极材料分别作为漏区和源区,再对不同区域的栅极材料及其结构进行调控,可以显著提高隧穿场效应晶体管的开态电流,使得亚阈值摆幅 SS 更陡峭。

4）自旋场效应晶体管

1990 年,美国普渡大学学者 Das 和 Datta 首次利用电子自旋特性,制备出新型电子器件——自旋场效应晶体管(Spin-FET)。如图 6-7 所示,其结构类似于常见的三明治结构,两边

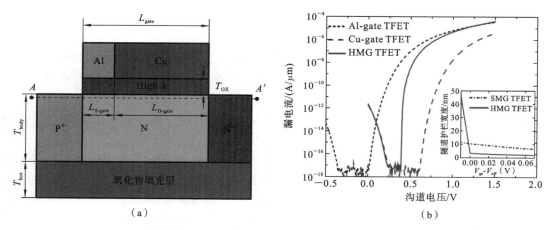

图 6-6　异质栅材料 TFET 器件结构及转移特性对比

（a）异质栅材料 TFET 器件结构图；（b）异质栅材料与单一栅材料 TFET 转移特性曲线对比[7]

具有相同的电子自旋取向的铁磁电极（即源极和漏极），可以对自旋极化的电子进行注入和收集；中间是由窄带隙半导体材料砷化铟铝（InAlAs）和衬底材料砷化铟镓（InGaAs）形成的二维电子气。调节外加电压可使沟道中高速运动的电子自旋状态发生改变。当自旋状态变成反向平行时，电子被漏极排斥而不导电。电子自旋进动或者转动的程度决定了漏极排斥作用的强弱，进而影响电流的导通状态；而电子的自旋状态又受到栅电压（即外加电压）的控制。自旋场效应晶体管通过控制电子的自旋状态来控制电流，具有能耗低、速度快的优点。

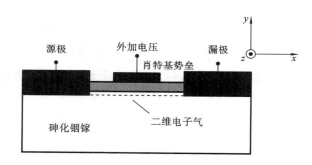

图 6-7　自旋场效应晶体管结构示意图

图 6-8　电光效应原理示意图

值得注意的是，自旋场效应晶体管的工作原理和电光效应有一定的相似性，二者都依赖于极化状态的调控。如图 6-8 所示，电光材料可以通过外部电压旋转光的偏振方向，同样，在自旋场效应晶体管中，铁磁材料可以用来调整电子的自旋状态。在源极触点注入向上自旋电子，漏极触点检测到向下自旋电子时，电流传输最小。如果自旋电子在穿过连接源和漏的通道时能够旋转，那么电流传输就可以增加。尽管自旋场效应晶体管的概念极具吸引力，但目前在研究和开发过程中仍面临一些挑战，例如，难以从源电极高效地注入自旋电流到半导体中，电子的自旋极化状态在穿越半导体时存在丧失速度较快的问题。此外，自旋场效应晶体管在实际操作中只能减少一部分电流，一部分原因是偏振器和分析器的性能远未达到理想状态,另一部分原因是在固态中散射过程会根据温度和通道长度使自旋随机变化。尽管如此,已经有研究者提出了替代设计来克服这些限制[8]。

5）互补场效应晶体管

互补场效应晶体管(complementary field effect transistor,CFET)的概念源于互补金属氧化物半导体(complementary metal-oxide-semiconductor,CMOS)逻辑的互补特性,其特点在于同一个门同时控制 n 型场效应晶体管(nFET)和 p 型场效应晶体管(pFET)。CFET 克服了传统微缩技术带来的技术挑战,如成本上升和性能降低,为下一代电子设备架构带来了新的视角和可能性。

CFET 技术为摩尔定律的延续和拓展提供了新的视野,对于提高集成电路的性能和效率以及降低制造成本具有深远的影响。在当下,当我们试图继续沿着摩尔定律将晶体管尺寸缩小,提高集成度的时候,面临的问题正在变得越来越复杂,例如高昂的制造成本和技术挑战,以及因为尺寸缩小而带来的功率密度上升和散热问题等。CFET 通过在一个单一的设备中集成 nFET 和 pFET,提供了一个有效的解决方案。

CFET 技术的优势在于,nFET 和 pFET 由同一个门控制,可以大大提高设备的性能,同时降低功耗。在此基础上,CFET 还能提高电路的复杂度和功能性,减少连接线的数量,简化电路设计,减少对空间的需求,进一步降低生产成本。因此,CFET 的研究和开发对于推动半导体技术的持续发展具有关键的意义[9]。

6）负电容场效应晶体管

负电容场效应晶体管(negative capacitance field-effect transistor,NCFET)自从被提出以来,就吸引了学术界和工业界的广泛关注。NCFET 的最大优点在于其可以打破传统的亚阈值斜率(subthreshold swing,SS)限制。在传统的 FET 中,SS 的下限在室温下为 60 mV/dec,这意味着电流在亚阈值区域内的切换效率受到限制,而这直接影响了 FET 性能的优化。

然而,在 NCFET 中,这个限制得到了突破。其关键在于采用了具有负电容特性的铁电材料作为门介质。这种铁电材料层能够引发一种独特的现象,即在给定的电压下,电荷会减少,从而形成负电容。这个负电容效应使得沟道表面电位的变化大于应用于栅极的电压变化。换句话说,这使得 NCFET 可以在比亚阈值斜率 60 mV/dec 还小的电压变化下进行工作。所以,NCFET 提供了一种全新的方式来实现更高效的电子设备,功耗更低,操作速度更快。

值得注意的是,尽管 NCFET 具有上述诸多优点,但它的实现和优化还面临许多挑战。例如,如何合理选择和优化铁电材料的特性,如何处理和控制铁电材料的疲劳和退化问题,以及如何实现在 NCFET 中的可靠和稳定操作等。然而,由于 NCFET 的巨大潜力和吸引力,相关的研究和发展工作正在快速进行中,希望在不远的将来能够看到 NCFET 的实际应用[10]。

2. 按晶体管结构分类

1）鳍式晶体管

2007 年年底,Intel 公司推出了基于 45 nm 节点技术的 Penryn 微处理器产品,首次将高 k(介电常数)材料和金属栅组合引入硅集成电路芯片中,得到了非常好的性能:与 65 nm 节点产品相比,在晶体管的密度增加一倍的情况下,开关效率提高 120%,开关功耗降低 30%,漏电流降低至原来的 1/5~1/10。目前,已有学者使用 Hf 基高 k 栅介质和金属栅的晶体管结构。其中,高 k 栅介质是采用原子层沉积(ALD)技术沉积的 Hf 基氧化物薄膜,与之配套的金属栅，PMOS 为 TiN，NMOS 为 TiAlN。正如摩尔先生所指出的，采用高 k 栅介质和金属栅极材料是集成电路晶体管材料领域的重大突破。2010 年，Intel 公司首次采用 32 nm 节点的工艺技术，接着又开发出 22 nm 节点的工艺技术；2013 年，Intel 公司在上述已有的工艺技术基础上，成功推出了三维鳍式结构晶体管（FinFET）。该晶体管具有类似鱼鳍的叉状 3D 架构，使原本的源极和漏极拉高成立体板状结构，漏极和源极之间形成板状的通道，可以保证栅极尺寸缩小至 20 nm 以下时，仍可以维持栅极与通道之间较大的接触面积，方便控制源极与漏极之间的电子流动状态，从而有效地控制电流，实现漏电流和动态功率损耗的降低。

在微电子领域中，微电子和半导体行业正发展超大规模集成电路技术的新兴应用。同其他薄膜沉积技术 CVD 和 PVD 技术相比，ALD 凭借其独特的表面化学生长原理和优异的共形性、大面积均匀性、适合复杂三维表面沉积以及深孔洞填隙生长等特点，受到微电子工业的青睐。碳纳米管和石墨烯具有高迁移率和优异的热导率，成为后硅电子时代极具竞争力的候选材料，这方面的研究也已取得了一些明显的进展[11]。

2）全环绕栅极晶体管

由于增强的静电可控性和输运特性，许多学者认为全环绕栅极（gate-all-around，GAA）结构是扩展电子器件在抑制短沟道效应（short-channel effect，SCE）方面路线图的最有希望的候选结构。目前，平面金属氧化物半导体场效应晶体管也有一些较佳的潜在替代品，例如半导体碳纳米管和纳米线等材料[12]。基于纳米线的场效应晶体管是克服目前平面硅电子器件局限性的最有希望的方法之一，部分原因在于它们适用于全环绕栅极结构，能实现完美的静电控制，并有助于进一步缩小"最终"晶体管尺寸，同时保持低泄漏电流[13]。GAA 基硅纳米线（SiNW）结构由于可以使得晶体管的尺寸缩小至 3 nm 以下，在各个领域显示出了广泛应用的巨大潜力。虽然 GAA 基 SiNW 是抑制短沟道效应的最佳结构，但这种结构与纳米线的极端缩小有关。由于纳米线的大小对导通电流（离子）有很强的依赖性，采用这种结构需要在抑制短沟道效应的可控性和离子的可驱动性之间进行适当的折中[14]。GAA 将持续前进到 A7 节点，其中包括 Nanosheet、Forksheet 和 CFET 等微缩器件技术，这些技术将推动半导体行业向更高效、更紧凑、更节能的方向发展。

3. 按晶体管材料分类

各类材料在晶体管结构中的应用见图 6-9。

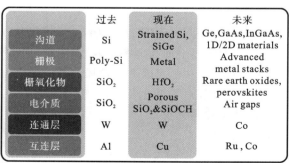

	过去	现在	未来
沟道	Si	Strained Si, SiGe	Ge,GaAs,InGaAs, 1D/2D materials
栅极	Poly-Si	Metal	Advanced metal stacks
栅氧化物	SiO₂	HfO₂	Rare earth oxides, perovskites
电介质	SiO₂	Porous SiO₂&SiOCH	Air gaps
连通层	W	W	Co
互连层	Al	Cu	Ru，Co

图 6-9　各类材料在晶体管结构中的应用

1）第三代半导体材料

第三代半导体材料的种类众多，其中以碳化硅和氮化镓材料为组成物质的晶体管发展已经较为成熟。此外,具有代表性的宽禁带半导体材料,如氧化锌、金刚石、氮化铝、氧化镓等,正逐步推广应用于晶体管器件。经过数十年的高速发展,硅基功率器件的性能已接近材料的极限。为了进一步改善器件的性能,提高其功率转换效率,需要采用具有更高临界击穿场的宽禁带半导体材料。与传统的硅基功率器件相比,SiC 基和 GaN 基功率器件具有导通电阻更低、开关速度更快等优点,近年来得到了广泛研究[15]。

2)碳基纳米材料

碳纳米管场效应晶体管(CNTFET)已成为取代现有技术的最有力竞争者,它的应用领域与其优异的性能密切相关,如碳纳米管材料具有高强度、高导热性和可调变的电学性能等。碳纳米管被认为是具有纳米直径的卷曲石墨烯片,长度通常为微米级。石墨烯是一种由一层致密的碳原子组成的,具有单原子层蜂窝状晶格的二维材料。碳纳米管主要有单壁碳纳米管和多壁碳纳米管两种类型。其中,单壁碳纳米管是制备 CNTFET 最具发展前景的材料之一。CNTFET 采用半导体碳纳米管作为通道。CNTFET 可以通过改变手性矢量和碳纳米管的直径来实现对阈值电压的控制。其中,手性矢量是指碳原子沿管排列的角度。如何控制金属管的生长是碳纳米管制备过程中的一个重要挑战,它会严重影响到电路的功率、延迟和功能成品率。CNTFET 技术面临的另一重要挑战是如何控制碳纳米管的尺寸、类型和手性,这也是决定其电性能的重要因素。此外,在开发制造工艺和器件结构的同时,尽量减小寄生电阻和电容至关重要[16]。

3)二维半导体材料

采用转移技术、机械剥离技术和 CVD 生长技术制备的由两种及以上二维半导体材料层叠形成的异质结双极型晶体管[17],也称为范德瓦尔斯异质结。在二维半导体材料相互层叠的过程中,由于晶格结构具有较高的匹配度,且二维表面通常没有太多的悬键,因此可以有效地解决传统半导体异质结界面不匹配的难题,极大地提高器件的性能。目前,利用干法转移和堆叠技术已获得多种类型的范德瓦尔斯异质结[18],例如半导体/绝缘体、半导体/半导体、半金属/绝缘体和半金属/半导体等类型。另一种制备范德瓦尔斯异质结的成熟技术是多步化学气相沉积技术,该技术可以使不同二维半导体材料的界面原子相互稳定成键[19]。由于二维半导体材料的种类繁多,且各具特性,通过多种材料的组合形成范德瓦尔斯异质结,可以获得单一材料所不具有的新特性。

4)分子晶体管

利用可定制有机电子材料作为通道或存储器件,基于有机场效应晶体管(OFET)的存储技术被认为是目前最具前途的数据存储技术之一,可实现多种功能,例如神经形态计算、存储记忆和感觉记忆。与聚合物半导体相比,小分子材料具有诸多优势,例如明确的分子结构和电子结构、高迁移率、柔性合成和易纯化等,且利用气相沉积技术可以制备出具有优异器件性能的复杂多层膜记忆电荷传输(即沟道)材料。此外,它们还可以用作电荷俘获介质、改性剂和掺杂剂,可能涉及所有存储过程,即电荷生成、传输、注入和再沉积。基于可加工技术开发的存储小分子,将为实现柔性电子系统的高通量滚装制造的商业化提供可能性[20]。其中,最简易的分子功能器件如图 6-10 所示,一个小分子连接在两个电极和一个调控电极之间,整体构成三端器件,从而实现分子输运行为的调控,即所谓的单分子晶体管结构[21]。与传统硅基场效应管不同,单分子晶体管的工作方式是基于库仑阻塞效应的。分子晶体管是制造生物芯片的基础。通过调整单分子的化学结构,可以在其上施加电子功能。基于这一优点,人们对晶体管几何结构中单分子的电子输运进行了大量的研究,并通过观察电流-电压(I-V)光谱中的振动激发、近藤效应和非弹性协同作用来确定分子的固有性质。此外,单磁性分子中自旋态电寻址的完成,增加了利用分子系统进行量子信息处理的可能性。了解结构对输运性质的影响,对于设计单分子器件和最大限度地发挥分子所具有的功能至关重要。然而,由于难以操纵纳米间隙电极中的单个分子并改变其原位构型,因此难以实现[22]。

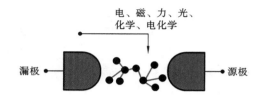

图 6-10　具有调控作用的单分子晶体管示意图

5) 单原子晶体管

缩小计算电路的规模将达到物质离散原子结构所施加的限制。降低功率需求,从而降低集成电路的功耗是至关重要的。为了维持社会所习惯的进步速度,需要新的范例。单原子晶体管被认为是一条与现有技术兼容的有前途的路径[23]。单个原子的精确定位成为一个急需突破的重大挑战,以便继续缩小设备规模。掺杂剂的精确放置不仅对纳米尺度场效应晶体管的阈值电压有直接影响,而且对于开发可扩展的硅量子计算机以实现高级逻辑应用也至关重要[24]。

6.2.2　存储器件

存储器用于存放程序和数据,具有记忆功能,可分为易失性存储器和非易失性存储器两大类,是最具时代性和广泛性的商品之一。大至航空航天、卫星气象、信息通信、数据终端、军事固防、云计算,小至个人用的电脑、手机、多媒体播放器和家庭使用的电表,都隐藏着它的身影。易失性存储器是指只有在通电的情况下才能将存储数据保存的存储器,包括静态随机存取存储器(SRAM)和动态随机存取存储器(DRAM)。非易失性存储器是指当电源处于暂时中断或器件处于断电状态时,仍然能够保存所存储数据的存储器。下一代深度学习和神经形态的芯片就属于非易失性存储器,该存储器具有密集内存计算、新兴非冯·诺依曼架构和高密度集成等特点。在晶体管和互连结构之间,存储器的三维单片(顺序)多层堆叠可以扩大片上存储器的密度。这样的架构不仅可以克服二维(2D)芯片的局限性,还可以使新的三维(3D)计算系统(逻辑和存储元素紧密地共置一处)显著提高内存访问带宽,降低能耗。

目前,存储器的发展趋势主要为读写速度越来越快、存储密度越来越高、功耗和单位成本越来越低,而作为内存的 DRAM、快闪存储器(flash memory,闪存)和作为外存的硬盘也面临着同样的问题。快闪(浮栅型)存储器一直是非易失性半导体存储器市场的主流产品,但由于传统的浮栅型器件趋近其物理和技术极限,一些新型的非易失性存储器,如电阻式记忆存储器(ReRAM)、扩散式忆阻器、相变存储器(PCM)、非易失性磁性随机存储器(MRAM)、铁电场效应晶体管(FeFET)和突触晶体管等,将成为下一代的有力竞争者。

DRAM 是最为常见的系统内存,即主存储器。其性能主要依赖于电容的性能,包括高电容密度、低漏电流密度和低损耗因子[25]。随着集成电路集成度的提高,DRAM 的单元体积日益缩小,单元晶体管(cell transistor)和单元电容的尺寸也越来越小,由此导致单元晶体管的开关性能恶化,不利于在电容中写入和保存信息(见表 6-1)。利用诸如凹沟道阵列晶体管(recessed channel array transistors,RCAT)等三维结构,可以缓解短沟道效应问题。在RCAT 结构中,通过腐蚀 Si 沟道以增加沟道长度,从而形成沟槽结构。沟槽电容器(trench capacitor)构建在高深宽比的沟槽中,以增加表面积,进而增加有效电容密度,然而加工的复杂性也随之增加。

表 6-1　存储器不同阶段的发展趋势

存储器类型	NOR 闪存	NAND 闪存	铁电存储器	磁阻存储器	相变存储器	阻变存储器
单元元件	1T	1T	1T1C	1T1R	1T1R	1T1R/1D1R
单元面积	9~11 F	5 F	12~22 F	6~16 F	5~16 F	5~8 F
读电压	2 V	2 V	0.9~3.3 V	1.5 V	3 V	0.4 V
读时间	10 ns	50 ns	45 ns	20 ns	60 ns	<10 ns
写电压	7~9 V	15 V	0.9~3.3 V	1.5 V	3 V	0.5~1 V
写时间	1 μs/10 ms	1 ms/0.1 ms	10 ns	20 ns	50/120 ns	5~10 ns
读写次数	>1×10^5	>1×10^6	>1×10^{14}	>1×10^{16}	>1×10^9	>1×10^6
评论	—	—	与 CMOS 工艺不兼容,存储密度小	与 CMOS 工艺不兼容,写操作功耗大	与 CMOS 工艺不兼容,写操作功耗大	与 CMOS 工艺兼容性好,研究时间短,物理机理不明确

1. 相变存储器

相变存储器也称相变化内存,它是一种由硫族化合物材料重新组合而成的新型非易失性存储器。相变存储器一般是通过巧妙运用材料自身可逆转的物理状态变化来实现信息存储的,同时具有多种性能优点,包括工艺尺寸小、非易失性、存储密度高、读写速度快、功耗低、循环寿命长、抗辐射干扰等。当材料的原子结构会因加热或其他一些激发过程而发生变化时,相变记忆技术通常依赖于特定材料的电学和光学特性。例如,将 $Ge_2Sb_2Te_5$(GST)合金从共价键合的非晶态相切换到亚稳立方晶相,可将电阻率降低 3 个数量级,提高整个可见光谱的反射率。基于 GST 的相变存储器由于其可扩展性,在非易失性数据存储应用中,有望替代快闪存储器。在两相之间切换所需的能量取决于相变材料的固有特性和器件结构,该能量通常由激光或电脉冲提供。可以通过限制原子在一维空间的运动来降低 GST 的开关能量,从而大大减少与相变过程相关的熵损失[26]。

2. 阻变存储器/忆阻器

阻变存储器(ReRAM/RRAM)包括许多不同的技术类别,如氧空缺存储器(oxygen vacancy memories)、导电桥存储器(conductive bridge memories)、金属离子存储器(metal ion memories)、忆阻器(memristor)等。基于两端电阻切换忆阻器件的电阻式随机存取存储器(ReRAM)是填补现代计算系统中主工作存储器与辅存储器之间空白的极具潜力的候选者。ReRAM 是一种主要用于记忆的非易失性存储器(NVM),其存储密度可与领先的 NAND 闪存相媲美,而其快速随机存取功能可与动态随机存取存储器相媲美。ReRAM 有效地结合了两种技术的优势。与其他 NVM 技术相比,基于忆阻器的 ReRAM 具有三个关键特性:第一,缩小忆阻器两个电极的尺寸不会降低保持力、切换时间和开关比等关键性能,这是由于其性能主要由单个局部纳米级细丝所决定;第二,由于访问元件通常会占据其体积的绝大部分,根据忆阻器的非线性开关动态特性,可从存储单元中移除访问元件(如晶体管),从而有利于降低和减小存储单元的复杂性和尺寸;第三,忆阻器具有简单的金属-绝缘体-金属结构,且第二和第三特性使忆阻器件可以组成高密度纵横制阵列[27]。

3. 铁电存储器

铁电晶体管是一种超低功耗的方案。目前,几乎所有晶体管的工作机制都依赖于半导体通道中的电场效应,以将其导电性从导电的"开"状态调整到非导电的"关"状态。随着晶体管尺寸的不断缩小,晶体管的计算性能不断提升,但受到物理限制和纳米尺度场效应的影响,容易发生电流泄漏,不利于计算科学与技术的持续快速发展。Stephen 等人研究证实,利用不同的运作机制,结合薄膜和铁电体的纳米应变工程,可使 $MoTe_2$ 通过电场诱导的应变在场效应晶体管的半金属相之间可逆地切换到半导体相。具体来说,采用弛豫铁电体 $Pb(Mg_{1/3}Nb_{2/3})_{0.71}Ti_{0.29}O_3$(PMN-PT)单晶氧化物衬底作为栅介质(厚度为 $0.25 \sim 0.3$ mm),从单晶源中剥离出 $1T'$-$MoTe_2$($13 \sim 70$ nm),然后使用镍接触垫制作图案器件[28]。这种晶体管开关的替代机制有效地解决了传统场效应晶体管中的所有静态和动态功耗问题。铁电器件有望实现阿托焦耳/比特级的亚纳秒级非易失性应变开关,在超高速、低功耗非易失性逻辑存储器中快速推广,同时将改变计算体系的现有结构,使其不再需要综合考虑微电子的速度和波动性,与传统场效应晶体管有着本质的区别。

4. 磁性随机存储器

磁性随机存储器(MRAM)具有数据保存时间长、持久性强等优点,被认为是一种可靠的持久存储器件。最早的 MRAM 产品为了克服半选位对传统 Stoner-Wohlfarth 开关造成的困难,使用平衡合成反铁磁(SAF)自由层的切换模式写入数据。随着垂直磁隧道结中自旋转移转矩(STT)开关的发展,MRAM 产品的缩放能力显著提高,于 2019 年实现了 1 GB 器件。研究表明,与传统的存储器相比,MRAM 能够扩展更高的容量,且 STT-MRAM 具有众多优异特性,不但可以节省电力,增加系统数据的完整性,而且可以提升整体器件的性能,以满足从数据中心到物联网设备的各种苛刻需求[29]。

6.2.3　量子计算机

半导体集成电路是现代信息产业的基石,但主导其发展的摩尔定律正受到物理学和经济学的双重限制,致使传统的硅基电子技术临近发展极限,亟须采用新型芯片技术推动未来信息产业的发展[30]。

由于尺度缩放需要进入一个超越几何缩放和有效缩放的未知领域,半导体电子学界正面临着"摩尔定律是否已死"的问题。加州大学伯克利分校的教授 Salahuddin 等人[31]指出,这一不确定性为协调电子产品实施方式的转变提供了机会。特别是,他们认为电子技术将进入一个新的(第三个)时代——超尺度时代。超尺度是指一种技术能够根据工作负载的需求,有效地将芯片上的组件从几十亿个扩展到一万亿个。超尺度时代将由四大领域的创新推动:超越玻尔兹曼晶体管;超越 SRAM 和 DRAM 的嵌入式高性能存储器;逻辑、存储器、模拟和 I/O 晶体管的单片 3D 集成;集成电路功能多样的异构集成,提供类似单片的性能。

　　量子计算机是一种利用量子力学的基本规律实现数学和逻辑运算、实现信息处理和储存能力的复杂系统。量子计算机的元件尺寸主要处于原子或者分子量级，众多微小元器件构成了计算机的硬件。量子计算机以量子态为记忆单元和信息储存形式，以量子动力学演化作为信息传递和加工基础。总体来说，量子计算机能够存储和处理与量子力学变量有关的信息，是一个复杂的物理系统。

　　量子计算机的硬件包括量子储存器、量子晶体管、量子效应器等[32]。量子储存器具有储存信息效率高的特点，能够在极短的时间内对任何计算信息进行赋值，已成为量子计算机不可或缺的重要组成部分之一。量子晶体管利用电子高速运动来突破物理的能量界限，从而实现晶体管的开关作用；与普通的芯片运算能力相比，量子晶体管控制开关的速度更快，运算能力更强，并且能够很好地适应外界环境条件，因此在未来的新型计算机发展中，它是量子计算机不可或缺的一部分。除此之外，量子效应器等元器件也是量子计算机的重要组成部分，发挥着重要的作用。量子效应器在量子计算机的整个系统中主要实现大型系统的控制功能。

6.3　光　电　子

6.3.1　显示技术

　　20 世纪 60 年代，自薄膜晶体管液晶显示技术诞生以来，短短几十年间，显示技术经历了快速的发展(见图 6-11)。商业化的显示技术大致经历了两个阶段：最初，阴极射线显像管以电子束管为基础，它使图形、图像、彩色显示设备开始进入人类的日常生活中；随后，经过 30 多年的不断发展，液晶显示(liquid crystal display，LCD)技术逐步应用于商业化显示器，并且由于其功耗低、辐射低和占用空间更小，已成为目前主流的显示技术。根据技术的成熟程度，未来显示技术的发展大致可分为三个方向：有机发光二极管显示、微米发光二极管(Micro LED)显示和量子点发光二极管显示[33]。其中，有机发光二极管显示技术正在逐步成熟且开始小规

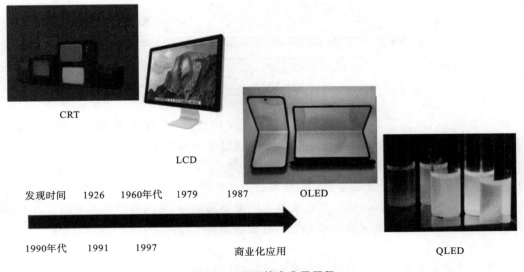

图 6-11　显示技术发展历程

模地应用于手机显示屏等高端电子产品中；近年来，虽然 LCD-量子点背光显示屏也出现在高端显示领域中，但距离全电子的量子点显示还很遥远；同时，全球各大显示面板商都在竞相研发 Micro LED，但距离其大规模商业化应用仍有很长的路程。总的来说，下一代显示技术正朝着微型化、高效率、广色域、可弯折的方向发展。

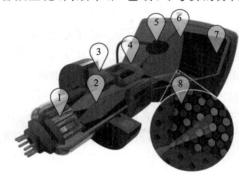

图 6-12　CRT 内部结构[34]
1—电子枪；2—电子束；3—聚焦线圈；4—偏向线圈；
5—阳极接点；6—电子束遮罩区隔颜色区域；
7—荧光幕（分别用红绿蓝荧光剂分区涂布）；
8—彩色荧光幕内侧的放大图

1. CRT 显示器

阴极射线显像管即 CRT 显示器（见图 6-12），是目前商用最主流的显示器之一，具有色彩还原度高、色度均匀、坏点少、响应快、可视范围大、价廉以及多种分辨率模式等优点。

CRT 显示器的发光原理如下：灯丝经加热升温至 2000 K，电子枪的阴极便开始发射电子，这些被加热出来的电子形成电子束，高速撞击荧光屏，最终使荧光体发光。随着电流在信号电压的控制下逐步升高，由此产生的荧光强度也增强。当偏转磁轭控制的电子束扫过荧光体时，一幅完整的图像或文字便显示在屏幕上。

2. LCD 液晶显示器

1888 年，奥地利化学家 Reinitzer 发现了液晶及其特殊的物理特性。美国无线电公司 Heilmeier 带领的小组基于动态散射模式（dynamic scattering mode，DSM），开发出第一台可操作的液晶显示器。图 6-13 所示为薄膜晶体管 LCD 的基本结构。

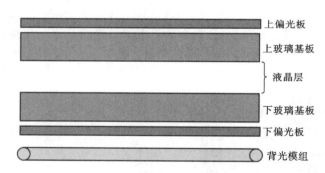

图 6-13　薄膜晶体管 LCD 基本结构

在不加电压的情况下，光线会沿着液晶分子的间隙转折 90°前进，所以光可通过。但加电压后，光线沿着液晶分子的间隙直线前进，因此光被滤光板所阻隔。

液晶是具有流动特性的物质，所以只需外加很微小的力量即可使液晶分子运动。以最普遍的向列型液晶为例，由于液晶分子可轻易地借电场作用转向，且液晶的光轴与其分子轴高度一致，故可借此产生光学效果；而当加在液晶上的电场移除时，液晶将借其本身的弹性及黏性，使液晶分子十分迅速地恢复至原来未加电场时的状态。

3. 发光二极管

发光二极管是一种特殊的二极管。通常，半导体材料通过离子注入和掺杂等工艺被制成 PN 结，这些半导体芯片便构成了二极管。在二极管中，电流具有单向导通性，只能由阳极（P

极)向阴极(N 极)方向流动。电子和空穴作为载流子,受到电极电压的作用而流向 PN 结。电子和空穴在汇聚后发生复合,在这个过程中,能量以光子的形式释放出来,而复合后的电子跌落到低能级。

除了部分采用单质结以提升亮度和响应度外,发光二极管(LED)大多采用同质结。其中,应用于显示以及短距离光通信的 LED,只需要在低电流和低电压下工作。现有的技术中,磷砷化镓二极管可以产生红光,磷化镓二极管可以产生绿光,碳化硅二极管可以产生黄光。从可见蓝光到红外光波段的 LED 已被广泛应用,而紫光到紫外光波段的 LED 仍处于研究阶段[35]。

图 6-14　蓝色发光二极管

近年,具有高亮度的蓝色发光二极管(见图 6-14)被成功研发。通过外延生长的方法,在蓝宝石衬底上得到高质量Ⅲ～Ⅴ族氮化物薄膜,不再受半导体技术的制约。随着金属有机化学气相沉积技术(MOCVD)工艺发展的成熟,在 InGaN/GaN LED 上已经实现了数毫瓦的光输出,可与当前红色 LED 的亮度相媲美。通过调控 InGaN 三元合金的组成比例,以 InGaN/GaN 为基础的 LED 器件可以得到不同发光峰位的光输出,相较于 470 nm 的 SiC LED 波长更短(450 nm)。至此,彩色显示器和信号灯最需要的蓝光 LED 得到解决,这为其广泛的应用奠定了基础。此外,研究人员可将 ZnCdSe 等Ⅱ-Ⅵ族直接带隙的半导体材料制成从蓝光到绿光波段的发光二极管,同时紫外波段的发光二极管也可用氧化锌制备。

1) 有机发光二极管

有机发光二极管(OLED)是一种通过有机薄膜材料发光的器件。通常,OLED 的阳极和阴极分别为透明导电材料氧化铟锡(ITO)和金属电极。常见的阳极为 ITO 导电玻璃膜,阴极为铝化镁、锂等金属材料。在电流的作用下,电子和空穴分别从正、负极产生,然后注入电极间的有机薄膜区。电子与空穴相遇之后形成激子,使得发光材料被激发,产生发光现象,发出来的光的颜色与有机发光层的材料相关。

OLED 材料自 1907 年首次被制备出来以来,一直未能实现商用。到 1987 年,柯达公司制备了以有机小分子 8-羟基喹啉铝(Alq3)为发光层的薄膜发光二极管[36]。1990 年,Burroughes 等人使用有机聚合物作为发光层,制备了使用聚对苯乙烯(PPV)发光的聚合物发光二极管(PLED)。1991 年,Braun 等人在掺杂锡的氧化铟(ITO)玻璃上利用 PPV 衍生物聚[2-甲氧基-5(2-乙基己氧基)-1,4-苯乙烯](MEH-PPV)制备出了橘红色的 PLED。这给显示技术带来了新的方向,并引发了 OLED 和 PLED 之间的竞争,从而推动了相关行业的发展。

通过将有机薄膜材料和玻璃基板结合,可得到自发光性质的 OLED 显示,从而不需要背景光源,这与常见的 LCD 显示完全不同。同时,利用该技术制成的显示器在使用寿命、刷新率、对比度和亮度方面都已达到 OLED 显示器的商业化标准。近年来,OLED 显示技术得到大力发展,这得益于其高比色、低成本、可柔性以及高色彩饱和度,但多层 OLED 器件的性能仍受到材料分解和稳定性的限制。日本索尼公司在生产 Cyber-Shot TX100V 系列数码相机时,使用了 OLED 面板作为触摸屏,并将该技术应用到平板显示器上,生产出可达 11 in(1 in =25.4 mm)的 OLED 显示屏电视,这是世界上首次实现商用的 OLED 电视。图 6-15 所示为 OLED 器件的基本结构。

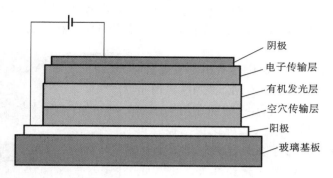

阴极
电子传输层
有机发光层
空穴传输层
阳极
玻璃基板

图 6-15   OLED 器件的基本结构[35]

2）量子点发光二极管

半导体纳米晶又称量子点（quantum dot，QD），是由有限数量的原子构成，在三个维度方向上都处于纳米尺度的新型无机半导体材料。当材料的粒子尺寸小于（或等于）激子玻尔半径时，量子尺寸效应明显，通过控制粒子尺寸、材料的化学成分和结构，会得到不同特征波长的荧光体。因此，量子点成为被光电器件[37]和生物检测[38]等领域大量应用的半导体材料。量子点发光二极管（QLED）采用无机纳米晶体与有机配体结合而成的新型结构，不仅具有有机材料加工性能好的优势，而且充分体现了纳米晶体载流子迁移率和导电性高的优点。与 OLED 器件相比，QLED 具有较窄的发射光谱，色域最高可达百分之百。OLED 的高能耗和低成品率使得其制造成本是 QLED 的两倍以上，这使 QLED 更适合用于大屏显示[39, 40]，从 OLED 向 QLED 的发展成为业界主流的趋势[41]。

2002 年，QLED 被 Coe 等人首次提出，这是一种基于量子点与二极管技术[42]的全电致发光器件。与传统显示器件相比，QLED 器件具有稳定性高、溶液加工性好、颜色饱和度高的优点。同时，量子点可以集成更薄、更软的器件，为实现柔性弯折创造了条件。而量子点不需要背景光源的自发光性质，为其向面光源的发展提供了有利条件。

2014 年，彭笑刚等人制备出结构为 ITO/PEDOT：PSS/PVK（聚乙烯基咔唑）/QDs/PM-MA（聚甲基丙烯酸甲酯）/ZnO/Ag 多层复杂膜组合而成的 QLED 器件组件，其结构与 OLED 的基本一致，只是将发光层替换为量子点。该器件的开路电压仅为 1.7 V，外量子效率（EQE）可达 20.5%，器件具有良好的稳定性[43]。

图 6-16 所示为高性能的量子点材料。

图 6-16   高性能的量子点材料

除了钙钛矿量子点,还有由 CdS(硫化镉)、CdSe(硒化镉)、CdTe(碲化镉)等ⅡB 族及ⅥA 族化合物制得的量子点。与传统 OLED 相比,QLED 有诸多潜在的优势:

(1) 量子点的发射峰位是可调的。在不改变器件结构的情况下,可以通过改变量子点的大小和组成来控制颜色。而 OLED 改变颜色必须使用不同的材料,有机材料红光的半峰宽过大、色彩不纯,且蓝光 OLED 的效率很低。

(2) 目前,业内 OLED 各功能层的制备都是通过使用带"荫罩"的蒸镀来实现的,当需要的屏幕较大时,容易热胀冷缩,使色彩显示出现偏差。而 QLED 的制造不需要使用荫罩,通过溶液旋涂、转移打印或喷墨打印就可以将量子点发光层集成到 LED 中,从而使成本大幅降低。

(3) 相对有机材料而言,以无机半导体材料为主的量子点更不容易受到空气中水分和氧气的影响。这使其在性能稳定和器件寿命方面具有先天优势。

(4) 根据尺寸效应,通过调整量子点的大小以获得不同波长的光,可以使 QLED 覆盖自然界的 100 多种颜色。以有机材料为发光层的 OLED 只能显示 70 多种颜色,且其纯度和饱和度低于 QLED 的。因此,基于量子点的器件具有更好的性能,受到广泛的关注。

光致发光的 LCD-QD 背光显示技术已进入商业化阶段。例如:2015 年,由中国 TCL 集团推出的 QLED2.0 TV 可实现图像分区,显著提升色彩对比度,且色彩更加丰富。此项产品创新地结合了宽色域技术和杜比 Vision HDR 两项技术优点。2017 年,韩国三星公司推出了一款新型电视,量子点被用来提高背光效率,大幅拓宽了 LCD-QD 电视的显示色域,并提升了其显示亮度。同年,TCL 结合曲面、HDR 等技术推出了 QUHD 量子点电视,带来远超普通电视的显示效果[44]。

4. 量子点薄膜

全无机钙钛矿量子点 $CsPbX_3$(其中 X=Cl、Br、I)兼具多种优异的光电特性,如:良好的稳定性与生物兼容性;较高的荧光量子产率(约 90%);较窄的发射峰(半峰宽为 12~42 nm);发射波长连续可调;通过改变尺寸和卤素原子的比例调节的发射光谱可覆盖整个可见光波长;晶相会随合成温度和其分子式中所含有的卤素元素的差异而发生变化;等等。$CsPbX_3$ 型钙钛矿量子点在太阳能利用和提高太阳能电池光电转化效率等前沿技术领域有着重要的应用价值,有望在 LED、背光显示和激光器等领域发挥重要作用。

我们团队近期提出了关于 $CsPbBr_3$ 钙钛矿量子点稳定化的制备方法。针对钙钛矿量子点发光不稳定、量子产率容易衰退的问题,我们结合具有纳米级可控、高度均匀和高致密度等优点的原子层沉积(ALD)技术沉积薄膜,钝化 $CsPbBr_3$ 钙钛矿量子点表面[45],大幅度提升了钙钛矿量子点的稳定性。具体工艺工程分为两部分:首先,将钙钛矿量子点分散负载于氧化硅微球表面,形成量子点/氧化硅微球复合物;其次,利用粉体 ALD 技术在量子点微球表面沉积氧化铝薄膜,对量子点表面进行缺陷钝化,实现量子点稳定性的大幅提升。经 XPS 和 XRD 研究表明,稳定性提升的原因在于 ALD 技术钝化了量子点表面,并减少了量子点的晶格畸变。之后,我们就 ALD 对于量子点光电器件的稳定化制造方面做了进一步的研究,通过对量子点薄膜进行 ALD 氧化铝交联处理,提高了量子点薄膜在器件溶液制备过程中的溶剂侵蚀稳定性,使得高电子迁移率和稳定性的液相氧化锌旋涂制备得以实现。不仅如此,界面氧化铝的存在优化了界面接触和能级结构匹配,进一步平衡了载流子在发光层复合的浓度,进而提高了发光二极管的发光效率和稳定性。结合器件电学结构模型对电流进行解耦分析和验证,这一系列措施为量子点光电器件制造和商业化提供了新方法和新原理,有助于提高量子点单体和量子点发光器件的性能、解决量子点器件的稳定化制造等问题。

6.3.2　太阳能电池

第一代太阳能电池采用单晶硅、多晶硅以及 GaAs 材料,实际转换效率为 11%～15%。单晶硅材料生产成本较高,且容易产生一些难以去除的环境污染物;多晶硅在制取过程中,很难避免晶格错位、杂质缺陷等问题,虽然制作成本相对单晶硅而言有所降低,但相应的效率也随之下降。从制造成本和使用效率双重因素综合考虑,第一代太阳能电池正面临逐步被淘汰的状况。第二代太阳能电池主要采用薄膜形态的半导体光电材料,所使用的衬底厚度只有约 1 μm,可大幅降低半导体材料的消耗,易于批量生产。且其单位面积的使用效率是第一代太阳能电池的一百倍,极大地削减了成本。薄膜太阳能电池的主要材料有非晶硅、多晶硅、碲化镉等。其中,发展较为成熟的是多晶硅薄膜太阳能电池。虽然薄膜太阳能电池降低了生产成本,但商用薄膜太阳能电池的效率仍只有 6%～8%。

第三代太阳能电池是量子点太阳能电池。量子点可以吸收宽波长范围内的太阳光,从紫外到近红外几乎整个波段的太阳光都可以吸收;同时,量子点与光之间存在强相互作用,一个光子可以使一个或多个电子受到激发,从而使电子摆脱原子核的束缚形成多激子。因此,量子点太阳能电池具有非常高的量子效率。研究成果表明,量子点具有分立光谱特性和量子约束效应,通过有源设计和制作出来的量子点太阳能电池,其光电转换效率远高于第一代和第二代太阳能电池。与目前主流的多晶硅太阳能电池相比,量子点太阳能电池的光电效率可提高 50%～100% 以上,生产能耗可降低 1/5,材料成本也将大大降低[46]。图 6-17 所示为量子点太阳能电池的结构。

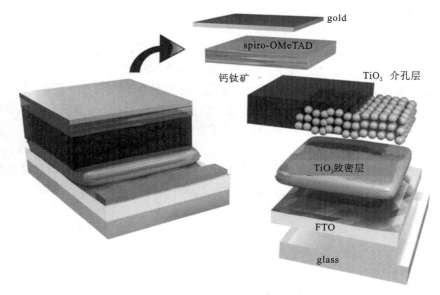

图 6-17　量子点太阳能电池结构[47]

2004 年,克里莫夫首次在实验中证明了洛基克理论的正确性,并于 2006 年发现了 PeSe 量子点材料的多激子效应。实验中,在高能紫外线的剧烈轰击下,单光子最多产生了 7 个电子。随后,洛基克等人在 PbTe、PbS 等半导体量子点材料中发现了相同的多激子效应。由于其具有优异的光电性能,量子点材料在光电能的转换效率上有较大提升的空间,在光电领域中占有一席之地,吸引了众多研究人员致力于量子点太阳能电池的商业化应用研究。虽然目前量子点器件仍处于实验室阶段,还未能完全实现商业化,但量子点的独特性能决定了它的高光电转化效率,在未来具有良好的应用前景。此外,采用化学法制备的胶体量子点材料,大幅度降低了太阳能电池的成本,采用该材料制作的太阳能电池相较于目前的商用单晶硅太阳能电池具有显著优势。

6.3.3　生物荧光标记

量子点在生物荧光标记领域也有重要的应用。量子点粒径小,电子和空穴被量子限域,使其具有分子特性的分立能级结构。因此,量子点与光相互作用时,产生的部分光学行为与一些大分子(如多环的芳香烃)相似,会产生明显的发射荧光。

作为生命科学和医学研究中的一种重要的研究方法,生物标记对材料的选取至关重要。有机染料分子是传统的生物标记物,而近年来量子点也被用作荧光标记物。量子点与传统生物标记物的区别在于,有机染料分子只有通过吸收合适能量的光子,才能从基态跃迁到激发态,而且激发波长必须精确;量子点几乎可以吸收任何波段的光,且通过大小控制的带隙高度可选,辐射波长覆盖全部所需的波段,而有机染料分子是不可能做到这一点的。量子点最大的优势是能够通过激发产生丰富的色彩,从而能够通过荧光标记来监测人体的机能信息,以及探测病人的细胞和组织结构。生物系统有时候需要同时观察几个组成部分,具有复杂性。如果使用不同特征波长的量子点(也就是不同颜色)来标记不同的生物分子,不同的粒子就可以被单一光源实时跟踪。而如果采用有机染料分子,就需要用不同波长的光来激发它们。此外,量子点非常稳定,可以承受几个小时内的反复激发,而光学性质没有明显变化[48]。

经表面修饰后的量子点具有更高的生物相容性和稳定性,不仅可用于体外细胞标记,还可用于小动物胚胎的细胞标记。Dubertret 等人通过向非洲爪蛙的胚胎中注射包覆块状耦合胶束的 CdSe/ZnS 量子点,研究了量子点粒子在细胞中的分布,结果表明量子点胶束在细胞中存在的时间较长,从胚胎开始发育至蝌蚪期一直存在。当胚胎处于八个细胞阶段时,选择其中一个细胞注入量子点,完成胚胎中单细胞的标记工作;胚胎中的细胞继续复制,量子点被注入1 h后,标记的单细胞繁殖出来的子细胞被标记;继续进入胚胎发展的下一个阶段,量子点已经标记了神经轴胚(D-E)。随着时间的推移,量子点逐渐向动物的其他部位扩散,依次可标记神经轴索、体节、囊胚的核、神经系统的冠状细胞及内脏[49]。量子点荧光探针和迁移过程的监测,使得深入研究胚胎发育过程逐渐成为现实。

6.3.4　光通信

人类从未放弃过寻找理想的光传播媒介。最初,有人发现石英玻璃丝具有优良的透光性,可以用来传光,石英玻璃丝被命名为光学纤维,简称光纤。医用内窥镜就是用光纤制作的,例如胃镜,它可以在有限的传输距离(大约 1 m)内看到身体内部的状况。可是光在传输过程中会快速衰减,无法满足长距离传输的需要。

1970 年,人们在低损耗光纤和激光器这两项技术上取得了重大的突破,这才使光纤通信变为可能。各国电信科技人员开始关注这一技术,并竞相开展实验和研究。1974 年,美国贝尔实验室采用气相沉积法(CVD 法)来制备低损耗光纤,光纤损耗可降低至 1 dB/km;3 年后,日本电报电话公司和贝尔实验室两家单位几乎同时将半导体激光器的寿命提升到了百万小时,真正实用的激光器产品相继问世。1977 年,美国芝加哥将光纤通信系统投入使用,实现光纤通信系统在世界上的首次商用。该系统的传输速度可达 45 Mbit/s。

进入实践阶段后,光纤通信系统经多轮改进、更新,迅速得到应用推广。20 世纪 70 年代,光纤通信系统以多模光纤为主,使用的光纤适用的波长较短,为 850 nm;此后 10 年,光纤逐渐向长波长发展,在 1310 nm 波段的应用较多,并逐渐采用单模;到 20 世纪 90 年代,光纤通信系统通信容量扩大了近 50 倍,传输速度达到 2.5 Gbit/s,对应的传输波段进一步增至 1550 nm,光纤放大器和波分复用(WDM)等新技术也逐步投入应用,中继距离和通信能力得到了快速的发展。自此,光纤成为通信线路的骨干,被广泛应用于长途通信干线和本地电话中继线路。

空间光调制器决定通信链的性能,是反向调制自由空间激光通信系统的核心部件。空间光调制器主要用来控制空间光的传输,同时输出随控制信号变化的光的相位、振幅和偏振。其主要性能参数包括:

(1) 工作波长带宽:表示调制器可工作的波长范围。

(2) 调制深度:一般定义为最大输出与最小输出的振幅比。

(3) 视场角:指调制器可工作的入射光角度范围。

(4) 调制速度:输出光能准确响应控制信号的最高速度。

(5) 驱动电压:指调制器工作的电压。

微机电光调制器以及液晶光调制器的速度都在 100 kHz 以下,达不到高速通信的要求。声光调制器对光束角度非常敏感,基于布拉格衍射,其视角仅为 $1°\sim2°$,不适合用于自由空间移动平台间的激光通信。电光晶体光调制器的能耗高[50],工作电压为几百伏,不适合用于无人机等平台。

量子阱电吸收调制(QWELL)是空间光通信中反向调制的主要技术。量子阱在外界偏压作用下会产生量子斯塔克效应,即吸收带边会发生移动,从而导致相应颜色的光吸收系数发生改变,进而实现电场调制光吸收[51]。早在 1992 年,美国加利福尼亚大学就在军工经费的资助下,开发出调制速度达 21 GHz 的 30 μm$\times$30 μm 窗口装置,为了实现更大的调制深度,需要两种调制状态之间的光吸收存在明显差异。

透射量子阱电吸收空间光调制器通过调制量子阱对入射光的吸收程度来调控透射光的强弱。因此,可以通过增加量子阱的数量来调节光的吸收程度,进而增加对比度。但量子阱数量的增加必然会带来串联电阻的增加,对工作电压的需求则更高。为了在低驱动电压下获得更大的调制深度,解决普通方势阱开孔电压大的问题,研发人员提出了一种新型的耦合量子阱策略。基于耦合量子阱的设计思路,2004 年,美国海军实验室制备出 InGaAs/InAlAs 电吸收调制器,该调制器的驱动电压小于 10 V;同时,InGaAs/InAlAs 电吸收调制器在偏压仅为 6 V 时,在 1.55 μm 波长下的对比度可以达到 1.5。另外,在该量子阱层的一侧增加一个高反射面,形成一个反射空间光调制器,可保证入射光能在量子阱层穿行两次,从而获得更大的调制深度。

通常,高反射镜和部分反射镜是在量子阱两侧分别形成的,当上下反射表面的反射率满足一定关系,且与量子阱层的吸收损耗匹配时,整个调制器就失去了反射能力;当上下反射表面的反射率与量子阱层的吸收损耗不匹配时,整个调制器将具有最大的反射能力,从而获得更大的调制深度。2005 年,瑞典 Acreo AB 研究所报道了一种空间光调制器,它基于上下反射镜的垂直腔电吸收,在 10 V 电压下对比度可达 335。

如前所述,基于量子阱电吸收空间光调制器的反向调制自由空间激光通信,其适用的通信带宽要求为 $10\sim100$ Mbit/s,注重防窃听、抗电磁干扰、低负载、低功耗。2015 年,在应用光学和国际光学工程学会上,瑞典 Acreo AB 以及美国 NRI(自然资源研究所)的研究人员分别总结了过去 15 年各小组在反向调制自由空间激光通信方面的工作,通过大量的器件研究和系统验证实验,验证了该技术的可行性。

伴随着微纳光学技术的进步,新的光调制技术也在不断发展。例如,依靠微纳光学技术来调控光场空间分布,进而增强有源材料对光束传输行为的调节能力,大幅度提升空间光调制能力,可以有效克服电吸收空间光调制器在调制深度方面的局限性。再如,洛斯阿拉莫斯国家实验室于 2006 年公布了一项有关太赫兹空间光调制器的研究成果,该空间光调制器是基于亚波长超材料结构设计的,即在砷化钾半导体材料上依次制备出欧姆接触电极和肖特基电极,同时保持肖特基电极与金属层的紧密连接[52];该类型的超材料结构能够产生太赫兹波段的共振,并在两个金属带结构之间形成共振模式的场。在电极之间施加偏置电压时,可以通过砷化钾层载流子浓度的变化控制两金属带之间的导通,从而改变谐振条件,实现空间太赫兹波调制。该项超材料设计技术具有自由度高、调制速度快等优点,但其亚波长特性使器件对入射光角度的灵敏度受到限制。

2009 年,英国南安普顿大学公布了一项全光控制光开关技术。采用该技术的光开关基于等离子体激元(SPP)表面波效应,能够实现 200 fs 的快速响应;利用超短脉冲调制光的非线性效应,调节电子平衡态的分布,使二氧化硅和铝表面产生可控等离子体激元表面波,表现出调制光束的开关行为[53]。这种全光调制不受热、电、磁和其他因素的影响,完全基于光信号,因此开关速度可达亚皮秒级。

2011 年,英国南安普顿大学的另一个小组利用金属纳米颗粒和氧化锡钢实现皮秒级光调制。如图 6-18 所示[54],这是一种全光调制技术,当调制光照射金属纳米结构时,产生的热电子注入氧化锡钢材料下面;氧化锡钢中自由电子浓度的改变使其自身介电常数发生变化,从而影响金属纳米结构中产生的等离子体共振特性,实现调制光的传输过程。

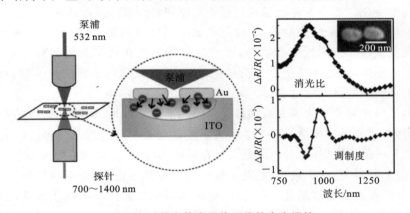

图 6-18　对单个等离子体天线的全光调控

2012 年,美国莱斯大学实现了一维梯度光栅的平面高质量因子谐振器的构建。这种谐振器的线宽非常窄,通过集成 PN 结动态调节硅材料的折射率,从而调节谐振器的谐振波长。由于共振峰的线宽非常窄,只需要非常微弱的折射率变化就可以使调制深度大幅提高。实验中的高速空间光调制速度可达 150 MHz,调制深度接近 10 dB[55]。同年,麻省理工学院(MIT)创造性地将具有相变特性的二氧化钒与超材料结构结合,成功开发出太赫兹空间调制器。

这些基于微纳光学结构的新兴技术的特点是器件的工作波长大于结构尺寸,且具有良好的角度灵敏度,可视为等效材料。此外,器件的电磁特性由结构特性而不是材料特性决定,因此微纳光调制器具有体积小、设计自由度高、器件电容小、集成度好、调制速度快等优点。但其也存在金属材料损耗大、加工精度要求高、设备研究不成熟等缺点。为满足需求,微纳光调制器正不断完善,这将为我国高速空间光调制器的发展带来新的突破,并推动我国在反向调制自由空间激光通信方面取得进步。

6.4 传 感 器

在新兴的纳米物联网中,信息将以分子的形式嵌入并通过复杂且扩散的媒体进行传播。一个主要的挑战在于信道响应的长尾特性会导致信号间的干扰,从而降低检测性能。MEMS传感器在其中起到了关键作用。

MEMS的组成部分包括信息单元、执行器、传感器和通信/接口单元。首先,在被观测和控制的对象中,传感器以电信号的形式收集声、光、温度、压力等信号;然后,执行器开始控制并显示目标;最后,系统以电、光或磁的形式通过通信/接口单元与其他微系统保持信息联系。

MEMS设备在未来将成为社会许多领域的核心组件。发展该设备,可以为我国高技术的发展奠定坚实的基础。MEMS设备对高技术发展的推动作用已在集成电路的发展中得到了验证,正是由于对集成电路技术的重视,美国等发达国家的高技术得以快速发展,在国际竞争中赢得了有利地位。

1. 应变传感器

在微机械器件中一般都有应变传感器这类重要元件,该传感器可以间接测量结构的位移或者应变大小。应变测量计是一种制作在被测量表面上或直接与被测量表面键合的导体或半导体。依据1856年Kelvin提出的压电效应原理,改变应变传感器应变量的大小将会相应引起传感器阻抗的变化。而应变传感器就是利用此原理特性来测试器件的应变大小的。可想而知,利用不同材料制备出来的应变片,其检测灵敏度差异较明显;但由于不同种类的应变片都能在较大应变范围内保持线性变形状态,因此应变传感器在众多领域都有很好的应用前景。根据输出信号的不同,应变传感器[56]可分成电阻式、电容式和压电式三种类型,对应输出的信号分别为电阻、电容及电压(或电流)。

由于单晶半导体应变计的应变系数具有很强的温度依赖性,因此它们在某些情况下的应用受到很大限制,而非各向异性的多晶硅和无定形硅是很好的替代品。多晶硅的总阻抗由颗粒的阻抗和晶界的阻抗决定,后者作用更大。在晶粒内部,产生阻抗的原因本质上与单晶硅材料相同,当温度上升时,迁移率减小,电阻系数增大。在晶界,由于电荷捕集形成耗尽区,当温度升高时,更多的载流子能够越过这些边界,电阻率降低。通过平衡这些影响(即改变离子注入的剂量),净温度系数几乎可以校准到零。值得注意的是,硅(多晶硅和无定形硅)是中心对称且非压电的(除非受压)。

2. 电容式传感器

电容式(或静电式)传感器由一个或多个固定极板及一个或多个平动极板构成,是一种历史悠久的重要的精密探测器件。尽管电容式传感器存在非线性的不足,但其自身优点非常突出,例如温度系数较小、物理结构简单等;在测试过程中采用单片集成信号处理电路,可以克服测量微小电容变化时产生的寄生电容干扰难题。

相对来说,电容式传感器结构易于制造。对于宏观尺度的电容式传感器,几乎可以制造出任何可想象出的形状(而且大部分已制造出来),而微机械器件却并非如此。薄膜型电容器件易于制造(如传声器或压力传感器),但由于变化量为极板间距 d,其线性很差。梳状电容一般用在表面微机械器件中,而且理论上可以通过改变极板间的重叠面积来获得较大的线性度。但是,在这种情况下(特别是对于表面微机械器件),边缘效应会变得很突出甚至占据主导地位。此时,平行板电容器的计算公式最多只适用于一阶计算。在微机械器件中,改变极板间的介电常数(例如在极板间移动一块不同介电常数的平板)似乎并不是很普遍,而且这样做并没有太大的意义。

虽然电容式传感器的固有噪声比电阻式传感器小,即伴生的热噪声或约翰逊噪声小,但就噪声性能而言,电容式传感器并不总比电阻式传感器好,尤其是微机械加工的电容通常都特别小(10^{-15} F 或 10^{-18} F)。在这种情况下,必备的接口电路常常会产生很大的噪声,因此不具备电容式传感器固有的信噪比优势。

3. 微机械力学传感器

1) 植入式应变计

Angel 等制造了一台用于动物的超小型硅应变计,旨在将它移植到动物体内以研究身体组织内所受的力,这种力会导致长期卧床的患者身体溃烂。器件的总长度为 1.7 mm,两端各有一个硅环,用于外科缝合时将其与组织固定。压阻部分通过掩膜扩散形成,整个应变计的外形利用湿法腐蚀获得,总厚度为 60 μm。与组织固定部分(压就电阻所在处)利用背面腐蚀获得,其厚度为 30 μm。

2) 单心室应变计

Lin 等采用标准 CMOS 器件的 XeF_2 体腐蚀和手工组装相结合的方法制得了一个可测量单心室收缩力的微机械应变计。利用片上前置放大器对来自多晶硅压阻应变仪的信号进行放大,以便测得收缩力。在试验过程中,通过手动操作,将心室与对应变敏感的、可弯曲的部件上的“微型夹具”相连。再加上一个片外放大器,系统的偏转增益为 2.4 V/μm,单心室最大测力可达 32 μN(噪声小于 1 μN)。

3) 谐振应变计

类似于乐器(如吉他)中通过增大弦的拉力来调音的方法,双端支梁的谐振频率也可通过改变应力来调节,该方法已用于制造压力传感器和加速度计。具有光激励和光输出的可独立应用的谐振应变仪已由 Zwok 等试验成功。他们设计的器件由光电二极管、利用静电偏转的谐振梁以及顶层的保护层组成。此保护层与支梁由表面微机械加工方法,通过带有 SiO_2 牺牲层的多晶硅制成。工作时,光穿过保护层,再经过支梁,然后到达下面的光电二极管。光电势将会通过静电吸引谐振梁,而梁反过来又会改变这三种结构形成的空腔里的光干涉。随着支梁的弯曲,光电势将会减小,使得支梁回到初始状态。保持光电压与支梁位置间适当的相位关系,支梁就会在器件受到光照时产生自激振荡。而反射光的调制频率可被视为所施应力的光输出。

4. 加速度计

加速度计在汽车、心房脉动探测器、航海器、机器监控等方面都有广泛的应用;尤其是,微机械加速度计可以促使产品降低费用,提升产品性能,这使其在各种新的应用领域中都具有很强的吸引力。

1) 应变式加速度计

Roylance 和 Angel 两位工程师研制出第一个微机械压阻应变式加速度计,这一发明最早被用于生物医学移植物来测量心脏壁的加速度。它由一个阳极硅片与两块 7740PyrexTM(硼硅胶)玻璃片形成一个封闭的腔体,腔内有一个质量块。玻璃被各向同性地刻蚀成一个空腔,从而使质量块有活动空间。同时,为了测量质量块的位移,在连接质量块与硅支撑边的柔性梁上还有一个扩散电阻,该电阻通过扩散形成,器件的总体积为 $2\text{ mm}\times3\text{ mm}\times0.6\text{ mm}$。图 6-19 所示为一种应变式加速度计,该加速度计由两部分组成:一部分是用高温树脂制成的传感器基板,由基于立体光刻设备(SLA)的 3D 打印机打印;另一部分是采用丝网印刷技术制作的碳糊状基应变计,这种加速度计也可应用于人体运动测量领域。

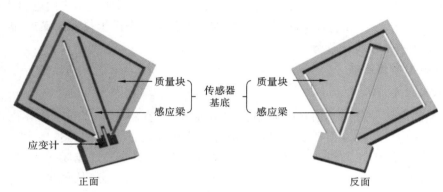

正面　　　　　　　　　　　　　　　反面

图 6-19　应变式加速度计示意图[57]

2) 电容加速度计

目前,已有一些利用电容作为测位移机构的微机械加速度计被研制出来。理论上,只要在相对方向上加一个固定板,同时用检测质量块作为电容的移动极板,即可将应变式加速度计制作成电容设计形式。实际上,这两种设计完全不同。这是由于上述设计中电容间隙(极板间)的变化线性响应较差,而且该设计需要对零件间隙的尺寸进行严格控制。某些电容器就是以这样一种无源(开环)的方式设计的,例如基于可动电极板、扭转/差分式电容设计的开环器件。

此设计利用电镀的非对称扭转电容极板制造,该极板在加速度作用下会产生旋转,从而改变通过衬底两块极板所测电容的比值。敏感部件的尺寸大约为 $1\text{ mm}\times0.6\text{ mm}\times5\ \mu\text{m}$,可测净电容约为 150 fF。这些器件的灵敏度可通过改变扭转杆的长度和宽度来调节(对于量程为 $25g$ 的器件,其宽度为 $8\ \mu\text{m}$,长度为 $100\ \mu\text{m}$,厚度为 $5\ \mu\text{m}$)。其中一个设计要点是在支架处用单点支撑,使平板材料与衬底材料之间的热膨胀系数不匹配效应降到最低。

图 6-20　陀螺仪基本结构

5. 微机械陀螺仪

陀螺仪是一种广泛用于导航、刹车调节控制和加速度测量等方面的仪器(见图 6-20)。陀螺仪可以测试机动构件的旋转速度或旋转角,是众多运输系统中不可或缺的仪器设备之一。宏观的陀螺仪可分为非机械式(光学)的和机械式的两个主要种类。非机械式陀螺仪利用一个圆环光使光束向相反的方向旋转。当陀螺仪结构旋转时,光束的多普勒频移会被检测到,这就是萨尼亚克效应。宏观机械陀螺仪通常使用一个转盘来产生惯性参照体。因为用微机械方法难以加工足够质量的旋转部件,所以微机械陀螺仪通常采用振动结构。实际上,如果一个机械部件沿着一个参考轴振动,陀螺仪结构的旋转以及旋转的方向将导致一些振动能量耦合于一个或两个轴。

Voss 等研制了一台压电式驱动和测量的调音叉陀螺仪样机。他们采用 AIN 压电材料，使用与 SOI 晶片键合的体微机械加工方法。虽然实际的角速率响应未公布，但该设计的提出是有价值的，因为体硅工艺形成的调音叉比任何已提出的表面微机械设计都有大得多的惯性质量，因而可提供更大的灵敏度。尤其是，制作者使用了激光来调整两个调谐音叉的共振[58]。

通常，陀螺仪的灵敏度与移动元件的转动惯量有关。由于微型化减小了这一转动惯量（像微机械加速度计那样），微机械陀螺仪与宏观陀螺仪相比存在灵敏度问题。由于消费者对陀螺仪的应用有广泛的兴趣，主要包括车辆稳定性、影像稳定性和个人导航，如何改善这些特性是一个需要投入大量人力和物力的课题。尽管目前采用注射成型、金属冲压和其他常规技术生产的具有价格优势的陀螺仪仍占据着主要市场，但微机械陀螺仪的发展前景很好。

6. 压力传感器

压力传感器是微机械加工领域的重要制品。随着加工技术精细度的提高和制造成本的降低，压力传感器已经发展成为较为成熟的产品，广泛应用于监测液体和气体的压力等。以汽车系统为例，存在很多需要监测压力的部位：① 空气压力测量和轮胎系统、液压系统、供油系统的压力测量等；② 车内环境的压力监测和控制系统，例如加热、通风和空气调节等位置。在航空系统以及医学动脉血压方面同样需要用到压力传感器件。

1）压阻式压力传感器

典型的压阻式压力传感器结构是通过微加工技术制成的平面薄膜，通常是采用选择性掺杂各向异性腐蚀体或电化学技术制成的。目前大多数批量销售的微机械压力传感器都属于这种类型。在工作范围内，被置于薄膜边缘位置的压敏电阻的电输出与薄膜压力和挠度成正比（这类器件的压敏电阻实际上测的是薄膜边缘的应变）。

压阻式压力传感器通常包含 4 个压敏电阻，各电阻之间组成惠斯通电桥，从而使电桥可以最大限度地输出信号，如图 6-21 所示；同时，器件中也会引入温度补偿和平衡电阻，该设计与部分加速度计和其他压阻式传感器相似。即使在 55 ℃ 以上的温度范围内，一个非补偿的压阻式压力传感器也可提供约 1% 的精度，但温度系数大在汽车和其他温度变化范围很大的应用领域中仍是主要问题。

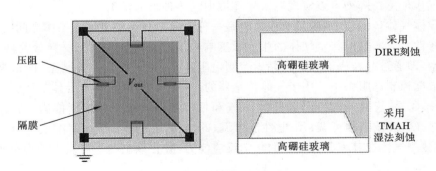

图 6-21　压阻式压力传感器[59]

对于低压测量，必须通过减小薄膜厚度来保证足够的挠度，但薄膜应力会以更大的速率增加，最终限制厚度的减小。通常采用增加加强肋的方法来提高薄膜的局部刚度，从而限制薄膜的整体挠度，进而限制薄膜的应力。在微机械压力传感器中，使用带加强肋的薄膜可获得 500 倍的过压保护。

Guckel 介绍了一种实现表面加工的微机械压力传感器。虽然采用较小的表面微机械结构可以大幅度节约成本,但至今尚未实现批量的生产与销售。基于这样的思路,他们研制了一种采用单一材料的纯表面微机械压力传感器,可有效解决热不匹配的问题,采用一个表面微加工空腔来实现固有过压停止保护。

2) 压力开关

在部分应用中,测试的压力仅需与一个固定参考值相比较,以便产生一个开或关的输出信号(即 1 位的 D/A 变换信号)。当压力开关的成本低于线性压力传感器与比较电路的总成本时,应选用压力开关。Huff 等研发了基于双稳态薄膜的压力开关,此开关只有两种状态——向上弯曲和向下弯曲。这种机械引起的响应滞后现象对于压力开关是非常有效的。

他们的工艺包括:在硅衬底上预腐蚀空腔、熔融键合、薄化上层晶片、图形化开关薄膜、提供电接触等。关键的一点是薄膜初始向上弯曲状态的形成。在 1000 ℃氧气下,熔融键合时氧气被密封在预先形成的空腔中(室温下的气压近似 0.8 个大气压)。Huff 等将键合晶片从 600 ℃逐渐加热到 1050 ℃,使密封的气体充分膨胀,以便使硅上的载荷越过其屈服极限并产生塑性变形,从而呈现一种向上的弯曲状态。

7. 气体传感器

能够连续测量出气体所含成分以及浓度,或在一定范围内探测特定气体的传感器称作气体传感器。气体传感器与待测气体相互作用,常将相互作用后产生的化学、物理反应的变化信号以光、声、电等形式表现出来,进而监测反应物的种类和浓度的变化状况。因此,气体传感器常被用于监测可燃、易燃、有毒气体的浓度,探测特定气体是否存在,以及确定氧气的消耗量等。目前,气体传感器已被广泛应用于煤矿、石油、化工、市政、医疗、交通运输、家庭等领域的安全防护方面。例如,在大气监测领域,常用气体传感器来判定环境污染状况。为了掌握烟气的组分和浓度,控制有害气体的排放和燃烧,气体传感器在各种生产制造领域也得到了相应发展。

在一定的温度条件下,被测气体与吸附在半导体敏感材料表面的氧会发生反应,电阻随之改变。由于电阻变化率与气体浓度呈指数关系,待测气体浓度便可测得。单支半导体气体传感器通过选择性催化、物理或化学分离等方式,在已知环境中可实现对气体的有限识别。大规模半导体气体传感器阵列可以实现对未知环境中气体种类的精确识别。

在半导体气体传感器中,敏感响应材料是一种电导率介于绝缘体与导体之间的物质,利用该物质的特性可以实现对特定气体的相应敏感响应。常见的气体敏感材料分为两类,一类是表面控制型,即通过晶粒表面和晶粒晶界控制电阻大小;另一类是体控制型,即依靠晶粒尺寸和载流子浓度控制电阻大小。用于气体传感器的半导体材料除具有半导体的属性外还需要具备以下条件:① 易获得,在较低温度下对氧气和目标气体有很好的吸附能力;② 自身有良好的催化特性;③ 机械结构可调;④ 电性能可调;⑤ 烧结性能好;⑥ 在室温或一定的温度条件下,氧气和被测气体在其表面有很好的化学反应能力,并在该温度下对反应产物有较好的脱附能力。

在众多的半导体气体传感器中,MOS 气体传感器(见图 6-22)优势最为突出,不仅敏感性高、响应速度快,而且制作成本低、工作寿命长、易于集成阵列。因此,MOS 气体传感器一直是研究热点,在市场应用方面占据主导地位。然而,MOS 气体传感器也存在一些缺点,例如其选择性较小。目前,MOS 气体传感器选择性的改善方法较多,主要包括控制工作温度,选择合适的气体分子滤膜、分析气相色谱、调制温度和传感器阵列,利用其金属阳离子缺陷的多样性等。

在红外线的照射下,气体分子会吸收特征频率的振动、旋转吸收峰,通过检测由这种特征吸收所引起的红外强度的变化,可确定待测气体的浓度;同时,红外吸收峰也会因为振动和旋转这两种运动方式的不同而产生差异。根据单一红外吸收峰,我们可以判定气体分子中的基团种类;而对比整个波数段的红外吸收峰光谱,我们可以准确识别气体的种类。由于温度在零下 273 ℃(绝对零度)以上的物质

图 6-22　MOS 气体传感器的
横截面示意图[60]

都会发生红外辐射,且与温度成正比,因此消除环境温度变化引起的红外辐射干扰至关重要。将催化元件和红外元件成对布置,一个用于气体检测,另一个用于环境温度探测,两种元件对冲,即可消除测量误差。

8. 湿度传感器

与温度传感器这种具有独立被测量的传感器相比,湿度传感器的被测量即湿度容易受到其他因素(例如大气压强、温度)的影响。

湿敏元件是一种较为简单、高效的湿度传感器。根据工作原理,可将湿敏元件划分为电阻式和电容式两大类。例如:对人体生理信息进行实时监测的一种柔性湿度传感器,通常采用电容式结构设计。将聚酰胺酸溶液旋涂于基底载体硅片的牺牲层上,并采用 MEMS 方法制备湿度敏感单元,结合蒸镀工艺和旋涂工艺在上下电极上制备出感湿层。柔性湿度传感器适用于可穿戴设备,具有耐弯折、响应时间短、线性度好等优点。该传感器在可穿戴医疗设备、远程医疗、航空航天等领域得到了广泛的应用。

9. 生物传感器

生物分子可以对纳米颗粒的界面进行修饰,形成多功能的生物传感器。在过去的几十年间,纳米材料的发展大大推动了生物传感器朝多功能化、高灵敏度和优异稳定性方向发展。生物分子修饰的纳米颗粒可以与其他类型的特殊纳米结构结合,形成具有多种功能的生物器件,例如贵金属传感器在具备纳米材料自身独特性能的前提下,可兼具生物分子的识别和治疗功能。

生物传感器的种类众多,根据生物传感器所识别的生物目标,可以将其划分为适配体、抗体、酶、核苷酸序列和整个细胞等类型的传感器。通常,生物传感器件必须具备独特的纳米结构,该纳米结构具有诸多优点,如稳定性、生物相容性、再现性、可预测性、生物降解性和易于修饰的能力。因此,生物传感器在检测遗传疾病和多种因素致病方面得到了广泛的应用和大量的研究。生物传感器的工作原理是,利用疾病相关的目标分子与固定生物探针之间的相互作用,产生稳定的结构来检测目标分子,并根据稳定结构所反馈的信号强弱来判断目标分子的含量。随着纳米技术的飞速发展,部分生物传感器能够直接应用于 DNA 或其他目标生物分子的检测,不需要对目标分子进行额外修饰来增加信号标记,其本身便具有很高的信号灵敏度。

生物传感器具有一定的普适性,能够用于多种测试方法,主要的测试方法分为两大类:第一类是电化学分析法,主要包括电压和电流分析法;第二类是光学分析法,主要包括表面等离子共振法、化学发光法、比色法和光电化学法等。在生物传感器众多的检测方法中,光学分析法具有明显的优势,它是一种非接触性的测试方法,检测速度快、灵敏度高、准确性高,已实现自动化检测和实时分析。因此,光学分析法被多数贵金属生物传感器所采用。

生物纳米传感器中的纳米材料一般具有体积小、比表面积大的特征。一方面,不仅可以充当生物分子的载体,而且可以增加受体和生物细胞的固定面积与固定能力。另一方面,生物纳米传感器具有良好的电子传输能力和催化反应能力,以及优异的生物相容性和稳定性,在生物

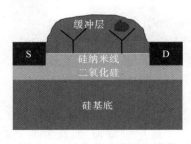

图 6-23　生物传感器受体捕获靶分子示意图[61]

过程和生物分子研究中得到广泛应用。已有研究结果表明,贵金属生物传感器可以有效地将输出信号放大,测试灵敏度极高,可以大大地改进和提升不同生物分子及生物离子的量化和检测水平。尽管基于贵金属生物传感器的检测技术仍存在一定的局限性,远未达到成为家庭和临床实验的常规检测工具和手段的程度,但它仍有广阔的应用前景,有望成为强有力的诊疗手段(见图 6-23)[61]。

目前,已有多种类型的生物分子用于生物传感器件,其中,利用 DNA 分子可编程的碱基配对特性组装成的纳米结构材料是一种极具应用价值的生物材料。用其制成的生物传感器兼具优异的稳定性和生物相容性,且 DNA 分子易于与功能基团相结合,具有动态力学特性、空间可寻址性、可编程性和生物相容性等优势。与此同时,通过优化设计方案和组装技术,可以显著提高生物纳米结构的多样性和稳定性。基于上述优点,生物纳米结构常被设计成通用的生物传感器,利用生物传感器中含有的关联生物标志物可识别病人的临床阶段和治疗效果。

习　题

1. 双极型晶体管和场效应晶体管有什么区别?

2. 隧穿晶体管和传统晶体管有什么不同? 自旋电子晶体管与传统晶体管有何不同?

3. 请简要说明单原子晶体管、纳米线晶体管和鳍式晶体管的特点。

4. LED 灯泡的工作原理是什么? 为什么 LED 灯泡比传统白炽灯泡更节能?

5. 请简述 CRT 显示器、LCD 液晶显示器、发光二极管的原理。

6. 量子点在生物荧光标记领域的优势主要有哪些? 请详细解释。

7. 什么技术的突破使得光纤通信成为可能?

8. 量子阱电吸收调制(QWELL)是空间光通信中反向调制的主要技术,它是如何实现的?

9. CRT 显示器和 LCD 液晶显示器的主要区别是什么? 为什么 LCD 液晶显示器逐渐取代了 CRT 显示器成为主流,它有哪些优势?

10. 请解释 CRT 显示器的发光原理,并说明其如何在屏幕上显示图像。

11. 请比较 OLED、LCD 和 QLED 显示技术的特点和优势。

12. 为什么量子点太阳能电池相较于第一代和第二代太阳能电池具有更高的光电转换效率? 量子点太阳能电池相较于商用薄膜太阳能电池有哪些优势和劣势?

13. 在纳米物联网中,信道响应的长尾特性导致了信号间的干扰。请思考并解释为什么这种长尾特性会降低检测性能,试提出一种方法来解决这个问题。

14. 电容式传感器和电阻式传感器同属应变传感器,但各有不同的特点和应用。请思考并比较这两种传感器的优缺点以及适用的场景。

15. 在气体传感器中,金属氧化物半导体(MOS)传感器具有广泛的应用。请说明 MOS 传感器的工作原理,并解释为什么 MOS 传感器的选择性较低。

本章参考文献

[1] 康华光.电子技术基础模拟部分[M]. 5 版.北京:高等教育出版社,2015.

[2] 李骏康.高性能低功耗锗沟道场效应晶体管技术的研究[D].杭州:浙江大学,2017.

[3] GANDHI R, CHEN Z, SINGH N, et al. Vertical Si-nanowire n-type tunneling FETs with low subthreshold swing(＜＝50mV/decade)at room temperature[J]. IEEE Electron Device Letters, 2011, 32(4): 437-439.

[4] SARKAR D, XIE X J, LIU W, et al. A subthermionic tunnel field-effect transistor with an atomically thin channel[J]. Nature, 2015, 526(7571): 91-95.

[5] 李婷.隧穿场效应晶体管的刻蚀工艺与集成研究[D].合肥:安徽大学,2020.

[6] IONESCU A M, RIEL H. Tunnel field-effect transistors as energy-efficient electronic switches[J]. Nature, 2011, 479(7373):329-337.

[7] NING C, LIANG R, XU J. Heteromaterial gate tunnel field effect transistor with lateral energy band profile modulation[J]. Applied Physics Letters, 2011, 98(14): 142105.

[8] DATTA S. How we proposed the spin transistor[J]. Nature Electronics, 2018, 1(11): 604-604.

[9] RYCKAERT J, SCHUDDINCK P, WECKX P, et al. The complementary FET(CFET) for CMOS scaling beyond N_3[J]. IEEE Symposium on VLSI Technology, 2018.

[10] SI M W, JIANG C S, CHUNG W, et al. Steep-slope WSe_2 negative capacitance field-effect transistor[J]. Nano Letters, 2018, 18(6): 3682-3687.

[11] LIAO LEI, DUAN X F. Graphene-dielectric integration for graphene transistors[J]. Materials Science and Engineering R Reports, 2010, 70(3-6): 354-370.

[12] XIANG J, LU W, HU Y J, et al. Ge/Si nanowire heterostructures as high-performance field-effect transistors[J]. Nature, 2006, 441(7092): 489-493.

[13] LARRIEU G, HAN X L. Vertical nanowire array-based field effect transistors for ultimate scaling[J]. Nanoscale, 2013, 5(6): 2437-2441.

[14] LEE B H, KANG M H, AHN D C, et al. Vertically integrated multiple nanowire field effect transistor[J]. Nano Letters, 2015, 15(12): 8056-8061.

[15] WEI J, JIANG H P, JIANG Q M, et al. Proposal of a GaN/SiC hybrid field-effect transistor for power switching applications[J]. IEEE Transactions on Electron Devices, 2016: 63(6): 2469-2473.

[16] GOYAL S,KUMAR S. A review on advancements beyond conventional transistor technology[J]. International Journal of Science and Research, 2013, 4(4): 3064-3068.

[17] GEIM A K, GRIGORIEVA I V. Van der Waals heterostructures[J]. Nature, 2013, 499(7459): 419-425.

[18] NOVOSELOV K S, MISHCHENKO A, CARVALHO A, et al. 2D materials and Van der Waals heterostructures[J]. Science, 2016, 353(6298):9439.

[19] XIA F N, WANG H, XIAO D, et al. Two-dimensional material nanophotonics[J]. Nature Photonics, 2014, 8(12): 899-907.

[20] YU Y, MA Q H, LING H F, et al. Small-molecule-based organic field-effect transistor for nonvolatile memory and artificial synapse[J]. Advanced Functional Materials, 2019, 29(50): 1904602.

[21] PERRIN M L, BURZURI E, VAN DER ZANT H S. Single-molecule transistors[J]. Chemical Society reviews, 2015, 44: 902-919.

[22] SAKATA S, YOSHIDA K, KITAGAWA Y, et al. Rotation and anisotropic molecular orbital effect in a single H2TPP molecule transistor[J]. Physical Review Letters, 2013, 111(24): 246806.

[23] MOL J A, VERDUIJN J, LEVINE R D, et al. Integrated logic circuits using single-atom transistors[J]. Proceeding of the National Academy of Sciences of USA, 2011, 108 (34): 13969-13972.

[24] RYU H, LEE S H, FUECHSLE M, et al. A tight-binding study of single-atom transistors[J]. Small, 2015, 11(3): 374-381.

[25] KIM S K, LEE S W, HAN J H, et al. Capacitors with an equivalent oxide thickness of <0. 5 nm for nanoscale electronic semiconductor memory[J]. Advanced Functional Materials, 2010, 20(18): 2989-3003.

[26] SIMPSON R E, FONS P, KOLOBOV A V, et al. Interfacial phase-change memory [J]. Nature Nanotechnology, 2011, 6(8): 501-505.

[27] LASTRAS-MONTAÑO M A, CHENG K T. Resistive random-access memory based on ratioed memristors[J]. Nature Electronics, 2018, 1(8): 466-472.

[28] HOU W, AZIZIMANESH A, SEWAKET A, et al. Strain-based room-temperature non-volatile MoTe$_2$ ferroelectric phase change transistor[J]. Nature Nanotechnology, 2019, 14(7): 668-673.

[29] IKEGAWA S, MANCOFF F B, JANESKY J, et al. Magnetoresistive random access memory: present and future[J]. IEEE Transactions on Electron Devices, 2020, 67(4): 1407-1419.

[30] 王唐川, 徐婧. 未来芯片技术发展态势分析[J]. 世界科技研究与发展, 2020, 42(1): 27-56.

[31] SALAHUDDIN S, NI K, DATTA S. The era of hyper-scaling in electronics[J]. Nature Electronics, 2018, 1(8): 442-450.

[32] GOSER K, GLSEKTTER P, DIENSTUHL J. 纳电子学与纳米系统: 从晶体管到分子与量子器件[M]. 陈贵灿, 译. 西安: 西安交通大学出版社, 2006.

[33] 李继军, 聂晓梦, 甄威, 等. 显示技术比较及新进展[J]. 液晶与显示, 2018, 33(1): 74-84.

[34] 李玉成, 李永田, 伍逸枫. 单色多功能显示器(MFD)扫描工作原理[J]. 电子世界, 2019 (24): 5-8.

[35] 陈雯柏, 马航, 叶继兴, 等. 量子点发光二极管的研究进展[J]. 激光与光电子学进展, 2017, 54(11): 28-40.

[36] KULKARNI A P, TONZOLA C J, BABEL A, et al. Electron transport materials for organic light-emitting diodes[J]. Chemistry of Materials, 2004, 16(23): 4556-4573.

[37] 李晓苇,陈瑞雪,崔彤,等. PbS 量子点敏化 B/S/TiO₂复合纳米管的制备及其光催化性能[J]. 材料科学与工程学报,2015,33(5):630-634.

[38] 李晓峰,周明,龚爱华,等. 氮掺杂碳量子点的合成、表征及其在细胞成像中的应用[J]. 材料科学与工程学报,2015,33(1):41-45,121.

[39] SCHREUDER M A, XIAO K, IVANOV I N, et al. White lightemitting diodes based on ultrasmall CdSe nanocrystal electroluminescence[J]. Nano Letters, 2010, 10(2): 573-576.

[40] TAN Z, ZHANG F, ZHU T, et al. Bright and color-saturated emission from blue light-emitting diodes based on solution processed colloidal nanocrystal quantum dots [J]. Nano Letters, 2007, 7 (12): 3803-3807.

[41] 郝艺,徐征,李赫然,等. 量子点材料应用于发光二极管的研究进展[J]. 材料科学与工程学报,2018,36(1):151-157.

[42] COE S, WOO W K, BAWENDI M, et al. Electroluminescence from single monolayers of nanocrystals in molecular organic devices[J]. Nature, 2002, 420 (6917): 800-803.

[43] DAI X, ZHANG Z, JIN Y, et al. Solution-processed, high-performance light-emitting diodes based on quantum dots[J]. Nature, 2014, 515 (7525): 96-99.

[44] 星客城. 不是所有广色域,都能达到三星电视的高度[OL]. (2017-10-30) https://www.sohu.com/a/201175665_610513.

[45] XIANG Q, ZHOU B, CAO K, et al. Bottom up stabilization of CsPbBr₃ quantum dots-silica sphere with selective surface passivation via atomic layer deposition[J]. Chemistry of Materials, 2018, 30(23): 8486-8494.

[46] 程成,程潇羽. 量子点纳米光子学及应用[M]. 北京:科学出版社,2017.

[47] JUAREZ-PEREZ E J, WUSSLER M, FABREGAT-SANTIAGO F, et al. Role of the selective contacts in the performance of lead halide perovskite solar cells[J]. The Journal of Physical Chemistry Letters, 2014, 5(4): 680-685.

[48] 韩四海. 量子点荧光探针的制备及其在细胞和活体成像中的应用[D]. 杭州:浙江大学,2012.

[49] DUBERTRET B, SKOURIDES P, NORRIS D J, et al. In vivo imaging of quantum dots encapsulated in phospholipid micelles[J]. Science, 2002, 298: 1759-1762.

[50] 陈沁,王华村,胡鑫,等. 空间光调制器及其在空间光通信中的应用[J]. 激光与光电子学进展,2016,53(5):92-98.

[51] GILBREATH G C, RABINOVICH W S, MEEHAN T J, et al. Compact lightweight payload for covert datalink using a multiple quantum well modulating retroreflector on a small rotary-wing unmanned airborne vehicle[C]//SPIE, 2000, 4127: 57-67.

[52] CHEN H T, PADILLA W J, ZIDE J M O, et al. Active terahertz meta material devices[J]. Nature, 2006, 444(7119): 597-600.

[53] MACDONALD K F, SÁMSON Z L, STOCKMAN M I, et al. Ultrafast active plasmonics[J]. Nature Photonics, 2009, 3(1): 55-58.

[54] ABB M, ALBELLA P, AIZPURUA J, et al. All-optical control of a single plasmonic nanoantenna-ITO hybrid[J]. Nano Letters, 2011, 11(6): 2457-2463.

[55] QIU C Y, CHEN J B, XIA Y, et al. Active dielectric antenna on chip for spatial light modulation[J]. Scientific Reports, 2012, 2(11): 855.

[56] LEE T, LEE W, KIM S W, et al. Flexible textile strain wireless sensor functionalized with hybrid carbon nanomaterials supported ZnO nanowires with controlled aspect ratio [J]. Advanced Functional Materials, 2016, 26(34): 6206-6214.

[57] LIU M J, ZHANG Q, ZHAO Y, et al. Design and development of a fully printed accelerometer with a carbon paste-based strain gauge [J]. Sensors, 2020, 20 (12): 3395.

[58] GUO Z S, CHENG F C, LI B Y. et al. Research development of silicon MEMS gyroscopes: a review[J]. Microsystem Technologies, 2015(21): 2053-2066.

[59] KUMAR S S, OJHA A K, NAMBISAN R, et al. Design and simulation of MEMS silicon piezoresistive pressure sensor for barometric applications[J]. International Conference on Advances in Recent Technologies in Electrical and Electronics, 2013: 339-345.

[60] NAZEMI H, JOSEPH A, PARK J, et al. Advanced micro- and nano-gas sensor technology: a review[J]. Sensors, 2019, 19(6): 1285.

[61] ZHANG G J, NING Y. Silicon nanowire biosensor and its applications in disease diagnostics: a review[J]. Analytica Chimica Acta, 2012, 749: 1-15.

第7章

生活中的纳米技术

7.1 引　言

　　本章旨在通过列举微纳制造技术在生活中的典型应用,介绍衣、食、住、行等领域近年来的最新发展以及微纳制造技术在该领域发挥的作用。尽管本章不可能概括所有应用,但将提供一些经典的例子来说明微纳制造技术在各领域应用中的可行性。比如:在能源领域中能量转换、能量储存等纳米材料的研发和应用技术,实现了能源高效转换和能量储存等。2006 年,王中林成功地研制出世界上最小的发电机——纳米发电机,该纳米发电机基于规则的氧化锌纳米线材料,在纳米范围内实现机械能转化成电能,能收集和利用环境中微小的机械能。另外,在环境领域中催化材料的研发在环境污染控制和废物再利用方面都有着重要的应用。1989年,福特汽车公司在试验中将 Pd/Rh 催化剂作为三效催化剂的组成部分,同时对 CO、HC、NO_x 三种有害物起催化净化作用,三效催化剂从此成为汽车尾气处理工业的经典催化剂。1928 年 Fischer 等以Ⅷ族金属作为甲烷干重整反应中的催化活性组分,系统研究催化剂对温室气体 CH_4-CO_2 资源化利用起到的作用,将产生的 H_2/CO 合成气应用于合成清洁能源,不仅产生环境效益,更能缓解能源危机。

7.2 织　物

　　人类的服饰经历了漫长的演变过程,从最原始且未经加工的兽皮、树木枝叶,到种植棉花、养殖蚕,人工加工出天然织物,再到近代高分子材料合成尼龙化纤等人工纤维。人们对衣物的要求从最原始的保暖遮雨,开始向个性化的装饰、功能化的应用不断更新拓展,逐渐渗透于日常生活、特殊工种乃至军事等领域。而纳米技术的参与让纺织品拥有了各种各样实用且新奇的功能,如图 7-1 所示,可以让织物疏水而使其更不容易被污渍所污染;抗菌织物可以给新生幼儿和抵抗力低下的患病人群提供保护;远红外线织物可以给衣物底下的深层皮肤提供热量,促进体内新陈代

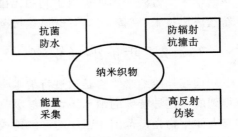

图 7-1　纳米织物的功能

谢;防紫外线织物可以阻挡紫外线对人类的有害辐射等。接下来就详细地展开介绍纳米技术在各类织物中的应用[1-5]。

7.2.1　抗菌防水纳米织物

传统纤维织物具有不同的亲水性,这样不便于多雨地区或者经常在野外活动的人群穿着使用。防水纳米织物的原理是:在传统纤维上将含有疏水性物质的织物防水剂沉积或者吸附在纤维表面,让纤维之间的空隙大小介于水和空气分子之间,气体可以透过纤维但是对水分子有阻隔作用,使织物表面由亲水性向憎水性转变。与传统橡胶材质雨具较为僵硬、适用场景少相比,织物防水剂并没有改变织物的纤维,依然保持其柔软性,防水织物更受现代人们的喜爱。目前应用较为广泛的织物防水剂是含氟防水剂。近年来随着人们对绿色环保的要求越来越高,无氟织物防水剂的应用也越来越广,如丙烯酸类、聚氨酯类等。

抗菌纳米织物是通过在织物制作过程中添加抗菌剂,使得纳米纤维具有对抗细菌、真菌、霉菌及其分泌物的能力。这类纳米织物能有效防止细菌对免疫力较低人群,如新生儿或病患的侵害。此外,有些微生物可能会破坏织物纤维和表面色素,抗菌纳米织物也能通过抗菌性能延长织物的使用寿命。

在抗菌纳米织物的制作中,常用的方法是添加接触型抗菌剂和光催化型抗菌剂,其中接触型抗菌剂应用更为广泛。接触型抗菌剂具有自由基,它们可以与细菌及其分泌物发生反应,抑制细胞生长,并对细胞功能产生不利影响,从而达到杀菌抑菌的效果[6]。在这类抗菌剂中,常见的有纳米银、纳米铜、纳米氧化锌、纳米氧化钛等各种纳米颗粒[7]。这些抗菌剂具有安全、无毒、耐久性好的特性,可以在合成纤维的同时加入一定比例(约 1%)的纳米银或纳米氧化铜颗粒粉末,共同混纺制作出具有抗菌性的纳米纺丝,进而加工成防菌纳米织物,例如医务人员的服装、病人的病服、床单、尿布等。已有部分医院的病房更换使用含有氧化铜纳米颗粒的纺织品,这可以显著降低材料和周围环境中的生物负担,从而降低与健康护理相关的感染风险[8]。

过去的几年全球新冠肺炎疫情严重,出现大规模感染情况。该病毒可以通过打喷嚏和咳嗽产生的呼吸道飞沫进行传播,呼吸道液滴大小不一,其中气溶胶是由小于 5 μm 的液滴组成的[9]。然而,更轻和更小的气溶胶长时间维持气浮状态,导致病毒的分布迅速升级[10, 11]。因此,使用口罩作为物理保护和屏障以防止接触到呼吸道飞沫变得非常必要。

医用外科口罩采用的是由棉、涤纶、粘胶、聚丙烯纤维等材料制成的非织造或针织纳米面料。目前,已有研究表明氧化铜具有良好的抗病毒和抗菌的双重功效,利用其特性制作的含纳米氧化铜涂层的呼吸道外科口罩(见图 7-2)也已面世,可使佩戴者免受病毒飞沫的伤害。东华大学朱美芳院士团队提出了利用无机抗菌剂(如氧化铜)与有机纤维原位杂化的方式,结合纺丝成形技术,制备了抗菌纤维,该抗菌纤维表现出高分散、高稳定的特点。

7.2.2　防护纳米织物

远红外线纳米织物是通过将纳米陶瓷粉末(常采用氧化锆纳米颗粒)混纺进传统纤维中而得到的。这种特殊的纳米织物能够吸收人体和太阳光发出的远红外范围的热辐射,并反射出与人体生物光谱范围相匹配的远红外线。这些远红外线相比可见光具有更强的穿透性,能够穿透皮肤表层,实现深层加热作用。

远红外线纳米织物特别适合对寒冷敏感,或身体虚弱的人群使用。值得一提的是,远红外线纳米织物的特性并非只限于保暖,事实上,科研人员正在探索将这种材料的远红外线反射特性应用到医疗领域,例如用于提高运动恢复效率,或者增强肌肉舒缓的疗程。一些高科技服装品牌已经开始使用远红外线纳米织物来制作高性能的运动装备和户外服装,为用户带来更舒

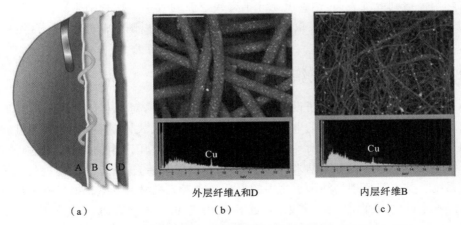

外层纤维A和D　　　　　　　内层纤维B
（a）　　　　　　　　　　（b）　　　　　　　　　（c）

图 7-2　由四层织物组成的具有纳米氧化铜涂层的医用外科口罩[12]

适的户外活动体验。

　　紫外线照射会引起人类皮肤的老化，引起黑色素生成而产生褐斑，进一步甚至会有产生皮肤癌的风险。因此，防紫外线纳米织物很受日常需要在户外工作，或者紫外线过敏的人群的欢迎。防紫外线纳米织物主要是在合成纤维如聚酯、尼龙等上添加反射和吸收紫外线的纳米颗粒，如纳米金属氧化物和纳米金属颗粒（例如 ZnO、TiO$_2$ 和 SiO$_2$ 等）。纳米氧化硅可以非常有效地反射波长范围为 300～400 nm 的紫外线，反射率达到 85% 以上，并且可以用于制作较为透明的防晒衣物，兼具美观性和实用性。

　　传统的天然真丝的蛋白质成分在紫外线区域表现出高吸收性[13]，它在太阳光波长范围（0.3～2.5 μm）内的总反射率仅为 86%，这从根本上妨碍了它在白天太阳光下获得净冷却功率。为了提高天然真丝在紫外波长区域的反射率，提出了使用分子键合的策略[14]，即利用四丁基钛酸酯作耦合试剂，将折射率高的氧化铝纳米粒子与蚕丝结合。理论模拟和实验结果都证实，这些纳米粒子在紫外波段（300～420 nm）使蚕丝的反射率从 70% 提高到 85%；可见近红外波长范围内的反射率也在一定程度上得到提高；在整个太阳光波谱范围内，蚕丝的总反射率可达 95% 左右。经纳米处理后的蚕丝，在白天可实现比环境温度下降约 3.5 ℃。此外，经过偶联剂辅助浸涂工艺处理后的真丝织物，保持了优良的水分输送性和耐久性。

　　对于高风险的竞技运动和极限运动，防护运动服饰对于抗撞击的需求越来越大。传统的护具佩戴舒适感差，而且重量大，不利于从事竞技运动人员对更快更强的追求。目前，采用具有剪切增稠特性的流体材料与高分子纤维复合制成的抗撞击织物具有广泛的应用前景；早在2006 年的都灵冬季奥运会就有部分运动员尝试穿戴这种织物。这种剪切增稠流体材料是将纳米粒子分散在高聚物中形成的混合流体，如二氧化硅、碳酸钙纳米粒子[15]。纳米粒子在常规状态下可以自由移动，从而使这种织物柔软且有弹性、穿着舒适，当有外力撞击时，剪切增稠流体材料中处于分散状态的纳米粒子会快速聚集，材料受撞击部分的黏度会大幅上升，具有一定的刚性，从而最大限度地消耗撞击产生的能量，进而保护运动员。当外力消失时，纳米粒子又重新恢复分散的状态，织物可逆地恢复柔性。因抗撞击防护织物兼具轻便性与防护性，所以其在运动护具中的应用越来越广[16, 17]。

　　传统的耐穿刺、耐冲撞的衣物都较为坚硬，且重量大，穿戴舒适性差。而通过纳米技术，可以使纳米织物兼具功能性和舒适性。其主要是将高硬度的纳米粒子，如二氧化硅，与树脂充分混合后再均匀渗透到纤维表面,达到填充纤维交接空隙的效果。这种纳米粒子可以改善纤维束之间的相互摩擦,从而约束纤维束的移动,受到穿刺时可以瞬时扩散冲击力,达到抗穿刺效果[18]。

7.2.3　能量收集纳米织物

随着可穿戴技术和植入式电子设备的应用范围越来越广,对小巧便携稳定的能源供给装置的要求越来越高。市面上普通的电池难以与可穿戴和植入式设备系统集成,但可利用摩擦发电的纳米织物将人体日常肢体活动以及纳米织物受外界挤压产生的机械能转换成电能,持续给电子设备供电。摩擦发电机纳米织物于 2012 年被发明后,快速应用于便携的能量收集与能量自给系统。其主要原理是纳米织物中的聚合物或者无机材料发生摩擦发电和静电感应作用,在聚合物材料之间的内表面形成等量相反的正负电荷,从而形成电势差向外输出电能[19-21]。

摩擦发电机纳米织物除了作为可穿戴和植入式设备的电源之外,还可以用于检测受到损伤肢体的恢复情况。将这种纳米织物穿戴在身体受伤部位上,纳米织物可以根据身体弯曲和伸展时的角度、速度、加速度等参数,形成特定的电压与电流信号,从而检测身体受伤部位的康复情况[22,23]。摩擦发电机纳米织物未来还有可能做成人造仿真电子皮肤,通过纳米织物和外界不同的压力接触,形成相应的电信号刺激神经,达到产生触觉的效果,可以满足于皮肤受损人群的需要[24,25]。

温差发电纳米织物是利用人体和外界环境的温度差,使纳米织物中的热电材料内部载流子移动,达到热能向电能的转换。这种温差发电纳米织物具有柔性、无污染、无噪声等优点,可以给植入式、可穿戴的各类电子器件供电,诸如应用于医疗领域进行实时检测血糖、脉搏、体温的传感器等。传统使用的无机热电材料刚性较大,会影响织物的柔性,不宜大面积使用。近年来开始采用聚合物热电材料,其电导率高且与织物纤维有良好的相容性,可以制成性能好且舒适的温差发电纳米织物[26]。这一进步,不仅保留了纳米织物的主要优点,更进一步推动了其在各类电子设备中的应用。

7.2.4　高反射伪装纳米织物

在军事领域,部队的士兵可以身穿高反射的伪装纳米织物,从而进行需要隐蔽的秘密任务。其原理主要是运用两种极薄的由玻璃和塑料制成的合成纤维,将从任意角度入射进来的光反射出去。这种伪装纳米织物还具有特殊的光学条形码,可以使友军之间互相识别,防止误伤。对于极地与高原雪地地区的作战部队,其衣服既要求兼顾保暖与雪地伪装,还要求高的紫外线反射,以满足抵抗稀薄大气层下紫外线辐射的要求[27]。当前,已有研究人员采用纳米二氧化硅作为白色印花颜料涂覆在织物纤维外,使其兼具雪地伪装和防紫外线的功能[28]。

除了以上这些各式各样的纳米织物之外,将本书前面提到的各类传感器和芯片集成覆盖在衣服上,并制造出智能织物也是近年来的趋势。目前已有大量对纳米材料进行电化学生物测定的研究论文和评论发表,而且这种趋势将愈加明显。各种纳米材料已被用于构建酶传感器、免疫传感器和基因传感器,实现酶、相关成分以及电极表面的直接连接,促进光谱电化学反应,为生物材料添加条形码并放大生物识别事件的信号。图 7-3 展示了安装有应变传感器的织物,其能够为韧带断裂患者测量膝关节屈曲和伸展,目前已被成功开发与实际应用。例如户外探险的冲锋衣内嵌有各种温度、湿度、压力、脉搏传感器,不仅可以实时检测外界环境的变化,有效形成对于恶劣天气的预警机制,还可以检测人体的体温和汗液的排放情况,对人体各项生命体征进行监测,确保户外的人身安全[30]。此外,智能织物中安装的传感器还可以将人体受伤部位的有关信息上传到医院云网,也可以通过全球定位系统感应器将人的所在位置上传到网络,对于户外探险、部队作战起到辅助作用。

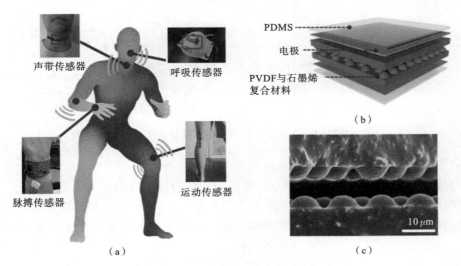

图 7-3　可穿戴电子皮肤传感器[29]

7.3　食品与药品

7.3.1　水净化

　　水是生命之源,生命体需要洁净的水资源以维持自身的各种代谢功能。虽然我国已经将生态文明建设纳入"五位一体"的总体布局之中,但是水体污染问题仍然是我国乃至全世界所面临的最严峻的环境问题之一。自然界的水循环如图 7-4(a)所示,由图可知,在此闭合循环的任意一个过程中,污染物一旦排放其中便很难自净,从而导致大范围长周期的危害。

　　水体中的污染物主要有有机污染物、无机污染物和微生物三类。无机污染物主要包括重金属,卤化物与含磷、硫的盐类,有机污染物主要包括杀虫剂、洗涤剂、多环烃类等,有害的微生物包括细菌、病毒和各种蠕虫。污水处理技术是解决水体污染问题的关键技术。材料吸附法兼具操作便捷、效率高、成本低和无二次污染等优点,已成为众多科研工作者广泛研究的对象。工业中常用的净水吸附罐如图 7-4(b)所示。吸附法的主要研究对象是吸附材料种类与结构的选择。常见的吸附材料可大致归结为以下三类:碳材料、天然吸附材料和无机氧化物。

　　稀土元素具有独特的电子结构,其离子和氧化物在电子器件、燃料电池和水处理等领域均有应用。有理论研究提出,镧离子能够结合到金属(如钙离子)与蛋白质(如核酸酶)的结合位点上,导致蛋白质失活,从而阻碍遗传物质复制,最终使细菌失活。据此原理制备的 La_2O_3 纳米纤维,与大肠杆菌共同培养 100 min 之后,大肠杆菌的灭活率高达 95%,将培养时间延长到一天,大肠杆菌的灭活率接近 100%[31]。不仅如此, La_2O_3 纳米纤维还对鲍曼不动杆菌和绿脓

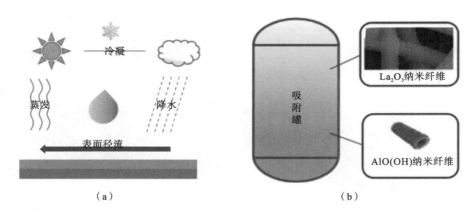

图 7-4　自然界水循环与净水吸附罐示意图

（a）自然界水循环；（b）净水吸附罐示意图

杆菌有着相似的抗菌效果,这体现了纳米纤维抗菌的广谱性与高效性。

　　铝、铁、锰等元素的氧化物及氢氧化物由于具有较大比表面积、良好的微孔结构等,对水中的重金属、有机物、细菌病毒等有较强的吸附作用。将纳米铝粉在去离子水中水解,制备得到的 AlO(OH)纳米纤维[32]也是常用的吸附材料。

7.3.2　食品包装

　　在食品和农产品包装中使用纳米传感器能确保食物不受污染,并为防范生物污染提供保障,尤其是在水果包装方面。已发现纳米钛、锡、锌等金属的氧化物是良好的光催化材料,可用于包装食品和农产品消毒方面。与传统材料相比,纳米材料具有较高的比表面积,对这些领域的应用是十分有利的。在光催化过程中会释放激发电子,这些电子可以附着于纳米粒子而进入细菌内,从而消灭它们。同时可以运用纳米生物传感器对病原体进行检测和诊断。将纳米纤维应用于食品包装的研究也取得了一些进展。例如:江苏大学研究人员设计了一种以洛神花花青素和肉桂精油为主要成分的聚偏氟乙烯纤维膜,用于猪肉保鲜和保鲜检测[33];利用纳米纤维的抗菌和防水性能,研究人员通过静电纺丝技术开发的包装材料能延长食品的保质期[34,35]。

7.3.3　纳米药物

　　药剂学领域中纳米粒子的研究早于“纳米技术”概念的出现,在 20 世纪 70 年代相关研究人员即已经对纳米脂质体、聚合物纳米囊和纳米球等多种纳米载体进行了研究。涉及的给药途径包括注射、口服和眼部给药等。在药物传输系统领域一般将纳米粒子的尺寸界定在 1～100 nm。药物传输系统中的纳米粒子及相关技术主要用于促进药物溶解、改善吸收、提高靶向性,从而提高给药有效性,尤其对于肿瘤、重大脑部疾病等需要定向给药的疾病食品补剂与药品中的纳米载体(见图 7-5)。近年来研究人员更专注于研究纳米系统对生物大分子药物传输的作用。

　　纳米药物具有以下优势:

　　(1)纳米级药物载体可以进入毛细血管,在血液循环系统自由流动,还可穿过细胞,被组织与细胞以胞饮的方式吸收,提高生物利用率。

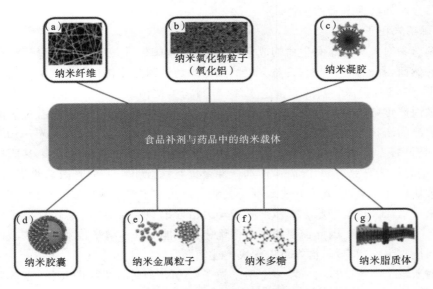

图 7-5　食品补剂与药品中的纳米载体示意图

（2）纳米载体的比表面积大，使得水溶性差的药物在纳米载体中的溶解度相对增强，克服无法通过常规方法制剂的难题。

（3）纳米载体经特殊加工后可制成靶向定位系统，如磁性载药纳米微粒，可降低药物剂量及减轻副作用。

（4）延长药物的体内半衰期，借由控制聚合物在体内的降解速度，能使半衰期短的药物维持一定水平，可改善疗效及降低副作用，减少患者服药次数。

（5）可消除特殊生物屏障对药物作用的限制，如血脑屏障、血眼屏障及细胞生物膜屏障等，纳米载体微粒可穿过这些屏障部位进行治疗[36]。

1. 氧化物纳米粒子

人口老龄化问题已经成为世界性的问题，日渐增大的老年人群体的健康状况不容乐观。骨科疾病是困扰老年人的常见疾病，严重的骨科疾病需要进行骨移植。因此，伴随着社会需求，骨移植市场不断扩大，进行骨移植物的研究对提升老年人生活质量具有相当大的价值。

PEEK（poly-ether-ether-ketone）是近年来在生物医疗领域引起广泛关注的材料，因为其自身具有生物惰性，不会对生物体产生较大的危害，并且弹性模量与人骨十分相近。PEEK 被视为替代金属的下一代骨移植物材料。虽然目前具备优秀的使用前景，但是 PEEK 材料的拉伸强度、弯曲强度、压缩强度、剪切强度等力学参数都较低，这些缺陷使得该材料很难大规模临床应用。综上，使用纳米材料对 PEEK 进行改性成为研究的热门方向。

氧化铝纳米粉末被用于 PEEK 材料改性。由于 Al_2O_3 纳米粉末颗粒粒径尺寸小，表面积大，很容易在 PEEK 中团聚，因此需要对 Al_2O_3 纳米粉末使用硬脂酸钠处理剂进行表面改性。Al_2O_3 纳米粉末在 PEEK 材料中的分布如图 7-5（b）所示。采用增材制造工艺将改性后的 Al_2O_3 纳米粉末与 PEEK 粉末成型为标准试样，并对其进行拉伸试验、弯曲试验、硬度试验，发现 30 nm Al_2O_3 粉末填充的 PEEK 材料的抗拉强度、弯曲强度、维氏硬度相较纯 PEEK 分别提升了 10%、12.5%、26%[37]。将小鼠成纤维 L929 细胞置于复合材料提取液中培养，观察细胞的增殖率，判断改性过后的材料是无毒的。综上，经过纳米粉末改性后的 PEEK 相较纯

PEEK 更适合做外科手术骨移植物。

2. 金属纳米粒子

病原菌感染对人类健康和生命构成了极大的威胁,抗生素是广泛用于治疗和预防这类感染的药物。然而,在临床治疗上,日益突出的细菌耐药性问题使得目前以抗生素为主的抗菌疗法效率低下[38]。因此,需要新的非抗生素类、非药物类抗菌策略来应对耐药菌感染。癌症是在全球范围内严重威胁人类健康的疾病,攻克癌症是全球科研人员所共同面对的难题,其中,开发癌症治疗的新技术、新机制和新药物是重中之重。光动力疗法(photodynamic therapy,PDT)是备受科研人员关注的解决细菌耐药性问题与癌症的新治疗方法[39]。其原理可简要描述为:用特定波长的光照射病灶部位,使选择性聚集在病灶组织上的光敏药物活化,引发光化学反应来破坏病灶。氧气、光源和光敏剂是光动力疗法的主要组成要素,三者相互作用产生强氧化物质杀伤病灶部位的细胞。光敏剂是光动力治疗的核心要素,但是其自身往往具有容易聚集、靶向性不强等缺陷,因此需要药物载体优化其性能。基于纳米技术的药物载体具有良好的药物靶向性和生物相容性,恰好可以解决上述问题。

金属纳米粒子如图 7-5(e)所示。金纳米粒子(AuNPs)具有可控的几何、光学和表面化学性质,是生物学和医学领域研究和应用的热点。在近些年的研究中,金纳米粒子被作为靶向药物的载体与抗原的递送物质。因其具有生物惰性,还有将光能转化为热能的能力,有潜力成为光敏剂的载体。银纳米粒子(AgNPs)具有良好的抗菌性能,与金纳米粒子有许多相似之处,它们都是具有生物惰性的贵金属纳米粒子,也有相应的等离子体共振效应,在光照时,可与邻近的光敏剂分子发生强烈的相互作用,对一些细菌有着非常好的光动力学疗效。

据我国的法律法规,膳食补剂与特殊医疗用途食品都属于特殊的医疗产品,它们的研发与上市受到国家市场监督管理总局的监管。伴随着微纳制造技术的发展,相较于目前的材料,纳米技术为膳食补剂与特殊医疗用途食品的发展提供了新的维度,产生了许多新的或改性了的特性[40]。纳米技术被广泛用于生产新一代的药物,甚至整个食品工业都在运用纳米技术。在特殊医疗用途食品中纳米制剂最重要的制备目的是:提高药物的生物利用度,防止活性成分降解或减少副作用。

3. 纳米纤维

纳米纤维(见图 7-5(a))是现代科技的一项关键技术,其中碳纳米纤维在许多方面显示出极大的潜力。碳纤维在室温下具有化学惰性和优良的力学性能,在医疗领域具有极高的应用价值。其中,聚丙烯腈(PAN)是一种可从无毒溶剂(例如二甲基亚砜)中纺制出来的重要材料。与水溶性的生物聚合物相反,PAN 具有优秀的防水性能。通过纳米纤维的制备技术,如静电纺丝,我们可以制作出多种具有生物医学应用价值的产品,如制作过滤器和细胞过滤器等。通过选择不同的前驱体,我们可以通过静电纺丝和后续的热稳定化、碳化过程,制备出多种碳纳米纤维垫。

近年来,科研人员一直在探索如何进一步优化这些碳纳米纤维的性能。例如,Marah 等人已报道了一种将聚丙烯腈与氧化锌(ZnO)共混的纳米纤维垫的研发成果。通过这种新的制备方法,纤维的直径显著增加,从而克服了碳纤维材料本身的脆性,大大提高了其力学性能。这种新型的纳米纤维垫进一步推动了纳米纤维在工程应用方面的可能性。

4. 纳米凝胶

纳米凝胶(见图 7-5(c))作为一种基于聚合物的多功能给药系统,具有较好的生物相容性、稳定性和载药能力,且粒径可调,引起了科研工作者的广泛关注[41]。纳米凝胶在药物封装和药物释放方面的多功能性已经得到了证实。纳米凝胶的设计可以促进各种生物活性化合物的封装。通过优化分子组成、尺寸和形态，可以定制纳米凝胶以感知和响应环境变化，从而确保其在人体内空间刺激控制药物释放。

纳米凝胶可以看作通过物理或化学交联形成的三维纳米尺度网络聚合物。由于其优越的性质，已被开发为药物输送系统，例如，通过连接识别焦油细胞或组织上同源受体的配体，对表面进行靶向活性修饰。纳米凝胶可被设计成能对外部刺激产生反应，从而控制载药的释放。根据其所接受的内部或外部的刺激可以分为 pH 释放型、温度释放型、光照释放型和氧化还原释放型等多种。这种"智能"靶向能力可防止药物在非靶组织中积聚，并将药物副作用降至最低[42]。

5. 纳米脂质体

在食品纳米技术领域，利用纳米载体负载稳定生物活性材料，可对抗一系列环境和化学变化，并提高生物利用度。纳米脂质体（见图 7-5(g)）就可以作为这样的纳米载体，其可应用于食品材料的封装和控制释放，以及提高敏感成分的生物利用度、稳定性和保质期。纳米脂质体已在食品工业中用于提供香精和营养素。最近，已有研究人员对其加入抗生素的能力进行研究，这有助于保护食品免受微生物污染[43]。

6. 纳米胶囊

纳米胶囊技术是纳米材料应用技术的重要分支。纳米胶囊与传统的宏观尺度的药物胶囊结构相同，尺寸介于 1～100 nm 之间，使用外壳将药物或者功能成分封装其中，形成具有特定功能的结构。在生物医学领域，纳米胶囊时常作为靶向药物的优良载体。

Chen 等人在研究中，为了通过控制愈合过程中的炎症反应来改善和优化骨组织修复康复过程，设计了一种仿生抗炎纳米胶囊（biomimetic anti-inflammatory nano-capsule，BANC），如图 7-5(d)所示。该纳米胶囊通过光热处理，并在胶囊表面附着"脂多糖"物质，可阻止细胞内激素分泌并控制药物的释放，有效地抑制骨组织修复过程中促炎反应与炎症反应的发生，为后续临床治疗提供了可靠的方法[44]。

另外，在纳米胶囊表面使用脂质物质进行包覆，会使原本的纳米胶囊具有更大的表面积，从而更有效地提高纳米胶囊在特定溶剂（如酚醛树脂）中的溶解度、生物利用度和控释性。利用这些优势，可成功制作功能性的食品。β-胡萝卜素（β-carotene）作为维生素 A 合成的前体物质，因具有较强的抗氧化作用、营养增强作用、着色作用，被视作良好的食品添加剂与营养物质，但是不经修饰的 β-胡萝卜素具有亲脂性，影响了其作为营养物质在人体内的吸收。González-Reza 等人[45]在研究中，将 β-胡萝卜素使用聚己内酯（poly-ε-caprolactone）封装为纳米胶囊形式，增加了其在水溶液中的溶解度。通过分析样品的形貌、粒度、zeta 电位、色度、浊度和漫反射结果，未检测到 β-胡萝卜素的明显聚集，粒度监测值始终低于 300 nm。因此，通过纳米胶囊封装 β-胡萝卜素作为功能性饮料和食品以及营养产品的一个组成部分，是一种有效的选择。

7. 纳米多糖

多糖物质具有不同的酶敏感性，确保其特定的降解尺度（1～100 nm），可用作纳米胶囊的涂层。在消化过程中，小肠或大肠可以有效地延缓并特异性地释放胶囊中包覆的生物活性化合物，直到涂层暴露于其预期环境而降解。这种被包覆的纳米胶囊可以潜在地针对不同的胃肠道器官，并被人体吸收至肠上皮细胞，从而提高口服药物的生物利用度。在 Khan 等人[46]的研究中，纳米纤维素作为一种多糖类物质，以纤维素纳米晶和卵磷脂微珠的形式添加到海藻酸钠中,提高了胶囊化益生菌的活力。在胃通道和储存期间,鼠李糖乳杆菌的存活数量与活力均保持稳定,平均粒径为 134 nm。这种新型纳米胶囊在稳定性、缓释特性以及更高的自由基清除活性方面,比单一药物表现得更好[47]。此外,无机多孔材料,如二氧化硅、铝硅酸盐基复合材料、黏土、碳酸钙、磷酸钙、层状双氢氧化物(LDH)等已被用于多种药物的输送,并在合成与工程应用方面显示出优势。由于这些材料表面积大且在生物流体中具有稳定性,因此在高载药能力、可控释放和升级的靶向运输载体方面具有非常好的应用前景。

7.4　建　　筑

随着制造技术的提升,人们的起居环境也因新型微纳材料与器件的研发发生了翻天覆地的变化。人类的住宅从以前的砖瓦水泥房,逐渐演变为可以通过互联网控制室内温度、湿度、光照的智能房屋,如图 7-6 所示。

图 7-6　住房的演变
(a) 土坯房;(b) 混凝土楼房;(c) 智能家居房屋

微纳制造技术的进步促进各种新型建筑材料的发明与应用,例如纳米 SiO_2、纳米 ZnO 等颗粒,不仅提高了房屋的结构强度与服役寿命,而且改善了居住条件,也加速了诸如 WO_3 薄膜等新型功能材料的高质量生产。先进薄膜沉积技术可对薄膜的质量、厚度进行精准调控,实现薄膜大批量生产。同时,半导体器件技术的崛起也为传感器、处理器的生产提供了有力支持。将分布在房屋各处不同功能的传感器集成在一起,即可形成一个能够监控房屋环境并通过互联网进行管理的家庭网络[48]。智能家居的诞生使得人们的起居办公环境发生了质的变化,极大提升了人们的生活质量。

7.4.1　智能玻璃

目前有很多新型建筑采用智能玻璃,其光学性能可以随环境变化(例如温度、光强等的变化)而变化,也可随个人喜好进行调节,以满足人们对室内空间隐私性、舒适性和人性化等的更高要求。智能玻璃根据其调光机理主要分为热致变色、电致变色、光致变色和气致变色智能玻璃[49]。

热致变色玻璃又称为温控智能节能玻璃,通常通过在玻璃基板上沉积一层热致变色半导体氧化物薄膜来实现热致变色,进而实现对不同波段光的透过率进行调控,其中最常用的就是 VO_2 薄膜[50]。当室内温度较低时,VO_2 为绝缘态的单斜相,允许全波段太阳光透过,充分利用近红外波段光对室内进行加热;而当室内温度较高时,VO_2 发生相变,转变为四方晶相的导体,此时其对近红外波段具有高反射率,透过率小,可以达到降低室内温度的效果[51]。利用 VO_2 结晶的温控可逆相变,可对室内温度进行智能调控而无须耗费其他能源,实现节能环保。

VO_2 薄膜常用的制备方法有溶胶-凝胶法、溅射法、蒸镀法和化学气相沉积法等[52]。此外,原子层沉积和分子束外延生长方法也可用于对薄膜的厚度进行精准调控,制备高质量的 VO_2 薄膜,但这两种方法因沉积成本较高,目前尚未大规模应用[53]。

电致变色玻璃又称为电控智能玻璃,通常由多层电致变色氧化物薄膜构成。这些特殊的氧化物材料能够在施加电压时改变光学特性,当电压极性反转时恢复原来的状态。其原理为对一些过渡金属氧化物(例如 ZnO、WO_3、NiO、TiO_2、V_2O_5 等物质)施加低电场,通过氧化-还原过程形成新的光吸收带,从而导致颜色的变化,达到人们想要的变色效果[54]。在住宅内安装这种玻璃可以起到窗帘的作用,当夏天阳光直射,室内温度高时,将玻璃通电可以起到“雾化”的作用从而遮挡阳光,降低室内温度,此外还可利用这种“雾化”效果改善室内空间的布局,起到隔断的效果,加强屋内不同区域的隐私性。图 7-7(a)所示为一种智能电致变色玻璃实物图,未通电时玻璃为透明状态,通电后变为“雾化”状态。

WO_3 薄膜为电致变色玻璃中最常用的一种电致变色薄膜,该薄膜可以通过多种技术制备,如物理气相沉积、化学气相沉积、溶胶-凝胶法、磁控溅射法等。其中磁控溅射法只需调节沉积工艺参数,即可制备不同形貌、晶体结构的高纯度 WO_3 薄膜,具有良好的灵活性。与化学气相沉积相比,磁控溅射法的沉积温度较低,薄膜与基体间热应力较小,易获得均匀、稳定的 WO_3 薄膜,因而被广泛应用[55]。磁控溅射法原理简单,它是通过轰击纯钨靶材产生 W 原子,与活性 O_2 发生化学反应来在基体上沉积生成 WO_3 薄膜的,反应方程式如下[56]:

$$2W+3O_2=2WO_3$$

7.4.2 空气净化

随着生活水平、健康和环保意识的提高,人们对室内空间的空气质量也逐渐重视,例如人们注意到刚刚装修的室内空间,弥散着甲醛等有毒有害物质及大量的粉尘,易对生命健康造成威胁。因此,实时检测室内有害物质的浓度并对空气进行净化引起了人们的关注。

甲醛作为室内最常见的有毒气体,通常可通过纳米传感器进行探测。目前主流的传感器依据工作原理主要可分为电化学传感器、燃料传感器及生物传感器[57]。例如,张阿梅等人通过水热法制备了一种 ZnO 纳米线作为气敏元件,其原理为:室内甲醛与吸附在 ZnO 纳米线表面的氧发生反应,生成 H_2O 与 CO_2,使得吸附在 ZnO 表面的氧分子释放电子,回到氧化锌的导带,从而降低 ZnO 的电阻。将 ZnO 粉末集成在电阻传感器上即可制成甲醛浓度探测器[58]。苏黎世联邦理工学院的 Broek 等人[59]基于 Pd 掺杂 SnO_2 纳米颗粒的高灵敏微型传感器发明了一种手持式甲醛检测仪,可在 2 min 内检测到浓度低至 5 $\mu g/L$ 的甲醛,传感器的微热板见图 7-7(b)。该传感器有望应用于室内甲醛浓度探测,相应的室内分布式传感器网络概念图如图 7-7(c)所示。

对于室内甲醛的净化,天然的方法是在室内摆放吊兰等绿色植物,通过植物的光合作用分解甲醛。此外,常用的净化方法还包括物理吸附法、等离子体法、化学反应法以及光催化氧化法。活性炭作为一种纳米多孔材料,比表面积大,可与被接触物质充分接触,吸附能力强,常用作甲醛吸附剂;然而当活性炭表面吸附达到饱和时便停止吸附。因此,物理吸附法净化甲醛的能力有限。而等离子体法在去除甲醛过程中会产生臭氧、NO_x 等有害物质,在一定程度上限

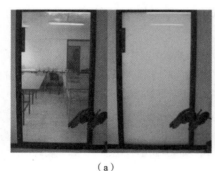

(a)　　　　　　　　　　　　(b)　　　　　　　　　　　　(c)

图 7-7　纳米技术在室内空间的应用

(a) 智能电控雾化玻璃；(b) 微传感器中带有纳米颗粒薄膜的微热板；
(c) 将甲醛检测器用作室内分布式传感器网络的概念图

制了其发展；光催化氧化法只需要紫外光或可见光的照射，即可通过 P25 型 TiO_2 等光催化剂将甲醛转为 H_2O 和 CO_2 [60,61]，得到了广泛应用。

除有毒气体甲醛、一氧化碳外，室内空气中含有的细菌、病毒以及 PM2.5 粉尘也会对人体的健康造成威胁。近年来，采用空气净化器去除室内空气中的有害气体和粉尘成为新型绿色家居的发展趋势。现有常用的空气净化器技术主要分为以下几类 [62]。

1. 高效微粒空气过滤器

高效微粒空气过滤器（HEPA）内部由一堆连续折叠的玻璃纤维薄膜组成，空气可以通过薄膜，但超过一定大小的粒子不能通过，从而起到过滤尘埃颗粒的作用。标准微粒空气过滤器可对粒径大于 0.1 mm 或 0.3 mm 的颗粒进行过滤，效率高达 99.98%。

2. 负（正）离子技术

负（正）离子技术的原理是：利用直流高压电放电，在电极之间产生阴离子。空气中的颗粒污染物与负离子相结合，使微小颗粒聚集、沉降，达到净化空气和杀死细菌的效果。

3. 光催化技术

光催化技术又称冷催化技术，它的原理是：将纳米级光催化剂 TiO_2 镀在特定载体上制成过滤器，使催化剂与有害气体发生强烈氧化还原反应，固化病毒蛋白；通过风扇及特定波长紫外线的照射抑制病毒的活性，从而减轻室内空气中病毒对人体的侵害。传统的室内空气净化器主要通过滤网过滤来起到净化作用，但通常效率较低，无法彻底消除空气中的有害气体。因此，将过滤装置与纳米材料催化剂相结合是提高空气净化装置性能的一种方法，其纳米技术原理如图 7-8 所示 [63]。

4. 静电除尘技术

静电除尘技术是利用高压静电吸附去除空气中的粉尘颗粒，利用正电晕原理收集集尘装置中的带电粒子，来达到净化空气的目的的。

5. 活性炭吸附技术

利用活性炭的微观多孔结构提供大量的表面积，可实现对杂质、粉尘及有害气体的吸附。

7.4.3　建筑外墙

纳米材料组成单元很小，通常由纳米级别的粒子构成，因此具有很多宏观体相材料所没有

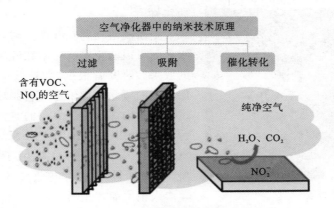

图 7-8　空气净化器中的纳米技术原理

的特殊效应,例如小尺寸效应、介电效应等,且具有特殊的热学、力学、电学及磁学性能。将纳米材料用于建筑领域不仅可对结构材料进行微观精细调控,增强传统建材的强度及稳定性,还可以开发性能优异的新一代建筑材料,例如柔性太阳能电池板、防紫外线涂料、防尘表面涂层、透明陶瓷、隐形涂层等[64]。

纳米建筑材料的制造方法大致可分为自上而下的方法与自下而上的方法两种。第一种方法是基于光刻、气相沉积、等离子刻蚀等方法将大块的体相材料"缩小"成微纳级别的单元来实现制造,这些方法目前被广泛采用,但浪费材料的缺点使其存在一定的局限性。第二种方法的典型代表为原子层沉积,与自上而下的制造方法相比,会生产出经济效益更高的产品,且可大大降低对材料的浪费[65],但目前还未能用于大规模产业化生产。

混凝土是现代土木工程结构中最重要的材料之一,其应具有很高的抗压强度,且在长期处于恶劣的服役条件下仍然维持较好的力学性能稳定性,即必须长期保持高强度、高韧度、高抗渗透性。在混凝土表面涂覆纳米 SiO_2 改性涂层可防止混凝土的碳化,其原因是纳米 SiO_2 颗粒的填充减少了混凝土中的微观缺陷以及紫外线对聚合物分子结构的破坏[66,67]。马秦勇等人发现掺杂纳米 SiO_2 可优化可再生混凝土的孔隙结构,并限制氯离子的扩散能力,有效防止混凝土中钢筋的腐蚀,提高复合建材的耐腐蚀性[68]。混凝土中最薄弱的区域是水泥间的界面,在其中添加适量纳米 SiO_2 可增强界面强度、细化毛孔,有效减小混凝土的透水性[69]。另外,纳米 SiO_2 颗粒无论是用于涂层中还是掺入体相混凝土中都可以极大改善混凝土材料的物化性质。

高分子材料已经在人们的日常起居生活中得到了广泛的应用,如用来制作塑料门窗、水管、弯头和各种通信阀门以及铺设在墙体内部的保温层等。然而,高分子材料易被点燃,火势蔓延速度快,在提供廉价、轻质、高耐腐蚀性的同时也对人们的生命财产安全构成了极大的威胁。因此,在高分子材料中加入纳米阻燃层也成为近几年的研发关注点之一。对于传统的阻燃添加剂,如橡胶、氢氧化镁、三氧化二锑等,通常需要高填充量才能达到令人满意的阻燃效果,同时也会对材料本身的力学性能与热性能造成负面影响。近年来,在纳米阻燃技术的基础上,复合阻燃技术应运而生。纳米复合阻燃材料是由两种或多种阻燃剂通过共价键、离子键、氢键、π-π 键的相互作用所组成的多相复合材料,而非多组分的机械混合物,它可以将少量特殊的单一阻燃成分整合到体相材料中,从而使整体材料具有高效阻燃

图 7-9　采用纳米自清洁涂料的 Strucksbarg 房屋的建筑外墙

的特性[70]。

当水滴落在莲花叶面上时，带有尖刺的粗糙疏水表面可以防止水滴黏附在叶子上，达到一种清洁的效果。研究者根据"莲花效应"提出了自清洁涂层材料的概念。位于意大利罗马的 Ara Pacis 博物馆在油漆内部采用了集成的自清洁涂层，以增加抗污性及耐用性。如图 7-9 所示，在德国汉堡的 Strucksbarg 房屋中也使用了类似的自清洁涂料[71]，该涂料具有"莲花效应"，可避免墙体因为常年渗入雨水而积累污垢。

7.5　交　通　工　具

随着经济全球化的浪潮席卷全球，出行的便捷与效率影响着人们信息的沟通、文化的交流和生产资料的流通，极大促进了世界文化交融与产业发展。纵观出行的发展史，每一次工业革命率先改变的就是人类的出行方式。人类的出行从最初的步行，到马车、小舟、自行车，再到汽车、轮船、飞机，乃至四通八达的高铁网络、遨游宇宙的火箭与空间站、潜入深海的潜艇与深海探测器。更进一步，在科幻电影与小说中呈现出各式各样的人们构想出的新型出行方式。

总的来说，出行方式的改变也极大改变了人们的生活方式，现如今乘坐汽车、飞机、高铁出行已经成了极为平常的事情，而这其中纳米技术也功不可没。纳米产品与技术参与到生产的各个环节，成为这些出行方式的重要组成部分与技术手段。当然，纳米技术不光运用到交通工具中，在运动装备如缓冲运动鞋、高强度球拍、竞速自行车等日常产品中也有广泛应用。

7.5.1　运动装备

21 世纪以来，体育运动行业受到科技的影响也在不断增强，其中最明显的就是相关体育器材材料的进步。这种材料的进步对体育运动行业的影响十分明显。传统材料在体育发展初期起到了关键性作用，但在质量、硬度、可塑性及耐老化等方面难以适应体育运动的快速发展。新型材料以其质量轻、强度高、延展性强、耐老化、易加工成型及设计自由度高等优良特点而逐渐取代传统体育材料。21 世纪出现的碳纤维复合材料、石墨烯复合材料、纳米材料、纺织复合材料及生物工程塑料等新型材料，使得现代体育器材的材料不断更新。新型纳米技术设备可满足不同人群和体育赛事的特殊需求[72]。

作为曾经"三大件"之一的自行车被国人广泛使用和青睐，但是随着科技的进步，人们对于自行车的使用要求也逐步向更迅速、更轻便、更稳定的方向发展。在自行车竞赛方面，普遍将纳米碳纤维、铝合金应用到车身的设计制造中，以减轻车身的重量从而达到更快的速度。纳米材料最早在自行车运动中应用是在 2006 年，当时弗洛伊德·兰迪斯骑着一辆内置碳纳米管的自行车，赢得了著名的世界环法自行车赛冠军。生产 Landis 自行车的瑞士 BMC 公司与美国 Easton 体育公司合作，使用碳纳米管和固态碳纳米粒子制造自行车，其强度是钢的 200 倍，弹性是钢的 5 倍，尺寸小于铝材质的一半大小。这使得驱动 Landis 自行车的车轮重量不到 1 kg，但强度足以承受近 90 h 的行驶。

在运动器械方面，纳米技术已在网球拍、羽毛球拍、乒乓球拍上广泛应用，球拍质量更轻，具有更好的手感、弹性和耐用性,并且使用寿命更长。例如某品牌的高尔夫球杆[73],通过使用电化学电池进行电沉积,带负电的纳米材料与石墨纤维重新沉积在带正电的球杆头上,使得球杆的质量轻且强度高。该纳米网球一直被用于戴维斯网球赛事,纳米动力的高尔夫球也同样被允许参加美国高尔夫球协会的赛事。

7.5.2　汽车

1886 年德国人卡尔·本茨研制了世界上第一辆内燃机汽车,并于 1 月 29 日向德国专利局申请了汽车发明专利。因此,1886 年 1 月 29 日被公认为是世界汽车的诞生日。1903 年建立的福特汽车公司将流水生产线技术运用到汽车上并大规模生产 T 型车,使 T 型车开始走进千家万户,不再成为遥不可及的奢侈品。第二次世界大战之后,全球进入汽车高速发展时代,汽车开始向更强劲的动力、更小的汽车风阻、更舒适的操作与环境、更具特色的造型等方向发展。全球各大汽车企业开始在技术应用、规模生产、售前售后等全产业链领域开展激烈竞争[74]。

总的来说,汽车距今已有一百多年的历史,在这一百多年间汽车得到长足的发展,世界各国已有健全的汽车标准体系,传统的加工制造已经难以使汽车行业取得更大的进步。图 7-10 展示了近些年运用纳米技术改进传统汽车零部件的应用,例如汽车的碳纤维车架、纳米颗粒烤漆、纳米尾气处理系统、纳米汽油等相继应用,促进汽车行业得到进一步的提升。

图 7-10　纳米技术在汽车上的应用[75]

随着能源与环境问题日益突出,世界各国提出了相应的减排战略,如限制购买传统燃油车,对新能源汽车实行帮扶补贴。这进一步促进了新能源汽车的飞速发展,众多与新能源汽车相关行业、企业如雨后春笋般涌现,其中不乏众多世界一流企业如特斯拉、宁德时代等公司。其中,锂离子电池、氢氧燃料电池、太阳能电池等相关产业链获得长足发展,与纳米技术及产品的大量应用息息相关,例如锂离子电池的正负极材料、氢氧燃料电池的质子交换膜与催化剂,以及相关的贮藏设备等。随着通信技术与人工智能技术的不断提升,智能驾驶技术也成为当今的时代热点,这其中就涉及车联网、车感雷达以及车载芯片。无论是基于哪种技术路线,都要求大量的芯片供应,这对纳米制造行业提出了新的挑战。

1. 汽车轮胎

汽车的轮胎部位会使用到纳米材料。轮胎作为汽车直接与地面接触的唯一功能部件,对于支撑车辆负载、吸收冲击和制动至关重要。由于制作汽车轮胎需要用到大量橡胶原材料,因此,必须以最高的技术水平和高产量生产该材料[76]。交通能源消耗占全球能源消耗总量的20%以上,全球18%的二氧化碳排放量来自交通行业,并且交通行业中24%的碳排放与汽车轮胎有关。车辆的安全也直接取决于轮胎在潮湿和干燥路况条件下的抓地力[77],从而使车辆能够快速加速、减速或转弯。欧盟于2009年颁布了《轮胎标签条例》,对轮胎的滚动阻力和湿滑阻力进行了分类。研究估计,通过减少轮胎滚动阻力可降低碳排放20%,实现油耗降低5%[78]。如果轮胎为绿色轮胎,每年可减少200亿升汽油消耗和5000万吨二氧化碳排放量。因此,纳米技术已成为汽车轮胎中用于提高安全性、燃油效率、控制和操控性能的主要技术之一。

目前,橡胶复合材料是由十多种不同的原材料通过硫化制得的,这些原材料必须彻底混合,这导致了汽车轮胎产业是能源密集型产业,生产过程中会产生大量的二硫化碳、非甲烷碳氢化合物等有机废物,需要添加芳烃油等物质,而这些物质同时也是强致癌物质,对工人的生命安全造成影响。另外,由于橡胶轮胎的表面磨损,重金属和灰尘的不断排放也会对环境产生不利影响[79]。据估算,中国轮胎每年产生的细小磨损颗粒可以覆盖整个法国,形成 2.5 μm 厚的颗粒层。

轮胎产生的能耗和二氧化碳排放与滚动阻力、安全性与抗湿滑性、固体颗粒污染与耐磨性有关[80]。现有的橡胶复合材料无法同时解决这三个领域的挑战[81],纳米汽车轮胎在硫化过程前将添加剂加入橡胶中用作颜料和增强剂,如炭黑和二氧化硅填料、纳米黏土、碳纳米管和石墨烯以及其他添加剂等材料[82]。由于炭黑和橡胶之间的化学双键,高度分散的纳米级炭黑夹杂物可提高轮胎的拉伸强度和耐磨性。而掺杂纳米 SiO_2 颗粒要比传统添加剂(例如炭黑、石墨)更能提高轮胎的滚动阻力和湿轮胎状态下的牵引力,从而增加轮胎表面和道路之间的摩擦。纳米添加剂还可显著提高轮胎的使用寿命,例如纳米石墨烯薄片改性的橡胶轮胎不仅耐磨性显著提高,而且转弯稳定性、转向响应和噪声舒适度也得到了提升,减少了轮胎磨损和空气释放率。

2. 汽车车身

为了减少能源消耗,汽车的轻量化已经成为一个关键问题,尤其对电动汽车而言,由于储能能力的限制,重量是限制其应用范围的一个关键因素。轻量化设计一般可以从新材料应用、结构优化和先进加工技术三个方面突破,其中新材料应用是最有效的途径之一。复合材料因质量轻、强度高、耐腐蚀、易于制造等优点,在汽车工业中得到了越来越广泛的应用。玻璃纤维增强塑料作为一种典型的复合材料,被广泛应用于汽车结构的减重。例如,由 Tillotson Pearson 公司开发使用的玻璃纤维与聚丙烯复合材料,与传统的金属相比重量减少了 30% 以上[83]。事实上,玻璃纤维增强塑料已广泛应用于车底盘、车身车架和座椅系统,其重量减轻率在 40% 至 60% 之间,同时与传统的金属部件相比,玻璃纤维增强塑料件的性能得到了保持甚至改善[84,85]。

与玻璃纤维增强塑料相比,碳纤维增强塑料具有密度低、比强度高、抗冲击性能好等优点,在高档跑车和先进电动汽车中得到了广泛的应用。国外研究者提出将碳环氧树脂材料用于汽车的保险杠、挡泥板、发动机罩等部位,其重量与全铝车身相比减少了 34 kg,约是原始重量的40%[86]。宝马公司持续对其电动汽车进行创新,开发了碳纤维增强塑料乘用电池,这种电池可以额外减少 100 kg 的重量。此外在 SUPERBUS 的电动汽车项目中,汽车的车身结构采用碳纤维增强塑料,以达到最小重量[87,88]。

3. 汽车表面涂层

纳米技术的另一个广泛应用是制备汽车玻璃的表面涂层。例如,采用聚合物玻璃替代传统玻璃使得车体轻量化且更加省油。在硬化过程中掺有硬质纳米颗粒(例如氧化铝、氧化铟锡、氧化钛)的丙烯酸酯涂料具有更高的耐磨性和抗固体冲击强度,可防止表面被硬物划伤。由于填充的纳米颗粒尺寸非常小且分布均匀,这种涂层非常透明,这也赋予了这种聚合物玻璃涂层更广泛的用途。随着纳米玻璃涂层的应用,玻璃表面的质量显著提高。纳米玻璃涂层使玻璃表面疏水,可防止车窗外水渍沉积并提供更清晰的视野。纳米玻璃涂层(25～300 nm)可产生超光滑的表面,因此无论水与玻璃表面如何接触,它都会更快地形成水珠并立即滑落。纳米玻璃涂层还可以使玻璃受到保护,避免环境因素造成的微划痕。聚合物涂层通常用于保护材料表面免受环境影响,例如紫外线、水分、氧气和污染物的影响[89,90]。

对于汽车车身的烤漆涂层,由于长期暴露于外部环境下,这些涂层会发生物理、化学变化。为了防止环境对有机涂层的影响,将许多不同的纳米粒子分散在底漆和面漆中,然后喷涂到汽车表面,在干燥和硬化过程中,这些纳米粒子与油漆基体的分子结构交叉连接,在油漆表面形成厚实的基体,从而大大提高了耐刮擦性和油漆亮度,并且有重要的阻隔层作用,可以避免腐蚀性物质(例如氯离子、氢氧根离子、氧气和污染物等)和其他物质的传输。由于纳米涂料是由高弹性的有机黏合剂和高强度的无机纳米粒子组成的,其牢固堆积的纳米粒子提高了涂层的硬度、抗划伤性、抗磨损和自清洁能力[91,92]。

4. 热管理系统

汽车发动机在运行过程中会产生大量热,需要高性能的紧凑型制冷技术。为达到制冷目的,传统采用的延展表面技术,例如鳍片、微通道等结构已达到极限。因此,具有改善冷却液传热性能的新技术引起了研究人员的极大兴趣[93]。但是传统的流体(例如水、乙二醇和矿物油等)具有较差的热导率,因此提高冷却液传热性能的一个有效途径是形成纳米流体,即在传统流体中悬浮直径小于 100 nm 的固体颗粒[94]。采用这种纳米流体冷却液的发动机,效率可比传统发动机提升 5%～10%[95]。

事实上,在 1874 年就已经提出了一个通过在液体中撒入微米大小的固体颗粒来增强液体热导率的模型。由于当时缺乏技术,固体颗粒的尺寸是微米级的,无法被正确地分散,因此产生了诸如沉积、堵塞、侵蚀和巨大压降等问题。时隔百年,科学家成功地制备出了一种稳定的固体悬浮液,并将其命名为纳米流体[96]。这种固体颗粒的尺寸小于 100 nm,解决了沉降和堵塞的问题。固相纳米颗粒相较于液相基液的热导率高得多。由于它们卓越的有效热导率,已被认为是许多热系统的一种新的潜在的冷却剂。不同类型的纳米粒子(包括金属、金属氧化物、金属碳化物、金属氮化物、半导体等纳米粒子,以及碳纳米管、石墨烯、金刚石和石墨等)可用于不同的应用领域。近年来,由两种以上纳米粒子混合而成的混合纳米流体也逐渐得到广泛应用,其具有更好的热导率和传热特性[97-100]。

5. 燃油发动机

燃油发动机的高压缩比和更稀薄的燃料-空气混合物能产生更高的制动热效率。但燃油发动机使用过程中的燃烧产物已成为当前主要的空气污染源。污染的空气会导致气候变化,影响生态环境[101]。燃料改进策略主要包括改进燃料的可燃特性,目前已经实施了不同的燃料改性方法来改善燃料和发动机特性,例如在燃油中添加纳米颗粒来改善燃料的点火性能,在柴油和生物燃料中添加纳米颗粒对点火和燃烧行为进行优化[102]。纳米颗粒作为燃烧催化剂,已经显示出一些优势,例如提高燃烧焓、增加整体的能量密度、缩短点火延迟,更完全的燃烧和更少的污染物排放等[103]。由于添加剂颗粒尺寸处于纳米级,高比表面积可以为燃料快速氧化提供更多的接触表面积,释放几乎两倍的能量[104]。目前常用的纳米燃油添加剂包括金属、金属氧化物、碳纳米管、磁性纳米颗粒、纳米有机添加剂和混合纳米添加剂等,不同添加剂各有用途。金属基的燃油添加剂,例如铝、铁、硼和氯化铁,通常用作燃烧催化剂以促进完全燃烧,并减少燃料消耗和碳氢化合物燃料的排放[105]。金属氧化物,如 CeO_2、Al_2O_3、TiO_2、ZnO、MnO、CuO 被广泛用作燃料添加剂,可以缩短点火延迟,提升制动热效率[106]。铁磁流体是磁性材料在液体介质中的胶体悬浮液,它们对外部磁场有反应。铁磁流体最重要的特征之一是物化性能稳定,这意味着流体中的粒子即使在强磁场存在的情况下也不会凝聚或相分离。燃料中添加铁磁流体对发动机性能有明显的影响,制动热效率相对提高约 10%,燃料消耗相对降低约 10%[107,108]。

另外,发动机组件之间的相互摩擦消耗了很大一部分能量,并缩短了机器组件的寿命。高效润滑是有效解决摩擦和排放问题极具潜力的解决方案之一[109,110]。研究人员使用纳米颗粒添加剂来减少组件相互作用中的摩擦,这是由于纳米颗粒添加剂显著改变了表面间的相互作用,有助于增强润滑。在汽车润滑中,由于摩擦系数高,边界润滑区域是主要关注区域之一[111]。纳米润滑剂抗摩擦性能的作用机制包括滚动效应、保护膜、修复效应和抛光效果,前两种机制是基于纳米材料的直接影响[112]。在滚动效应中,没有发生化学相互作用,球形纳米材料合理地在磨损表面之间滚动,从而将纯滑动转变为混合滑动滚动。对于保护膜机制,纳米材料通过与摩擦表面的相互作用在表面上形成一层薄的摩擦膜,从而减少摩擦和磨损[113]。在修复效应下,纳米材料可能通过产生沉积在磨损表面上的物理摩擦膜起作用,因此可以补偿质量损失。对于抛光效果来说,硬质纳米材料的研磨性降低了摩擦表面的粗糙度,同时发现磨损表面的粗糙度与纳米材料的尺寸一致[114]。在边界状态下,如果润滑油膜厚度不足以取代摩擦表面的粗糙度或润滑油黏度低,则由于磨料和黏着磨损,摩擦表面会出现凹槽、谷底和微裂纹。在纳米润滑剂添加剂中,这些情况可能有助于润滑剂中纳米颗粒填充凹凸之间的缝隙,有助于使摩擦的表面平滑,以改善抗摩擦汽车发动机的特性。

汽油和柴油内燃机车辆产生的未完全燃烧的碳氢化合物(HC)、CO 和氮氧化物(NO_x,包括 NO 和 NO_2)是城市的主要空气污染物[115]。为了遵守当前的环境保护法规,需要用于协助完全消除这些化合物的高效催化剂。商用催化转化器由三个主要部分组成[116]:具有大表面积以支撑催化剂的芯或基材,通常称为催化剂载体;涂层,是催化剂载体上的一层非常薄的油漆或密封剂,用于通过使其更粗糙和更不规则来增加核心表面积;纳米催化剂,这是催化转化器中的关键元素,通常由贵金属组成,即铂族金属,包括铂、钯和铑等,过渡金属铈、铁、锰和镍也可作纳米催化剂。

6. 新能源汽车

随着石油资源越来越难以获取,扭转当前以石油为基础的能源经济,使可行的替代能源多样化,已成为汽车行业的发展趋势。世界各国政府也认识到了这一趋势,并开始为替代能源的新技术和支持产业的开发提供资金。各大汽车企业、相关企业和研究机构也加大了研发投入,引进了新的先进技术[117]。预计世界汽车工业将迅速摆脱对石油的依赖,转向可持续能源。电动汽车补贴等激励措施的扩散,以及其他有利于电动汽车的政策,使电动汽车市场逐渐变得活跃。

图 7-11 展示了锂离子电池的结构和正极镍钴锰材料的 SEM 图像,商用锂离子电池通常使用磷酸铁锂、锰酸锂和新型三元材料作为电池正极,使用石墨作为负极[118]。锂离子电池已

经商业化,其比容量接近碳阴极比容量的理论极限 370 mA·h/g。随着纳米技术的发展,纳米材料在电池中的应用越来越普遍。利用纳米尺寸效应,可以大大提高电极的动态性能和循环寿命。电极和电解质溶液之间更好的润湿性增加了纳米材料的电容量[119,120]。为了增加离子的传输能力,可以通过增加扩散系数或者减小扩散距离来缩短离子传输时间[121,122]。当给定材料的质量时,其比表面积与尺寸成反比,较小尺寸的材料将具有较大的比表面积,从而可实现更高的单位面积电流密度[123,124]。

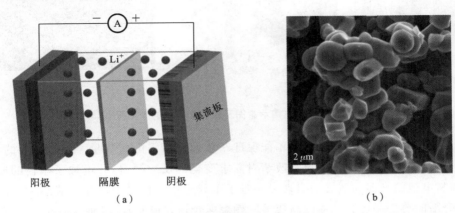

图 7-11　锂离子电池结构示意图及锂离子电池正极材料 SEM 图像

　　与纯电动汽车相比,氢燃料电池汽车具有许多优势,例如加氢时间非常短(3～5 min),没有"里程焦虑",每次加氢之后可行驶 600 km,且具有更长的使用寿命(>200000 km)及更好的驾驶体验和安全性。然而,与纯电动汽车相比,氢燃料电池汽车成本高,相同车型价格大约是纯电动汽车的两倍[125],这是因为其使用的铂催化剂负载量高且价格昂贵。尽管贵金属装载量在过去十年中急剧下降,但它仍然是一个重大问题[126]。例如,戴姆勒公司自 2009 年以来已将其氢燃料电池汽车(梅赛德斯 GLC F-Cell 与 B-Class F-Cell)中的铂含量减少了 90%,而丰田的目标是在当前水平的基础上减少 50%。预计到 2030 年,随着超低负载铂或非贵金属催化剂的使用,以及氢燃料电池汽车量产的增加,可以实现氢燃料电池汽车的成本降低。

　　目前,耐久性和成本仍是需解决的主要技术问题。根据每年生产 500000 个汽车燃料电池系统,美国能源部设定的 2020 年燃料电池系统的目标是:成本为 40 美元/kW,峰值功率效率为 65%,铂负载量为 12.5 g。图 7-12 展示了氢燃料电池的结构和质子交换膜的膜电极 SEM图,单个电池具体可以分成膜电极、气密垫、流场板、集流板和端板,其中膜电极中的催化剂层约占总成本的 40%。由于材料加工成本和制造费用较高,专用铂催化剂比未经处理的铂金属贵几倍。制造规模扩大降低了质子交换膜燃料电池的成本,而与锂离子电池相媲美的速度扩大了其应用范围[127]。在过去的二十年里,在改进形成燃料电池核心的阳极和阴极催化剂层方面取得了巨大进展,例如采用合金催化剂和新型结构。

　　除此之外,氢燃料电池的储氢也尤为关键。车载氢存储可以在不显著增加当今传统汽车的重量、体积或价格的情况下进行。美国能源部提出在传统汽车上储存氢气来实现 300 mile(1 mile＝1609.344 m)的行驶里程,即车上至少需要储存 5 kg 的氢气。移动式储氢方法可分为物理储氢(即储存氢分子,包括压缩和液化储氢)和化学储氢,其中化学储氢可以将氢储存到不同类型的材料中,如金属氢化物、碳水化合物、合成碳氢化合物、氨、液态有机氢载体、硼烷配合物和石墨烯等。这些方法的特点是氢吸附能力强,但也存在诸多缺点,阻碍其实际应用。例

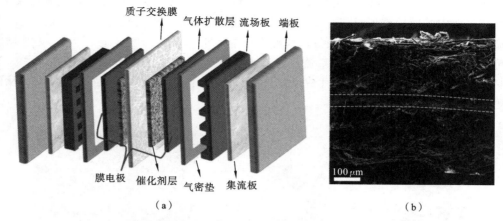

图 7-12　氢燃料电池结构示意图及质子交换膜的膜电极 SEM 图像

如使用碳水化合物,生化反应速率小,不能保证车辆加速所需的氢气量。在合成烃的情况下,必须进行部分重整以提取气体。这些改革对需求变化的反应缓慢,并增加了车辆的成本。此外,这些燃料电池的高温和缓慢的启动时间对于车载应用来说是个问题。液态氢载体应用的困难在于有限的再生循环和载体的高成本。硼烷配合物太贵或有毒,而且不容易逆转,即不能重新充满氢气。氨硼烷可能必须从车辆中取出并送到某种加工厂进行反应以重新填充。

习　　题

1. 请介绍抗菌纳米织物的特点。
2. 如何提高天然真丝在紫外波长区域的反射率?
3. 纳米药物具有哪些优势?
4. 请介绍几种空气净化技术及其原理。
5. 氢燃料电池由哪几部分组成?
6. 燃料电池膜电极具有什么结构?
7. 燃料电池具有哪些待解决的技术问题? 应如何解决?
8. 什么是电致变色玻璃? 其原理是什么? 它有哪些方面的应用?
9. 制备 WO_3 薄膜有哪些方法,请比较一下不同制备方法的优缺点。
10. 室内甲醛的净化有哪些方法?
11. 甲醛传感器根据其工作原理可分为哪几种?
12. 什么是纳米复合阻燃材料?
13. 与玻璃纤维增强塑料相比,碳纤维增强塑料具有哪些优点?
14. 举例谈谈纳米技术在能源存储和转化方面的应用。

本章参考文献

[1] KENRY, LIM C T. Nanofiber technology: current status and emerging developments [J]. Progress in Polymer Science, 2017, 70: 1-17.

［2］高强．新型纳米材料的合成及在纺织领域的应用［J］．纺织报告，2020，39（12）：9-10，20.

［3］汤莉莉．纺织服装中的纳米技术分析［J］．化纤与纺织技术，2020，49（9）：13-14.

［4］方豪．纳米技术和纳米材料在纺织工业中的应用研究［J］．企业技术开发，2017，36（5）：42-43，54.

［5］EID B M，IBRAHIM N A．Recent developments in sustainable finishing of cellulosic textiles employing biotechnology［J］．Journal of Cleaner Production，2021，284：124701.

［6］FENG Q L，WU J，CHEN G Q，et al．A mechanistic study of the antibacterial effect of silver ions on escherichia coli and staphylococcus aureus［J］．Journal of Biomedical Materials Research，2000，52（4）：662-668.

［7］KATHIRVELU S，D'SOUZA L，DHURAI B．UV protection finishing of textiles using ZnO nanoparticles［J］．Indian Journal of Fibre & Textile Research，2009，34（3）：267-273.

［8］LAZARY A，WEINBERG I，VATINE J J，et al．Reduction of healthcare-associated infections in a long-term care brain injury ward by replacing regular linens with biocidal copper oxide impregnated linens［J］．International Journal of Infectious Diseases，2014，24：23-29.

［9］WORKMAN A D，WELLING D B，CARTER B S，et al．Endonasal instrumentation and aerosolization risk in the era of COVID-19：simulation，literature review，and proposed mitigation strategies［J］．International Forum of Allergy & Rhinology，2020，10（7）：798-805.

［10］NISCHAL P M．WHO declares COVID-19 a global pandemic［J］．National Medical Journal of India，2020，33（3）：189.

［11］MORAWSKA L，CAO J．Airborne transmission of SARS-CoV-2：the world should face the reality［J］．Environment International，2020，139：105730.

［12］BORKOW G，ZHOU S S，PAGE T，et al．A novel anti-influenza copper oxide containing respiratory face mask［J］．Plos One，2010，5（6）：e11295.

［13］ROSENHECK K，DOTY P．The far ultraviolet absorption spectra of polypeptide and protein solutions and their dependence on conformation［J］．Proceedings of the National Academy of Sciences of the United States of America，1961，47（11）：1775.

［14］ZHU B，LI W，ZHANG Q，et al．Subambient daytime radiative cooling textile based on nanoprocessed silk［J］．Nature Nanotechnology，2021：1-7.

［15］商昌敏，陈思凡．非牛顿流体材料在体育防护中的应用价值探析［J］．福建体育科技，2019，38（2）：40-42.

［16］林欢，李万利，蔡利海，等．剪切增稠纤维复合材料的研究进展［J］．材料导报，2020，34（S2）：1549-1554.

［17］刘洁．剪切增稠液体增强高分子纤维材料融合体育发展研究［J］．合成材料老化与应用，2021，50（5）：172-174.

［18］刘荣欣．纳米纺织复合材料防刺性能研究［J］．上海纺织科技，2016，44（9）：1-3，7.

［19］孙雄飞，郭建生．基于柔性纺织材料的摩擦纳米发电机及其应用［J］．棉纺织技术，2018，46（5）：77-81.

[20] FAN F R，TIAN Z Q，WANG Z L. Flexible triboelectric generator[J]. Nano Energy，2012，1(2)：328-334.

[21] SEUNG W，GUPTA M K，LEE K Y，et al. Nanopatterned textile-based wearable triboelectric nanogenerator[J]. ACS Nano，2015，9(4)：3501-3509.

[22] 杨月茹，崔翔宇，夏鑫，等. 纺织基摩擦纳米发电机的研究进展[J]. 棉纺织技术，2021，49(3)：77-84.

[23] YU J B，HOU X J，CUI M，et al. Flexible PDMS-based triboelectric nanogenerator for instantaneous force sensing and human joint movement monitoring[J]. Science China Materials，2019，62：1423-1432.

[24] YANG Y，ZHANG H，LIN Z H，et al. Human skin based triboelectric nanogenerators for harvesting biomechanical energy and as self-powered active tactile sensor system [J]. ACS Nano，2013，7(10)：9213-9222.

[25] GUO D，LI X，WAHYUDI W，et al. Electropolymerized conjugated microporous nanoskin regulating polysulfide and electrolyte for high-energy Li-S batteries[J]. ACS Nano，2020，14(12)：17163-17173.

[26] 谢娇，王家俊，俞秋燕，等. 碳纳米管/聚合物温差发电复合纺织材料的制备及其性能[J]. 纺织学报，2018 ,39(11)：50-55.

[27] MURTY. Textbook of nanoscience and nanotechnology[M]. Berlin：Springer Heidelberg，2013.

[28] 李月荣，周岚，冯新星，等. 纳米二氧化硅涂料印花雪地伪装织物的制备及其性能表征[J]. 纺织学报，2015，36(6)：77-83.

[29] KIM S W，LEE Y，PARK J，et al. A triple-mode flexible E-skin sensor interface for multi-purpose wearable applications[J]. Sensors，2018，18(1)：78.

[30] KREISEL J，NOHEDA B，DKHIL B. Phase transitions and ferroelectrics：revival and the future in the field[J]. Phase Transitions，2009，82(9)：633-661.

[31] 邢岩. 电纺丝法制备异质结纳米纤维及其净水性能研究[D]. 北京：清华大学，2019.

[32] 刘光辉. 纳米金属铝粉水解法制备净水材料及其在微污染废水治理中的应用[D]. 长春：吉林大学，2008.

[33] ZHANG J J，HUANG X W，ZHANG J N，et al. Development of nanofiber indicator with high sensitivity for pork preservation and freshness monitoring[J]. Food Chemistry，2022，381：132224.

[34] LI T，LIU Y X，QIN Q X，et al. Development of electrospun films enriched with ethyl lauroyl arginate as novel antimicrobial food packaging materials for fresh strawberry preservation[J]. Food Control，2021，130：108371.

[35] ZHANG D，CHEN L，CAI J，et al. Starch/tea polyphenols nanofibrous films for food packaging application：from facile construction to enhance mechanical，antioxidant and hydrophobic properties[J]. Food Chemistry，2021，360：129922.

[36] 石竹砚. 靶向纳米输递体系用于重大脑部疾病治疗的研究[D]. 北京：中国科学院大学（中国科学院过程工程研究所），2021.

[37] 魏天月. 纳米氧化铝增强聚醚醚酮复合材料的制备、性能及生物相容性研究[D]. 武汉：

武汉理工大学，2020.

[38] JAMPILEK J，KOS J，KRALOVA K. Potential of nanomaterial applications in dietary supplements and foods for special medical purposes[J]. Nanomaterials，2019，9(2)：1-42.

[39] SABANTINA L，MIRASOL J R，CORDERO T，et al. Investigation of needleless electrospun PAN nanofiber mats[J]. AIP Publishing LLC，2018，1952(1)：1-7.

[40] TRABELSI M，MAMUN A，KLöCKER M，et al. Increased mechanical properties of carbon nanofiber mats for possible medical applications[J]. Fibers，2019，7(11)：1-10.

[41] RAEMDONCK K，DEMEESTER J，DE SMEDT S. Advanced nanogel engineering for drug delivery[J]. Soft Matter，2009，5(4)：707-715.

[42] HAJEBI S，RABIEE N，BAGHERZADEH M，et al. Stimulus-responsive polymeric nanogels as smart drug delivery systems[J]. Acta Biomaterialia，2019，92：1-18.

[43] TAVAKOLI H，HOSSEINI O，JAFARI S M，et al. Evaluation of physicochemical and antioxidant properties of yogurt enriched by olive leaf phenolics within nanoliposomes[J]. Journal of Agricultural and Food Chemistry，2018，66(35)：9231-9240.

[44] YIN C，ZHAO Q，LI W，et al. Biomimetic anti-inflammatory nano-capsule serves as a cytokine blocker and M2 polarization inducer for bone tissue repair[J]. Acta Biomaterialia，2020，102：416-426.

[45] GONZÁLEZ-REZA R M，QUINTANAR-GUERRERO D，DEL REAL-LÓPEZ A，et al. Effect of sucrose concentration and pH onto the physical stability of β-carotene nanocapsules[J]. LWT，2018，90：354-361.

[46] KHAN A，WEN Y，HU Q T，et al. Cellulosic nanomaterials in food and nutraceutical applications：a review[J]. Journal of Agricultural and Food Chemistry，2018，66(1)：8-19.

[47] GUO C，YIN J，CHEN D. Co-encapsulation of curcumin and resveratrol into novel nutraceutical hyalurosomes nano-food delivery system based on oligo-hyaluronic acid-curcumin polymer[J]. Carbohydrate Polymers，2018，181：1033-1037.

[48] GUO Y F，LUO H J，ZHANG Z T，et al. Nanoceramic VO_2 thermochromic smart glass：a review on progress in solution processing[J]. Nano Energy，2012，1(2)：221-246.

[49] 韩霜. 智能玻璃引领未来市场行业发展[J]. 建设科技，2018(359)：70-75.

[50] 梁润琪，颜哲，姚佳伟，等. 热致变色智能窗户的建筑应用研究现状及前景分析[J]. 城市建筑，2021，18(16)：135-139.

[51] 豆书亮. 微纳结构 VO_2 热致变色薄膜制备及其智能窗性能研究[D]. 哈尔滨：哈尔滨工业大学，2018.

[52] 张士举. VO_2 薄膜制备技术及其应用进展[J]. 卷宗，2014，4(12)：1-3.

[53] SANG J X，WANG P F，MENG Y F，et al. Simple method preparation for ultrathin VO_2 thin film and control：nanoparticle morphology and optical transmittance[J]. Japanese Journal of Applied Physics，2019，58(5)：050917.

[54] BUCH V R，CHAWLA A K，RAWAL S K. Review on electrochromic property for

WO$_3$ thin films using different deposition techniques[J]. Materials Today：Proceedings，2016，3(6)：1429-1437.

[55] WANG M H, CHEN Y, GAO B W, et al. Electrochromic properties of nanostructured WO$_3$ thin films deposited by glancing-angle magnetron sputtering[J]. Advanced Electronic Materials，2019，5(5)：1800713.

[56] 许静. WO$_3$薄膜材料的制备及性能研究[D]. 重庆：重庆大学，2005.

[57] 魏众. 室内环境甲醛检测及治理技术研究进展[J]. 安徽建筑，2021，28(9)：249-250.

[58] 张阿梅.建筑环境下基于 ZnO 纳米线甲醛气体检测传感器的研究[J]. 人工晶体学报，2020，49(10)：1857-1862.

[59] BROEK J, CERREJON D K, PRATSINIS S E, et al. Selective formaldehyde detection at ppb in indoor air with a portable sensor[J]. Journal of Hazardous Materials，2020，399：123052.

[60] 周雪梅. 新型光催化空气净化装置对甲醛净化效果的测试研究[D]. 贵阳：贵州大学，2020.

[61] 何刘洁，张贝妮，杨文洁，等. 几种室内甲醛去除方法的对比研究[J]. 广州化工，2020，48(23)：52-54.

[62] WANG Y H, WANG H, ZHAO C Z, et al. Research progress of air purifier principles and material technologies[J]. Advanced Materials Research，2015，1092：1025-1028.

[63] ZHANG Q. Ambient air purification by nanotechnologies：from theory to application [J]. Catalysts，2021，11.

[64] ATWA M, AL-KATTAN A, ELWAN A. Towards nano architecture：nanomaterial in architecture-a review of functions and applications[J]. International Journal of Recent Scientific Research，2015，6(4)：3551-3564.

[65] VERMA A, YADAV M. Application of nanomaterials in architecture—an overview [J]. Materials Today：Proceedings，2021，43(5)：2921-2925.

[66] LEYDECKER S. Nano materials：in architecture, interior architecture and design[M]. Berlin：Springer Science & Business Media，2008.

[67] ZHUANG C L, YU C. The effect of nano-SiO$_2$ on concrete properties：a review[J]. Nanotechnology Reviews，2019，8(1)：562-572.

[68] MA Q Y, ZHU Y. Experimental research on the microstructure and compressive and tensile properties of nano-SiO$_2$ concrete containing basalt fibers[J]. Underground Space，2017，2(3)：175-181.

[69] LIU R, LIU J L, GUO S, et al. Improving the microstructure of ITZ and reducing the permeability of concrete with various water/cement ratios using nano-silica[J]. Journal of Materials Science，2019，54(1)：444-456.

[70] WANG X, GUO W W, CAI W, et al. Recent advances in construction of hybrid nano-structures for flame retardant polymers application[J]. Applied Materials Today，2020，20：100762.

[71] VERMA A, YADAV M. Application of nanomaterials in architecture—an overview [J]. Materials Today：Proceedings，2021，43(5).

[72] XU R. Modern biotechnology and nanotechnology in competitive sports[J]. Ferroelectrics, 2021, 578(1): 179-193.

[73] HARIFI T, MONTAZER M. Application of nanotechnology in sports clothing and flooring for enhanced sport activities, performance, efficiency and comfort: a review [J]. Journal of Industrial Textiles, 2015, 46(5): 1147-1169.

[74] 刘志刚. 汽车发展史简述[J]. 汽车运用, 2000(12): 15-16.

[75] ASMATULU R, NGUYEN P, ASMATULU E. Nanotechnology safety in the automotive industry[M]. Elsevier, 2013: 57-72.

[76] QIN X, HAN B, LU J, et al. Rational design of advanced elastomer nanocomposites towards extremely energy-saving tires based on macromolecular assembly strategy[J]. Nano Energy, 2018, 48: 180-188.

[77] VEIGA V D A, ROSSIGNOL T M, CRESPO J S, et al. Tire tread compounds with reduced rolling resistance and improved wet grip[J]. Journal of Applied Polymer Science, 2017, 134(39): 45334.

[78] FAZILET C. 欧盟轮胎新法规及其面临挑战[J]. 中国橡胶, 2010, 26(12): 4-7.

[79] RHODES E P, REN Z, MAYS D C. Zinc leaching from tire crumb rubber[J]. Environmental Science & Technology, 2012, 46(23): 12856-12863.

[80] GROSCH K A. The rolling resistance, wear and traction properties of tread compounds[J]. Rubber Chemistry and Technology, 1996, 69(3): 495-568.

[81] NORDSIEK K H. The 'integral rubber' concept—an approach to an ideal tire tread rubber[J]. Kautschuk Und Gummi, Kunststoffe, 1985, 38(3): 178-185.

[82] EMAMI N. Nanotechnology in automotive industry [J]. Taylor & Francis Group, 2011.

[83] VAIDYA U K, SAMALOT F, PILLAY S, et al. Design and manufacture of woven reinforced glass/polypropylene composites for mass transit floor structure[J]. Journal of Composite Materials, 2004, 38(21): 1949-1971.

[84] NING H, PILLAY S, VAIDYA U K. Design and development of thermoplastic composite roof door for mass transit bus[J]. Materials & Design, 2009, 30(4): 983-991.

[85] NING H, JANOWSKI G M, VAIDYA U K, et al. Thermoplastic sandwich structure design and manufacturing for the body panel of mass transit vehicle[J]. Composite Structures, 2007, 80(1): 82-91.

[86] FERABOLI P, MASINI A. Development of carbon/epoxy structural components for a high performance vehicle[J]. Composites Part B: Engineering, 2004, 35(4): 323-330.

[87] MARSH G. Reinforced thermoplastics, the next wave? [J]. Reinforced Plastics, 2014, 58(4): 24-28.

[88] LIU Q, LIN Y, ZONG Z, et al. Lightweight design of carbon twill weave fabric composite body structure for electric vehicle[J]. Composite Structures, 2013, 97: 231-238.

[89] BRAYNER R. The toxicological impact of nanoparticles[J]. Nano Today, 2008, 3(1-2): 48-55.

[90] FETTIS G. Automotive paints and coatings[M]. John Wiley & Sons, 2008.

[91] ASMATULU R, MAHMUD G A, HILLE C, et al. Effects of UV degradation on surface hydrophobicity, crack, and thickness of MWCNT-based nanocomposite coatings [J]. Progress in Organic Coatings, 2011, 72(3): 553-561.

[92] ASMATULU R, CLAUS R O, MECHAM J B, et al. Nanotechnology-associated coatings for aircrafts[J]. Materials Science, 2007, 43(3): 415-422.

[93] GANVIR R B, WALKE P V, KRIPLANI V M. Heat transfer characteristics in nanofluid—a review[J]. Renewable and Sustainable Energy Reviews, 2017, 75: 451-460.

[94] HASANPOUR M, JING D. Recent developments of nanoparticles additives to the consumables liquids in internal combustion engines Part Ⅲ: nano-coolants[J]. Journal of Molecular Liquids, 2020, 319: 114131.

[95] SENTHILRAJA S, KARTHIKEYAN M, GANGADEVI R. Nanofluid applications in future automobiles: comprehensive review of existing data[J]. Nano-Micro Letters, 2010, 2(4): 306-310.

[96] ABBAS F, ALI H M, SHAH T R, et al. Nanofluid: potential evaluation in automotive radiator[J]. Journal of Molecular Liquids, 2020, 297: 112014.

[97] CHEN L, YU W, XIE H. Enhanced thermal conductivity of nanofluids containing Ag/MWNT composites[J]. Powder Technology, 2012, 231: 18-20.

[98] FARBOD M, AHANGARPOUR A. Improved thermal conductivity of Ag decorated carbon nanotubes water based nanofluids[J]. Physics Letters A, 2016, 380(48): 4044-4048.

[99] KUMAR V, SARKAR J. Two-phase numerical simulation of hybrid nanofluid heat transfer in minichannel heat sink and experimental validation[J]. International Communications in Heat and Mass Transfer, 2018, 91: 239-247.

[100] ABBAS F, ALI H M, SHAH T R, et al. Nanofluid: potential evaluation in automotive radiator[J]. Journal of Molecular Liquids, 2020, 297: 112014.

[101] SHAAFI T, SAIRAM K, GOPINATH A, et al. Effect of dispersion of various nano-additives on the performance and emission characteristics of a CI engine fuelled with diesel, biodiesel and blends—a review[J]. Renewable and Sustainable Energy Reviews, 2015, 49: 563-573.

[102] GRANIER J J, PANTOYA M L. Laser ignition of nanocomposite thermites[J]. Combustion and Flame, 2004, 138(4): 373-383.

[103] BERNER M K, ZARKO V E, TALAWAR M B. Nanoparticles of energetic materials: synthesis and properties[J]. Combustion, Explosion, and Shock Waves, 2013, 49(6): 625-647.

[104] SUNDARAM D S, YANG V, ZARKO V E. Combustion of nano aluminum particles [J]. Combustion, Explosion, and Shock Waves, 2015, 51(2): 173-196.

[105] YETTER R A, RISHA G A, SON S F. Metal particle combustion and nanotechnology[J]. Proceedings of the Combustion Institute, 2009, 32(2): 1819-1838.

[106] SELVAN V A M, ANAND R B, UDAYAKUMAR M. Effects of cerium oxide nanoparticle addition in diesel and diesel-biodiesel-ethanol blends on the performance and

emission characteristics of a CI engine[J]. Journal of Engineering and Applied Sciences, 2009, 4(7).

[107] BERGER P, ADELMAN N B, BECKMAN K J, et al. Preparation and properties of an aqueous ferrofluid[J]. Journal of Chemical Education, 1999, 76(7): 943.

[108] SHAFII M B, DANESHVAR F, JAHANI N, et al. Effect of ferrofluid on the performance and emission patterns of a four-stroke diesel engine[J]. Advances in Mechanical Engineering, 2011, 3: 529049.

[109] WALLNER E, SARMA D H R, MYERS B, et al. Nanotechnology applications in future automobiles[J]. SAE Technical Paper, 2010.

[110] KOTIA A, CHOWDARY K, SRIVASTAVA I, et al. Carbon nanomaterials as friction modifiers in automotive engines: recent progress and perspectives[J]. Journal of Molecular Liquids, 2020, 310: 113200.

[111] AHMED ALI M K, XIANJUN H, ESSA F A, et al. Friction and wear reduction mechanisms of the reciprocating contact interfaces using nanolubricant under different loads and speeds[J]. Journal of Tribology, 2018, 140(5): 051606.

[112] TANG Z L, LI S H. A review of recent developments of friction modifiers for liquid lubricants[J]. Current opinion in solid state and materials science, 2014, 18(3): 119-139.

[113] HU Z S, DONG J X, CHEN G X, et al. Study on antiwear and reducing friction additive of nanometer ferric oxide[J]. Tribology International, 1998, 31(7): 355-360.

[114] ALI M K A, HOU X J. Improving the tribological behavior of internal combustion engines via the addition of nanoparticles to engine oils[J]. Nanotechnology Reviews, 2015, 4(4): 347-358.

[115] BUKHTIYAROVA M V, IVANOVA A S, SLAVINSKAYA E M, et al. Catalytic combustion of methane on substituted strontium ferrites[J]. Fuel, 2011, 90(3): 1245-1256.

[116] KOLTSAKIS G C, STAMATELOS A M. Catalytic automotive exhaust aftertreatment[J]. Progress in Energy and Combustion Science, 1997, 23(1): 1-39.

[117] ROBERT I I, WANG L, ALAM M. The impact of plug-in hybrid electric vehicles on distribution networks: a review and outlook[J]. Renewable & Sustainable Energy Reviews, 2011, 15(1): 544-553.

[118] LI Y, SONG J, YANG J. A review on structure model and energy system design of lithium-ion battery in renewable energy vehicle[J]. Renewable and Sustainable Energy Reviews, 2014, 37: 627-633.

[119] SUENAGA K, KOSHINO M. Atom-by-atom spectroscopy at graphene edge[J]. Nature, 2010, 468(7327): 1088-1090.

[120] LI W, LIU J, ZHAO D. Mesoporous materials for energy conversion and storage devices[J]. Nature Reviews Materials, 2016, 1(6): 1-17.

[121] WANG J, CHEN-WIEGART Y K, WANG J. In operando tracking phase transformation evolution of lithium iron phosphate with hard X-ray microscopy[J]. Nature

Communications，2014，5(1)：1-10.

[122] MALIK R，ZHOU F，CEDER G. Kinetics of non-equilibrium lithium incorporation in LiFePO$_4$[J]. Nature Materials，2011，10(8)：587-590.

[123] SONG M K，PARK S，ALAMGIR F M，et al. Nanostructured electrodes for lithium-ion and lithium-air batteries：the latest developments，challenges，and perspectives [J]. Materials Science and Engineering R：Reports，2011，72(11)：203-252.

[124] TEKI R，DATTA M K，KRISHNAN R，et al. Nanostructured silicon anodes for lithium ion rechargeable batteries[J]. Small，2009，5(20)：2236-2242.

[125] STAFFELL I，SCAMMAN D，ABAD A V，et al. The role of hydrogen and fuel cells in the global energy system[J]. Energy & Environmental Science，2019，12(2)：463-491.

[126] PAGLIARO M，MENEGUZZO F. The driving power of the electron[J]. Journal of Physics：Energy，2018，1(1)：011001.

[127] SCHMIDT O，HAWKES A，GAMBHIR A，et al. The future cost of electrical energy storage based on experience rates[J]. Nature Energy，2017，2(8)：1-8.